高等院校应用型环境专业实验教材

生物科学实验技术

刘庆余　主编

南开大学出版社

天　津

图书在版编目(CIP)数据

生物科学实验技术/ 刘庆余主编. —天津:南开大学
出版社,2013.1(2019.2 重印)
高等院校应用型环境专业实验教材
ISBN 978-7-310-04106-0

Ⅰ.①生… Ⅱ.①刘… Ⅲ.①生物学—实验—高
等学校—教材 Ⅳ.①Q—33

中国版本图书馆 CIP 数据核字(2013)第 006527 号

版权所有 侵权必究

南开大学出版社出版发行
出版人:刘运峰
地址:天津市南开区卫津路 94 号 邮政编码:300071
营销部电话:(022)23508339 23500755
营销部传真:(022)23508542 邮购部电话:(022)23502200
＊
北京建宏印刷有限公司印刷
全国各地新华书店经销
＊
2013 年 1 月第 1 版 2019 年 2 月第 3 次印刷
260×185 毫米 16 开本 17 印张 428 千字
定价:41.00 元

如遇图书印装质量问题,请与本社营销部联系调换,电话:(022)23507125

前　言

　　《生物科学实验技术》一书，是在南开大学滨海学院环境科学与工程系多年来本科教学实践的基础上编写而成的。该系为应用型理工科系，与学院同步成立于2004年，下设环境科学和环境工程两个专业。课程设置分为生物类、化学类和环境科学与工程类，各类课程均有讲授课和实验课。前两类作为学习第三类课程的基础，在充实应用性内容的同时，又兼顾各类课程自身的基本体系，以便学生在学好专业课程的基础上，拓展自身发展的空间。

　　生物科学实验是生物类基础课或专业课的系列实验课程，是为学生进行环境污染对生物种群影响的调查，污染物的生物监测和毒性实验中指示生物和实验生物的选择，有机污染物生物处理中微生物的作用以及环境污染的生态调查与修复等理论的探讨与实践打下基础。为使教材更适用于应用型环境专业的学习需求，我们在以培养应用型环境科学与环境工程专业人才为目标，加强基础、强化技能、改革创新、提高质量的办学理念指导下，从2005年起分别组织任课教师陆续编写《普通生物学实验》、《环境生物学实验》、《环境微生物学实验》、《生态学实验》和《生物化学实验》等内部使用教材，迄今已有七届学生使用，而且在实践中进行多次修改，直至目前已全部修改完成。为使学生对生物科学实验内容和操作技术有一个系统的了解，便于在学习专业课程、科学研究和实际工作中运用和参考，现将分别编写的实验教材，通过系统的整合编写成《生物科学实验技术》一书。

　　本书共分为五篇，分别是：第一篇普通生物学实验技术；第二篇环境生物学实验技术；第三篇环境微生物学实验技术；第四篇生态学实验技术；第五篇生物化学实验技术。在每一篇中，均有各自的实验基本知识、实验内容与操作。本书由刘庆余进行编写策划、组织编写、部分内容编写、逐一定稿和最后统稿；顾景龄编写第一篇；李亚宁编写第二篇；刘刚编写第三篇和第五篇；陈磊编写第四篇；王佳楠参加第一篇的部分编写。

　　本书出版的目的是为满足应用型环境专业师生使用，并为高等院校相关专业师生提供参考。本书的出版得到南开大学滨海学院的资助和学院领导的大力支持；在编写过程中，还参考了兄弟院校相关教材内容。在此，一并表示感谢。由于编写时间仓促，难免有些缺点甚至错误，诚恳地希望专家和读者提出宝贵意见，以便我们不断改进。我们的联系邮箱是：12144989@qq.com。

编　者

2012年6月南开大学滨海学院

目　录

第四篇 生态学实验技术

第五篇 生物化学实验技术

第一篇
普通生物学实验技术

第一章　普通生物学实验的基本知识

一、普通生物学实验的性质与目的

高等院校环境专业是跨学科专业，学好这类专业学生必须具有广泛的科学基础知识。而普通生物学及其实验技术，是环境专业学生学习生物科学基础课程之一。通过实验可以了解生物的外部形态和内部构造，生物的生活习性以及它们对不良环境的反应等等。以便对其中有经济价值和对环境有益的生物加以利用，用对环境敏感的生物作环境指示生物，用对环境污染产生行为反应或中毒现象的生物作毒性试验的实验生物。而了解正常生物的形态、构造、习性和种类的鉴别，就需要普通生物学实验技术。同时，它也为进一步学习其他后续生物课程及专业课程打下基础。

普通生物学实验的目的是：

（1）通过实验巩固和验证课堂所学理论，加深对课堂讲授内容的认识和理解，以达到理论结合实际的效果，并提高学生学习的兴趣和积极性；

（2）通过实验课培养学生独立思考和独立操作能力，使学生养成严谨的科学态度和工作态度；

（3）使学生掌握显微镜、解剖镜、解剖器械等的使用和维护；

（4）使学生学会生物采集与保存、标本制作、生物解剖及生物图绘制等基本知识和技术。

二、常用实验用品的准备

1. 实验室提供的用品

（1）解剖器械一套：解剖刀（scalpel）2 把（3 号、4 号各一把），解剖剪（scissor）2 把，解剖镊子（pincette or forceps）2 把（尖头、钝头），解剖针（dissecting needie）1 把，共计 7 件。

（2）显微镜（Nikon），每人一台。

（3）解剖镜（重光、35 倍），每人一台。

（4）盖玻片（cover glass）、载玻片（side glass）、放大镜（hand-lens）、解剖盘、培养皿。

（5）共用物品：实验材料、染液、二甲苯、吸水纸、擦镜纸。

2. 学生自备实验用品

（1）笔记本一册，作为实验记录用。

（2）实验报告纸 15～20 页。

（3）绘图用品：铅笔（HB 一支、5H 或 6H 一支（中华牌绘图铅笔））绘图橡皮、铅笔刀、直尺或三角尺一把。

（4）普通生物学实验指导书（每人一册）。

三、实验守则

1. 为了保证实验效果，实验前应对所学理论进行复习，并认真阅读实验指导书，明确实验目的，了解实验内容和操作等事项。

2. 学生应按规定时间提前 10 分钟进入实验室，准备好一切实验工具、报告纸和记录本等。

3. 实验组长应在课前将公用仪器、药品等进行核对检查。

4. 实验前教师讲解实验的目的、内容及注意事项。学生必须认证听讲，并做记录。

5. 实验一定按实验指导书和老师的要求进行。观察要认真、仔细，要独立完成观察和思考，不得大声商讨。有问题举手向老师请求帮助。

6. 实验中要爱护国家财产、仪器和标本，一切均要按操作规则完成，如出现问题和仪器损坏及时报告老师，由老师处理。

7. 要保持实验秩序，实验室不准高声喧哗，更不得随意出入和吃食物。

8. 实验报告或绘图一律在课内完成，用铅笔书写，字迹一定要工整。

9. 实验结束后，由实验组做实验室卫生，擦洗桌椅、地面，检查仪器及各组公共用品，最后关闭门、窗，切断电源。

10. 不能参加实验的同学，应在实验前提前请假，经老师允许后方可缺席。一般不补做实验，但有条件补的，可补做。

四、绘制生物图的要点

绘制生物图是科学记录生物形态特征的一种方法，是生物实验的一个重要部分，也是实验课学习的内容之一，所以每位学生必须认真学习。绘制生物图的要点如下：

1. 绘制生物图应如实绘出生物各部特征，基本以中心投影法按比例绘制。

2. 绘制生物图有两种方式，一种是绘制放大 5～10 倍的图，制版时再缩小，另一种是按要求绘制原大小的图，后者可直接用于扫描制版。后者要求绘图笔要细，绘制精确。

3. 绘图前应对生物体长、宽、高进行测量，各部结构不可失真，先用 HB 铅笔浅浅勾出外形，修改后方可用硬铅笔描绘。

4. 绘图时一定要把铅笔削尖，点点用来表示明暗和投影效果。细微结构直接用硬铅笔绘画，不可重复描绘。这与美术绘图完全不同，要求线要细、均匀、全篇一致，点要圆、疏密适度。

5. 绘图前要把绘图大小、位置及版面设计统一考虑，绘图时把图放在图柜偏左一点的位置，目的是使注字尽量放在右侧，引线要水平，不能交叉，注意第一个字均在第一条垂线上，图的下方标注图的名称和放大比例或倍数，如有标尺则应放在图左下侧。

6. 实验报告的字体字号均有严格要求，一般多用仿宋体五号字。整篇报告全用铅笔书写，不得用钢笔签字和填写日期。

7. 绘图报告要保持整洁，不得有涂改痕迹。

五、动物解剖规范及解剖术语

1. 动物解剖规范

（1）实验动物不论大小都是活的生命，所以要用麻醉或按要求快速处死后，方可进行实验。千万不要活体解剖，更不可任意宰割。

（2）要爱护实验动物或浸制标本，不可随便浪费实验材料，解剖时一定要仔细、认真。看不清楚位置不能动手。

（3）解剖无脊椎动物（因身体较小），大多放在解剖盘内进行，打开体壁用大头针固定在解剖盘（蜡盘）蜡面上。解剖盘内放少量水，防止标本干燥。解剖时应沿背中线（或稍偏左1～2毫米），从后向前剪开体壁。固定标本应在解剖盘中央，头部向前，后端向自己身体。大头针向左右两侧倾斜45°，个别部位可垂直插。第一对与最后一对可向前后倾斜30°～45°。

（4）解剖脊椎动物时，最好用专门解剖台，如兔解剖台、狗解剖台。有些小动物可在大解剖盘内进行解剖。解剖前首先要麻醉、致死。备皮，把切割部位毛、羽去掉，鸟类则拔掉全部毛羽。解剖脊椎动物是从腹中线，由前向后剪开。

2. 动物体的方向（即解剖术语）

（1）前、后（Anterior/Posterior）

动物的前、后即动物体的前、后，头的一方为前，尾端为后；与人体不同，人的腹面为前，背部为后，而人头部为上，脚为下。

（2）背、腹（Dorsalis/Ventralis）

动物的背、腹与动物自然的背、腹一致，向地的一面为腹，反之为背。人体腹面向前，背面在后，这与动物有所不同。

（3）左、右（Sinister/Dexter）

动物的前后确定后，背、腹也确定了，左、右就好区别了：把动物的背面朝向自己，头向上方，左手边为动物的左，右手边为动物的右边。解剖无脊椎动物时即如此。但解剖脊椎动物时是腹面朝向我们，所以在左手侧是动物的右面，右手侧是动物的左面。

（4）内、外（Inside/Outside）

靠近动物体中央线（正中线）为内侧，远离正中线的为外侧。

（5）基部和末部（Basilaris/Finalis）

靠近动物体的部位为基部，如四肢与躯干相接处称基部，远端则为末部（末端）。

（6）屈面、伸面（Flexor/ Extensor）

关节弯曲后能相接的一面为屈面，反之则为伸面。

（7）切面（Section）

我们观察微小生物或动物某些细微结构时往往用切片标本，而切片的种类很多，有横切、纵切、正中切、失状切、水平切等，这些名称对观察极为重要。

①纵切（Longitudinal section）

纵切指沿动物体或器官的中央线或长轴所做的切面，此切面为纵切面。

②横切（Cross section）

与纵切面垂直的切面都称为横切，此切面为横切面。

③正中切/正中矢状切（Median section）

所谓正中切乃是沿着中央线，从前至后由背向腹面做的切面，这个切面刚好把动物体分成左右相等的两个部分，这个切面叫做正中切面或正中矢断面。

④矢状切（Sagittal section）

与正中矢状切平行的所有切面都称为矢状切。只是未通过中央线。

⑤水平切（Horizontal section）

水平切也称地平切，是通过身体中央线与地平面平行的切面，此切面把动物分成背面与腹面两部分。对人体则不然，是横切面。

第二章　普通生物学实验内容与操作

实验一　生物显微镜的结构和使用方法

一、实验目的

1. 了解生物显微镜的基本结构，初步掌握显微镜的使用方法和简单维护。
2. 学会临时装片的方法。

二、实验内容

1. 观察显微镜的各部分构造，了解其基本性能。
2. 通过字母装片、洋葱表皮临时装片、玉米根尖纵切片的观察，学习显微镜的使用方法。

三、仪器与药品

1. 仪器

Nikon 生物显微镜、字母装片、洋葱表皮装片、载玻片、盖玻片、粉蝶毛笔、擦镜纸、吸水纸。

2. 药品

50% 酒精、二甲苯。

四、操作与观察

（一）显微镜的成像原理

物体（标本）放在物镜一倍焦距之外，二倍焦距之内，故在物体对侧形成一倒立的实像；这个实像刚好落在目镜的焦点之内，通过目镜放大形成一倒立的虚像，光学成像见图 2-1。

（二）显微镜的基本结构

1. 机械部分

镜座（Base）是显微镜最下面的底座，用以固定显微镜。旧式显微镜镜座多为马蹄铁形，双目显微镜多为长方型，内有变压器、灯和集光镜等，新型 Nikon 显微镜改为 T 型。

镜柱（Stand）是镜座直立的柱，它和上面的镜臂相连并与载物台连接。

镜臂（Arm）是镜柱与镜筒连接的部分，也是拿取时手握之处。有的显微镜与镜柱合而为一，旧式显微镜与镜柱有一倾斜关节可使显微镜倾斜与直立。

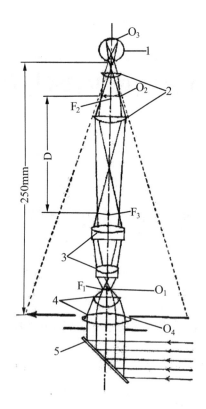

O₁：被观察物体

O₂：目镜形成的 O₁ 的实像

O₃：人眼中 O₁ 的实像

O₄：O₁ 高倍放大后的虚像

F₁：物镜前焦点

F₂：目镜焦点

F₃：物镜后焦点

D：光学筒长

1. 人眼

2. 目镜

3. 物镜

4. 聚光器

5. 反光镜

图 2-1　显微镜光学成像原理图

镜筒（Observation tube）是连接目镜与物镜的圆形筒或块状（内有棱镜），也是光路的通道，长 160 mm 或 170 mm。

载物台（Mechnicl plain stage）为方形放置玻片标本的平台，中央有一圆孔称为通光孔，台上有一弹簧夹，用来固定载玻片（标本）。在台下一侧有两个相连的旋钮，上方为 X 坐标，下方为 Y 坐标。X、Y 坐标在载物台两边有固定标尺，另外还有游标尺。可用此测得物体的长度及记录标本的坐标方位。

推进器手轮（Low drive coaxial stage controls）可使标本在载物台横、纵向自由移动。

粗准焦螺旋（Coarse adjustment knob）是镜柱两侧的两个大旋钮，用于较大范围调节物镜与标本的距离（有的是使镜筒上下移动，有的是使载物台上下移动），一般最大调节距离为 20 mm。

粗准焦距调节环（Tension adjustment ring）可以使粗准焦螺旋紧固或调松。

细准焦螺旋（Fine adjustment knob）与粗准焦螺旋套在一起，细准焦螺旋在内较小，最大调节范围 2 mm，能更准确地调焦。

聚光器调节旋钮（Condenser height adjustment knob）用于调节聚光镜上下移动，以获得最佳光线。Nikon 100 型有刻度，上面已标明物镜的倍数应调节的位置。

转换器（Revolving nosepiece）更换物镜之旋转盘，可分 3 孔、4 孔、6 孔等。可同时安装不同倍数的物镜。老式的单筒镜显微经盘上，有一缺刻，与镜筒上的 T 型卡相吻合，双目镜则用盘上的凹陷与滚球吻合。

目镜筒固定螺钉（Observation tabe clamping screw）用于固定目镜筒于镜臂上，单筒则无此结构，稍松动可使镜筒转方向。

瞳距调节标尺（Lnterpupillary distance sclae）。

屈光度调节钮/环（Mechanical tube length adjustment ring）。

孔进光阑调节钮（Aperture iris）用于调节进入光线的多少。

电源开关（Main switch）使用前首先打开电源开关。

亮度调节钮（Sliding control lever）可调节灯光亮度。

保险管座 （Fuseholder）旋下可更换保险管。

2. 光学部分

光学部分是构成显微镜的核心部件，由目镜、物镜和聚光器组成。

目镜（Eyepiece）安装在镜筒上端，可拔出便于擦拭，放大倍数有 5×、10×、15×、16×。

物镜（Objective）一般为四孔 4×、10×、40×、100×。

聚光器（Condenser）位于载物台通光孔下方，由多数透镜组成，其功能是集中光线调节进入视野的光线，使成像更清晰。

虹彩光阑（Aperture iris）附在聚光器下面，称为光阑的隔环；他可任意遮掉进入透镜边缘的部分光线，改变光线的强弱及成像的效果。

滤光法环（Filter mount）可安装蓝、绿、白、黄等颜色的滤光片以改变色温。

集光镜（Condenser）是安装在镜座上的凸透镜，功能是把灯泡发出的散射光集焦成一光束，有的还安装有光阑。有的可取下，换成反光镜。

（三）显微镜使用方法

1. 低倍镜的使用

（1）右手握镜臂，左手托镜座，将显微镜置于实验台上，目镜向自己，镜座距离桌边 8 cm，打开电源，调节亮度，下降载物台。

（2）转动转换器，使低倍镜 10×正对通光孔。

（3）两眼对目镜，调节孔距使两眼看到一个视野，调节光阑使视野清晰。

（4）把标本固定在载物台的弹簧片下，调节粗准焦螺旋使放有标本的载物台移到最上方，现代显微镜一般不会碰到物镜。

（5）两眼观察，同时手调粗准焦螺旋使载物台下降，至图像渐渐清晰，换用细准焦螺旋，调节成像最清晰为止。

2. 高倍镜的使用

高倍镜一般指 40×、60×的物镜，先用低倍镜调节出清晰图像，再换用高倍镜观察，同时利用细准焦螺旋调节至图像清晰（有时候要调节聚光器，改变亮度，使图像清晰）。

3. 油镜的使用

在所观察的标本上滴一滴香柏油，转换油镜（100×）从侧面用眼观察，使镜头与盖玻片几乎接触为止，重复高倍镜操作。使用油镜后，用擦镜纸沾二甲苯擦干净。

4. 注意事项

（1）使用显微镜前检查是否有部件损坏。

（2）取显微镜时要双手握臂，要轻、稳，按要求放在桌子上。

（3）使用高倍镜、油镜要从低倍镜开始，转换镜头时要用肉眼从一侧边观察边转换。

（4）发现视野有污点，可先移动目镜，如污点移动则擦拭目镜，如移动标本污点移动则擦拭标本，如都不动，要拧下物镜擦拭。

（5）显微镜机械部分擦拭，要在老师指导下进行。

（6）显微镜用完放回原处。

5. 观察与操作

（1）按实验指导书的顺序，观察显微镜的结构，并在显微镜图上注明各部位名称。

（2）每人取一片拉丁文字的装片进行观察，先从低倍镜下观察，再换高倍镜观察。

（3）首先把载玻片、盖玻片用纱布擦干净（示范擦拭方法），放在白纸上，取洋葱表皮制成临时装片（注意先在载玻片滴半滴生理盐水，把表皮展平，盖上盖玻片（不要有气泡）），先用低倍镜观察，再用高倍镜观察。

（4）取玉米根尖纵切片，放在显微镜下，先用低倍镜观察，再用高倍镜观察，把所观察部位移到视野中央，按指导要求用油镜观察（观察后换人血涂片练习油镜的使用）。

6. 示范

（1）双筒体视显微镜

体视显微镜又称解剖镜，它是扩大镜过渡到复式显微镜的一个中间类型，它的机械部分包括：镜座、镜柱、镜臂、调节器和镜筒等，光学系统包括：接目镜（5×、10×、15×）和接物镜（双镜头，在内部）有的可增加 2～3 倍放大物镜，放大倍数一般不超过 60 倍，故多用于小型标本解剖和昆虫解剖。

（2）BHT 型双筒摄影显微镜。Olympus system microscope 是日本生产的一种摄影显微镜，装配 P-M6 型相机。

五、实验报告

1. 在印有显微镜的实验报告纸上，填写各主要结构名称。

2. 总结第一次使用显微镜的体会。

思考题

1. 虹彩光阑的作用是什么？

2. 聚光器在什么位置时可使得到的图像最清晰？

附录：显微镜结构图

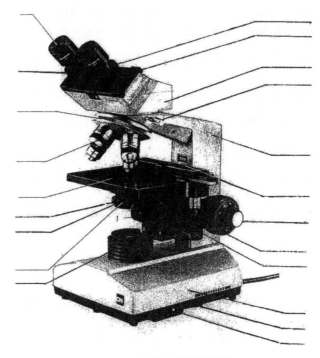

图 2-2　光学显微镜结构图

实验二　动植物细胞的观察

一、实验目的

1. 了解动植物细胞的基本结构，学会细胞的观察方法以及临时装片的染色。
2. 了解动植物细胞有丝分裂各期的特征。

二、实验内容

观察洋葱表皮细胞、红辣椒表皮细胞、胡萝卜细胞、黑藻叶片细胞、马铃薯淀粉粒、向日葵种子油滴；人口腔上皮细胞、平滑肌细胞、海星卵细胞、神经元、人血细胞等细胞观察。

三、实验材料、仪器与药品

1. 材料

洋葱、红辣椒、胡萝卜、马铃薯、向日葵籽粒、黑藻、平滑肌装片、海星卵装片、神经元装片。

2. 仪器

显微镜、体视显微镜、载玻片、盖玻片、纱布、吸水纸、擦镜纸、滴管、牙签、刀片、解剖针。

3. 药品

二甲苯、0.1% 亚甲兰、0.7% NaCl（生理盐水）、碘—碘化钾 5% 盐酸溶液、苏丹Ⅲ、50% 间苯三酚、碘氯化锌溶液。

四、操作与观察

1. 洋葱鳞茎表皮细胞的观察

取洋葱鳞茎肉质鳞片约 1/4～1/6，从其内侧（凹面）用刀片刻成 5 mm^2 小格，然后用镊子撕取一小片透明薄膜——表皮组织，置于准备好的载玻片上，展平后盖上盖玻片观察。

（1）细胞壁：洋葱鳞茎的表皮多近长方形，彼此相连。最外的边界即为细胞壁，比较透明，是植物细胞与动物细胞区别之一。

（2）细胞质：在鲜活细胞中呈无色透明、半透明的胶体，内含许多微小颗粒，在细胞中往往因有液泡占据大部中央位置，细胞质往往被挤压到周边。可将光线调暗，较容易看到原生质和液泡。

（3）液泡：液泡一般较大，占据中央大的空间，液泡有的是一个，但大多是多个。把光线调暗，并不断调节细准焦螺旋，即可看清。

（4）细胞核：核一般多呈圆形或者略扁，染色较深或者较暗，埋在原生质中，所以我们看到的多在边缘。少数看似在细胞中央，是因为它靠近上、下面的细胞壁所致。

如上述观察还不够清楚，可将临时装片取下，在盖玻片上滴一滴碘—碘化钾溶液，用吸水纸从另一侧把水吸掉，此时核及各部结构会更清晰。

2. 人口腔上皮细胞的观察

首先把载玻片、盖玻片擦拭干净，放在白纸上。在载玻片上滴半滴生理盐水（0.7% NaCl）。再用牙签的粗端在自己的颊内轻轻刮取口腔上皮，剖下黏膜均匀地涂在载玻片上。涂片时与刮取时反方向涂！然后盖上盖玻片，置于低倍镜下观察。口腔上皮常数个连在一起。由于口腔上皮较薄而透明，因此光线应调暗些。找到口腔上皮后，将其移到视野中央，换高倍镜观察。

（1）细胞膜：人口腔上皮多呈扁平多边形，细胞与细胞紧密相连，细胞膜是细胞最外面的一层膜，一般与细胞质不容易区分。

（2）细胞核：位于细胞中央，椭圆形，折光率较细胞质强。可见 1～2 个核仁。

（3）细胞质：充满整个细胞内，无色透明。其中可见细胞的颗粒。若观察不清楚，可在盖玻片的一侧滴加一滴亚甲蓝染色。在另一侧用吸水纸把水分吸出。此时染液可流入玻盖下，将细胞染成浅蓝色，核染色较深。注意染色液不可过多，以免染色过深。

3. 植物细胞外形观察

（1）西瓜、番茄的果肉细胞的观察：取西瓜、番茄果肉少许，制成临时装片进行观察。

（2）天竺葵叶片表皮细胞的观察：取一片嫩叶，剪取 3 mm×3 mm 的小片，制成临时装片进行观察。

（3）洋葱根尖纵切片（玉米根尖纵切）：特别注意生长区、延长区、根毛区细胞的变化。上述细胞外形结构与洋葱表皮有何异同？

4. 动物细胞形态观察

（1）海星未受精卵的观察：取海星未受精卵装片，先放在低倍镜下观察其形状、大小，并辨别出细胞膜、细胞核以及核仁部分等。然后换高倍镜观察。核膜位于核最外面，内充满透明的核液，中央有核仁，还有染色质颗粒。

（2）平滑肌细胞：取平滑肌装片，先置于低倍镜下观察。平滑肌细胞呈长梭形，核椭圆形，位于细胞中央。细胞质内有许多与细胞长轴平行排列的肌原纤维。如观察不清，可换高倍镜观察。

（3）神经细胞（神经元）：在低倍镜下仔细观察牛骨髓涂片（或者脑切片），细胞体多突起，被染成浅蓝色，核在中央，内有核仁。由胞体发出许多突起，也就是胞突；轴突细长，粗细均匀。在显微镜下区分两种胞突，它们的功能有何不同？

5. 质体和原生质的流动

（1）叶绿体和原生质流动的观察：取黑藻尖端幼嫩小叶制成临时水封片，黑藻叶呈长椭圆形，边缘具疏齿，中间有一条主脉贯穿整个叶片。叶细胞均含有大量叶绿体。注意叶绿体的形状！

（2）杂色体的观察：取红辣椒果皮（甜辣椒）或者胡萝卜制成临时装片，它的细胞似圆形或者多边形，有薄壁，在细胞内可见不定形状的红色颗粒。这些颗粒就是杂色体。用此方法还可观察甜菜叶柄表皮细胞内的白色体。

（3）淀粉粒：切取马铃薯的块茎一小块，做徒手切片，做临时装片或者用一小片涂在载玻片上，做水封片观察。马铃薯淀粉粒是卵圆形，大小不一，具有偏心轮纹的结构。每一淀粉粒都包有透明的薄膜。对焦后可见明暗交替的轮纹结构，而且围绕一个中心点（脐点）。淀粉粒有单粒、复粒和半复粒。

（4）结晶体的观察：剥取大葱老鳞茎干枯透明外皮，取一小块，浸入 30% 甘油中，约 20 min 后，再用小刀或者剪刀取 3～5 mm^2 置于载玻片上，排除气泡后，制成临时装片。在低倍镜下，可见到立方形结晶体。有时 2～3 个在一起，这就是草酸钙结晶。

6. 细胞的有丝分裂

（1）洋葱根尖细胞各分类时期观察

取洋葱（玉米）根尖纵切片，在低倍镜下找出生长锥，然后换高倍镜找出不同分类时期的细胞进行详细观察：

分裂期间：细胞在形态上没有明显的变化，细胞核稍大；核膜、核质、核仁界限清楚均为间期正常状态。

前期：自细胞核开始消失到染色体形成时为前期，此期核仁、核膜完全消失，染色体由细小块状形成细线状并开始变粗。

中期：染色体短而粗，成对的染色体并列在细胞中央形成赤道板，两条染色单体彼此松开，纺锤体已形成。注意染色体数目（16 条）。

后期：并列在赤道板上的染色体渐次分离而各自向两级移动。此时染色体慢慢变细伸长。

末期：染色体逐渐消失，纺锤体也消失，接着两个子核出现，新细胞壁形成。把两个子核和它们周围的细胞质分割成两个扁形的子细胞。此时末期过程结束。

（2）洋葱根尖细胞有丝分裂临时装片的制作与观察

用刀片截取正在生长的洋葱根尖(长约 5 mm),放在载玻片上,滴加纯酒精—冰醋酸(3:1)固定液,固定（15～30 min），然后取出根尖，置于一载玻片上，切取生长旺盛的部位。滴一滴醋酸洋红染色（可用酒精灯稍加热），然后盖上盖玻片，将制成片放在平的桌面上，上盖一干净滤纸，用拇指轻压使根尖散开形成一均匀薄层，置于显微镜下观察。

（3）动物细胞有丝分裂的观察

取马蛔虫卵切片（这是用马蛔虫子宫横切制成标本。子宫内有许多不同发育时期的虫卵），放在低倍镜下观察。马蛔虫卵的最外层是卵壳。壳内被染成浅蓝色的是卵细胞，其中染色较深的是细胞核或者染色体。在卵细胞和卵壳之间有较大的空隙。当上述结构观察清楚之后换高倍镜观察分裂各期特征。注意！马蛔虫卵有丝分裂与植物有丝分裂各期有何区别？

五、实验报告

绘制洋葱鳞片表皮细胞、人口腔上皮细胞、平滑肌细胞、马铃薯淀粉粒。

思考题

1. 通过实验你对动植物细胞的区别有无新的理解？
2. 动植物细胞的有丝分裂有何区别？
3. 为什么植物体的茎、叶、花、果实会显示出不同的颜色？

实验三　植物组织的观察

一、实验目的

1. 通过实验了解植物组织的形态、结构及其与生理功能的统一关系。
2. 学会观察各种组织的方法。

二、植物的组织

原生分生组织→初生分生组织 { 原表皮层→表皮
基本分生组织→皮层、髓
原形成层→维管束的初生部分

永久组织 { 基本组织：薄壁组织、吸收组织、同化组织、贮藏组织、通气组织
保护组织：表皮、皮孔、木栓
输导组织 { 管胞（1/10 mm）导管（环纹、螺纹、孔纹、梯纹、网纹）
筛管、伴胞、乳管
机械组织：纤维组织、木质组织、韧皮组织
分泌组织：蜜腺、树脂道、分泌囊

三、实验材料、仪器与药品

1. 材料

玉米（*Zea mays*）、洋葱（*Allium cepa.* L）、黑藻（*Hydrilla verticillata*）、棉花叶（*Gossypium.* L）、玉米叶（*Zea mays*）、天竺葵（*Pelargonium hortorum*）、仙人掌（*Opuatia. sp*）、景天（*Spotted stonecrop*）、芹菜（甜菜）（*Celery*）、蓖麻（*Ricinus communis*）、白菜叶柄（*Brassica pekinensis*）、梨果实（*Pyrus. sp*）、南瓜茎（*Cushaw stem*）、松茎横切（*Pinus*）、柑橘（*Citrus.* L）。

2. 仪器

显微镜、解剖镜、载玻片、盖玻片、纱布、擦镜纸、吸水纸、刀片、镊子。

3. 药品

碘—碘化钾溶液、间苯三酚溶液、40% 盐酸。

四、观察内容

1. 分生组织

取玉米、洋葱或者黑藻根尖、茎尖纵切片放在低倍镜下观察。首先找到圆锥形茎顶端的生长点，或者根冠的生长点，这些细胞完全是胚性细胞，细胞体积小，形成等直径的多面体，原生质浓厚，没有胞液或具有许多小液泡，核大、细胞壁薄。细胞排列紧密，没有细胞间隙。这些细胞属于原生分生组织，在原生组织之后为初生分生组织，它的特点是：一方面细胞开始分化，另一方面细胞仍能进行分裂。在茎尖分化如上述。原表皮层基本分生组织和形成层，这些细胞特质有何不同？（前者在横切纵切呈长方形；中者呈短柱状；后者为梭形，横切面很小）

2. 基本组织

基本组织中的薄壁组织，在植物体内占最大空间。

（1）薄壁组织和贮藏组织的观察

切取天竺葵较老茎做徒手切片，在低倍镜下观察，茎中央部位为薄壁组织细胞。取下装片，从盖玻片一侧加一滴碘液，并从另一端用吸水纸吸除多余水分，观察薄壁细胞内发生了什么变化？这些物质可以被碘液染上颜色，所以此部分为贮藏组织。马铃薯块茎、甘蔗都有此组织，前者贮存物质为淀粉，后者为蔗糖。

（2）同化组织的观察

取天竺葵（棉花、玉米）叶的横切片在低倍镜下辨认出表皮、栅栏组织、海绵组织及叶绿体的分布。

除此之外，还有吸收组织、贮藏组织（仙人掌、景天）和通气组织（灯芯草髓部）。

3. 保护组织

（1）表皮的观察

取接骨木（或者天竺葵）茎横切片观察，先用低倍层镜找到周皮部位，换高倍镜仔细辨认。表皮层：茎最外面的一层细胞；平周分裂细胞或木栓：3～4层或更厚下面为木栓形成层（一层）；最内为栓内层，后三者合称为周皮。在横切面中木栓细胞呈长方形，紧密排列.细胞壁较厚，强烈栓化，细胞成熟时原生质死亡，细胞内充满空气。木栓形成层平周的分裂，形成径向成行的细胞裂，这些细胞向外分化成木栓层，向内分化成栓内层。

（2）皮孔的观察

在周皮的特定部位，某些木栓形成层比其他地方活跃，它们向外生出一种与木栓细胞不同的细胞，具有发达的细胞间隙，它们突破周皮向外突出，形成小的突起，能通过它交换气体的称为皮孔。取新鲜的马铃薯或杨树的幼枝，找到皮孔，然后切取皮孔，做临时装片，观察皮孔处细胞与周皮（木栓）细胞有何不同？

4. 机械组织

（1）厚角组织

取甜菜或者芹菜叶柄，徒手做横切并制成临时装片，在叶柄有棱角的部位，可看到其表皮下有整齐排列的多角形细胞，在其角隅处的细胞壁增厚，并与相邻细胞的增厚处相连。取下装片从盖玻片一侧加一滴碘—氯化锌溶液可看到细胞壁变暗，呈紫色，表明此部分主要由果胶质和半纤维素组成，而细胞内较明亮，说明含有较多的水分。

（2）厚壁细胞（纤维）

与厚角组织不同，厚壁细胞具有均匀增厚的次生壁，且木质化，成熟后往往成为死细胞。

①用镊子夹取少许用 40% 盐酸浸析的苘麻，通常称为青麻，用解剖针稍作分离制成临时装片，在显微镜下观察可见到细长（4～12 mm）的纤维，多为长梭形，其细胞内原生质已经死亡，此种纤维称为韧皮纤维，与此相同的还有木质纤维，多存在木本植物和木质部。

②石细胞的观察

用镊子夹取梨果肉内靠近核部位淡黄色颗粒，置于载玻片上用刀柄将其压碎或者捣碎，加水少许，盖上盖玻片，置于显微镜下观察，如观察不清，可在盖玻片一侧加 1～2 滴 40% 盐酸，待五分钟之后再滴加间苯三酚数滴，吸取多余水分，此时可以更清楚的看到细胞结构细胞壁很厚，被染成桃红色，强烈木质化。壁上有许多单纹孔。成熟后的石细胞也多为死细胞。

5. 输导组织

输导组织是植物体中担负物质长途运输的主要组织。

（1）导管的观察

撕取菜叶柄基部"筋"一段，约 1 cm。放在载玻片上，用解剖针稍做分离。先放入 40% 盐酸 1～2 滴。5 分钟后，再加间苯三酚 1～2 滴。1～2 分钟后，加盖玻片，置于低倍镜下观察，可见到带有环纹，螺纹的导管，仔细辨认一下导管有几种？

（2）筛管和伴胞的观察

取南瓜茎做切片，用番红—固绿法染色。先置低倍镜下观察，首先看到标本中心被染成红色的导管。在导管内外两侧染成绿色部分。绿色部分较粗的管状细胞是筛管。此乃由许多头尾相接的长棱形细胞组成。相接处有筛板。与筛管相邻小而细长薄壁细胞就是伴胞（须仔细观察）。

观察完南瓜茎纵切后，再取南瓜基横切。找到相对应的部位。在染成绿色位置找到筛管。并用高倍镜仔细寻找筛板，注意筛管横切面的形状。筛板上有许多小孔即为筛孔。在筛管旁边有小的近方形染色较深的即为伴胞。

6. 分泌组织

天竺葵茎上腺毛：

（1）单细胞头状腺毛的观察，切取天竺葵幼茎纵切片，制成临时装片，置于低倍镜下观察，找到后再换高倍镜详细观察。可见顶端有一单细胞腺，其下面有 2～3 个柱状细胞，整个腺毛由 3～4 个细胞组成。

（2）松树树脂道的观察，取 1 年生松幼茎横（纵切）切片置于低倍镜下，首先找到皮层，靠近韧皮部外有四周排列的树脂道（可结合纵切观察，在木质部和髓及髓射线均有）。

（3）分泌囊（油囊）的观察，采柑橘果皮一小块做一横切面，用眼仔细观察可见一个个小囊排在其中，切取一薄片做成临时装片，放在低倍镜或 4×物镜片下观察可见一较大油囊，仔细辨认里面的油滴。

五、实验报告

1. 绘制输导组织两种导管。
2. 绘制 3～4 个梨的石细胞。
3. 绘制天竺葵叶下表皮细胞及皮孔。

思考题

1. 不同的组织在植物生理功能中各起到什么作用？
2. 储藏组织中的物质为何能被碘液染上颜色？

实验四　植物根的形态结构观察

一、实验目的

1. 了解根的基本形态和根系的类型、变态。
2. 通过对根类构造的观察掌握根分区的特征。
3. 观察双子叶草本植物根的初生和次生构造，了解根的生长及侧根的发生。
4. 观察单子叶植物根的构造。

二、实验材料、仪器与药品

1. 材料

小麦(*Triticum aestivum*)幼苗、玉米(*Zea mays*)根系、棉花(*Cotton*)根、向日葵(*Helianthus annuus*)根系、萝卜(*Raphanus sativus*.L)根、胡萝卜(*Daucus carota*)、甜菜(*Beetroot*)根、甘薯(*Dioscorea esculenta*)、蚕豆根横切片(幼根)、向日葵根横切、蚕豆根横切片(次生构造)、玉米根横切片、豆科植物根瘤浸制标本。

2. 仪器

显微镜、擦镜纸、吸水纸、二甲苯、载玻片、盖玻片、培养皿、刀片、镊子、解剖针。

3. 药品

碘—碘化钾溶液、40% 盐酸、间苯三酚溶液。

三、实验内容

1. 根的外形、根系的类别及根的变态

示范观察棉花、玉米、向日葵、小麦、蚕豆根系的区别；哪些是直根系？哪些是须根系？哪些植物是不定根？取棉花根系仔细找出主根，侧根及其分枝。

观察：萝卜根、胡萝卜和甜菜这些均为根长大形成贮存组织后形成根的变态。

2. 小麦根尖的结构

取小麦幼苗，从根上切取根尖（约 1 cm），放在载玻片上，加水少许，盖上盖玻片，用镊子轻轻压住盖玻片，压扁即可放在低倍镜下观察。

根冠：在根尖的端部。由一团薄壁细胞组成，呈帽状覆盖在生长锥端部，表面细胞并不整齐。

分生区（生长锥）：位于根冠内，细胞较小，呈立方型，细胞结构以前曾观察过。

伸长区：位于分生区之后，伸长区细胞逐渐停止分裂，细胞长大于宽，中央出现液泡（液泡明亮）。

成熟区（根毛区）：在伸长区以后，此区细胞已成熟，根毛十分明显，选一根毛清楚部位，用高倍镜详细观察根毛如何从表皮上长出？根内部可见到螺旋导管，越靠后端越清楚。

3. 双子叶草本植物根的初生构造

切取蚕豆幼根制作根毛区临时切片，先在低倍镜下找出各部构造部位，再换高倍镜下仔细辨认。

表皮：为根外一层排列整齐的细胞，在制片中找到带根毛的部位。观察根毛为表皮细胞突出一细管。表皮细胞间有无气孔器？

皮层：皮层是由数层薄壁细胞组成，在幼根中占据较大空间，细胞大，排列疏松有细胞间隙。皮层的最外一层为外皮层，其内为内皮层，在细胞侧壁上有增厚的凯氏带。

维管柱：位于内皮层以内的全部。细胞较小，排列紧密，包括中柱鞘，初生木质部，初生韧皮部及薄壁细胞组成。中柱鞘紧靠内皮层，除对着初生木质部束的地方有2～3层细胞外，一般只有一层，细胞排列整齐紧密。在切片中被染成红色的是初生木质部，4～5束放射状排列，在高倍镜下可见到粗细不同的导管，靠近星状棱角处，导管直径较小为最早形成的导管，称原生木质部，内方较粗大导管称后生木质部。这说明初生木质部由外向内成熟。在两个初生木质部棱角之间被染成绿色的成堆的小型细胞是初生韧皮部，在蚕豆切片中不易区分筛管和伴胞。在初生木质部和韧皮部之间有1～2层薄壁细胞，当植株增长时它转变成形成层的一部分，在中央的细胞形成髓。

4. 双子叶植物根的次生构造

取蚕豆老根横切片，在低倍镜下分辨出表皮、皮层及初生木质部和初生韧皮部。在维管柱内区分出4～5束星芒状的初生木质部和染成绿色韧皮部，在初生木质部和韧皮部之间找到一些扁椭圆形细胞，这些细胞是由薄壁细胞分化而来，逐渐发育为形成层，开始呈不连续的片段，后来由于木质部顶端中柱鞘恢复分裂能力，而产生一部分形成层与前者相连成为弯曲环带状形成层。形成层向内分裂的细胞形成次生木质部，注意导管粗大，分布在初生木质部的外方；形成层向外分裂的细胞分化成次生韧皮部，填充在两个相邻木质部束之间，初生韧皮部靠中柱鞘处形成韧皮纤维，对着初生木质部束，还能看到数列向外的薄壁细胞这就是射线，这些细胞也由形成层细胞分裂产生。

5. 蚕豆根临时装片的制作与观察

取新鲜蚕豆根，从根毛区上方做横切片。从盖玻片一侧滴加40%盐酸待5分钟后，用吸水纸吸出盐酸，加入间苯三酚1～2滴，置于显微镜下观察，能否找到上面所观察结构的初生构造？在皮层，中柱鞘及韧皮部的基本组织中，可看到淀粉粒。

6. 单子叶植物根的观察

取玉米根成熟区的横切片，置于低倍镜下观察，首先分出表皮、皮层和中柱。

表皮细胞仔细寻找可以见到根毛，表皮为单层细胞构成。在表皮内有1～2层细胞排列紧密，无细胞间隙，细胞壁较厚，称为外皮层。皮层最内一层细胞的径向壁和内壁都有增厚并木质化，横切面为马蹄形。注意内皮层细胞在相对初生木质部处有无通道细胞？（细胞壁未木质化）内皮内部皆是维管柱。维管柱最外一圈排列整齐的薄壁细胞为中柱鞘，其内有成圈排列的若干束木质部。靠近中柱鞘的木质部导管细小，是原生木质部，近髓处导管粗大，是后生木质部。韧皮部在两束原生木质部之间相间排列，由5～6个细胞组成，其直径较大的是筛管，较小的是伴胞。

观察后取玉米根纵切片，观察在纵切片中上述结构。

7. 侧根的发生

取侧根横（纵切）切片，置于低倍镜下观察，对着初生木质部的中柱鞘细胞进行分裂形成侧根的生长点，并向外突出，逐渐形成侧根。

8. 根的变态

萝卜、胡萝卜、甜菜、紫菜头的根因储存了大量养分，肥厚多汁称为储藏根。其上半部是由胚轴形成的；下半部生有侧根的部位是真正的根部。上半部有叶及基部的幼芽。

（1）萝卜的根

把萝卜根做一横切，可见明显两部分，外部为韧皮部，颜色较深，俗称萝卜皮，其内为木质部，特别发达，内含大量厚壁细胞，养分就贮存在此。

（2）胡萝卜

从胡萝卜中间横切，外围颜色红的部分是韧皮部，贮存物质较多，中央为黄红色的是木质部，外部含糖较多！这与萝卜有何不同？

（3）甜菜头

取甜菜头，从上半部做一横切，可明显看到许多同心圆，深浅相间，深红色一圈为薄壁组织所构成，糖主要贮存在此，外部浅红的一圈为维管束维管束之间夹杂着薄壁组织。每圈是由一层次生形成层组织形成的，第一层次生形成层是由中柱鞘分裂产生的，次生形成层是由韧皮薄壁细胞陆续形成。从横切面上可看清次生形成层的数目。

五、实验报告

1. 绘制蚕豆幼根纵切面详图，表示出根的分区。
2. 绘制蚕豆较老根之横切，主要绘出根的初生结构。

思考题

1. 根毛和侧根有何不同？它们是如何形成的？
2. 单子叶、双子叶植物根的构造有何异同？

实验五　植物茎和叶的形态结构观察

一、实验目的

1. 观察茎、叶的外形结构及主要的类型。
2. 掌握双子叶植物草木茎、木本茎的特征及其不同，了解单子叶植物茎、叶的结构，形态特征及其与双子叶植物的主要区别。

二、实验材料（采用校园及花卉市场常见植物）、仪器与药品

1. 材料

白菜（*Brassica pekinensis*）、山桃（*Prunus davidina*）、黄杨（*populus. sp*）、牵牛、菜豆（*pharbitis. sp*）、葫芦（*Lagenaria siceria*）茎；忍冬（*Lonicera. sp*）、草莓（*Fragaria. sp*）、榆（*Ulmus pumila*）枝条；丁香（*Syzygium aromaticum*）枝条；柳（*Salix. sp*）枝条；落地生根（*Bryophyllum. sp*）植株；向日葵（*Helianthus annuus. sp*）茎；天竺葵（*Pelargonium hortorum*）幼茎、老茎横切片；椴树（*Tilia*. L）三年生茎横切片；松树（*pinus*）三年生茎横切片。

2. 仪器

枝剪、扩大镜、解剖镜、解剖针、刀片、显微镜、载玻片、盖玻片、擦镜纸、吸水纸、培养皿。

3. 药品

40% 盐酸、间苯三酚、碘—碘化钾溶液。

三、观察内容与步骤

1. 茎的类型

直立茎：在校园内观察到山桃、向日葵、蓖麻等直立茎植物。

缠绕茎：左旋缠绕茎，如牵牛花、菜豆这些植物茎为逆时针方向缠绕为左旋；还有一些刚好相反如：忍冬即金银花（双花）、它是顺时针缠绕的。

攀援茎：攀援茎种类很多。一种为卷须攀援茎如丝瓜、豌豆、黄瓜、葡萄、南瓜，第二种气生根攀援茎，如常春藤、络石、薜荔。第三种为叶柄攀援茎如旱金莲。第四种为以胸刺攀援茎，如白藤（省藤）：猪殃殃。第五种为吸盘攀援茎，如常见的爬山虎（地锦 *Parthenocissus. sp*）匍匐茎：这种茎只在地面上匍匐生长如草莓、甘薯。

2. 枝条的形态

剪取黄杨枝条，首先分出节与节间，即生长叶及叶腋的地方称节，两节之间称节间，有的植物节特别明显，如竹子、玉黍（玉米），一般只稍稍膨大，极少数植物不仅不膨大反而缩小。有的植物节很长如南瓜、玉米，有的极短如蒲公英节间不足 1 mm。黄杨枝的节间有的很长称为长枝，有的生长慢很短称为短枝。有些植物如苹果仅在短枝上开花结果，所以又称果枝。

在黄杨枝的顶端有一芽称为顶芽，在新生枝与前一年枝（灰色）交界处有密集的环纹即芽鳞痕。我们根据芽鳞痕可判断枝的年龄。仔细观察枝条光滑外皮是木栓。其上椭圆形褐色小点即皮孔。

再取一贮存过冬的白菜切去上半部。一层层剥取叶片。在叶间可见芽体生出。这些叶和芽都从茎基上生出，所以它的节间极短。

3. 芽的观察

取山桃、黄杨、天竺葵、黄杨、忍冬的枝条，根据着生部位找出顶芽和腋芽。山桃的腋芽通常三个并生，其中间一个为主芽，两侧的为副芽（往往为花芽）。取忍冬枝观察，在叶腋间有几个芽。这种称为叠生芽。紫穗槐的腋芽分为上下两个，上部为副芽，下部为主芽。观察落地生根叶缘生出的小芽为不定芽，它落地后便可长成一独立的个体。观察黄杨的芽，每芽外包有鳞片，称为鳞芽。再取黄杨的芽体，没有鳞片包裹称为裸芽。

4. 茎尖的构造

取黄杨的一个幼芽，放在培养皿中，置于解剖镜下，从外到内逐一剥取叶片直到看清生长锥，边剥离边观察。幼叶（外部）叶原基（逐渐变小的幼叶）在两片叶原基之间有一突起为腋芽原基。生长锥在顶部，为发亮的半圆形突起。

5. 双子叶草本植物茎的初生构造的观察

取向日葵幼茎横切片置于低倍镜下观察全貌。首先区分出：表皮在茎最外面一层单层细胞。其内侧数层细胞为皮层。换高倍镜仔细观察。

表皮：是茎横切片中最外的一层细胞。排列整齐多呈砖型，纵径最长，半径方最短。仔细寻找有无表皮附属物？有无角质层？

皮层：在表皮内排列不如表皮整齐，由数层细胞构成。含有薄壁组织和厚角组织。皮层最内一层细胞内含淀粉粒。故称淀粉鞘，此层细胞排列较整齐。如观察不清可换一张切片观察。

维管柱：淀粉鞘内全部组织成为维管柱，其内有成环状排列的维管束，维管束大小不等。它们之间的界限是否清楚？区别出木质部和韧皮部（染色不同！），这种维管束叫做何种维管束？韧皮部与淀粉鞘紧密相连的细胞多而密集，是未成熟的纤维细胞。根据木质部导管的粗细能否分出初生茎木质部发生的顺序？（早生成的导管细小！）再找出木质部与韧皮部之间的形成层（大约 2～3 层薄壁细胞），维管柱中央的薄壁细胞是髓。维管束之间的薄壁细胞构成髓射线。

6. 双子叶草木植物茎的次生构造

取向日葵茎横切片，置于低倍镜下，观察其各部结构，它与初生构造有何不同？在韧皮部外方被染成红色的细胞，其细胞壁增厚并木质化称为纤维细胞；每个维管束之内产生了次生木质部和次生韧皮部，束间形成层活动产生了次生维管组织，在较老茎中维管束几乎连成环状，你是否区别出束中形成层和束间形成层？

取蚕豆幼茎做横切片，并在制成临时装片后，加入 40% 盐酸数滴。5 分钟后吸弃盐酸，再加间苯三酚，然后放在低倍镜下观察，与前面观察做一对照。另做一片加碘—碘化钾染色后，置于低倍镜下观察淀粉鞘，注意放大观察细胞内的淀粉粒。

7. 双子叶木本植物茎的结构

取三年生椴木树茎（松三年生树茎）横切片，置于低倍镜下，找出每年生长的年轮。然后再仔细观察。

髓：在茎横切片的中心部分由薄壁细胞组成，在茎中央占很小的区域，有的染色较深，因内含黏液，还可能含有结晶体。

木质部：在髓周围有很厚的一圈，低倍镜下能看出年轮的界限。仔细辨认出细胞的特征。而后用高倍镜观察每年木质部的结构。靠近髓的一圈，为初生木质部，初生木质部有成束排列的管胞。导管木纤维及木质薄壁细胞组成。每束之间是否有明显的界限？此部分所占比例较小，在初生木质部外方为次生木质部，其导管胞腔较大，能清楚的看到放射状排列的薄壁细胞组成的木射线。

形成层：在木质部外方由 2～3 层扁平的细胞组成，排列较紧密。

韧皮部：在形成层之外，细胞排列成梯形，其下底靠近形成层。在韧皮部中容易看到被染成红色的纤维（韧皮纤维）。与纤维间隔排列的有筛管，伴胞及薄壁细胞在切片中常被染成绿色。韧皮部也有髓射线。

皮层：在维管柱外方由薄壁细胞构成，有的细胞内含晶体，皮层外几层细胞为厚角组织。

周皮及表皮：在皮层之外，有数层木栓细胞组成的木栓层、表皮是茎外排列紧密的一层细胞，有的已经脱落。

8. 单子叶植物的观察（玉米茎）

取玉米茎横切片，置于低倍镜下观察。茎外为一层表皮细胞，表皮组织。其外还有一层角质层（较明亮）。表皮细胞之间可找到气孔。在表皮下面有几层厚壁细胞组成的内皮层（亦称下皮层）。在内皮层里面是基本组织，里面包括中柱鞘髓及髓射线。他们没有明显界限，在其内分布许多维管束，靠近外面维管束较小、数量多。近中央的维管束大而少。观察请选取一典型而大的维管束移至视野中央，换高倍镜观察。首先找出木质部和韧皮部。木质部靠近中央，韧皮在其外方。这种属于外韧维管束，原生木质部由较小导管组成，在导管附近还有一个薄壁细胞破裂所构成腔室，后生木质部，两个较大的导管及管胞和木质薄壁组成；在韧皮部中原生韧皮部已破坏，而后生韧皮部筛管和伴胞较清楚；在每一个维管束外面有几层厚壁细胞组成的维管束鞘，它们有保护和支持的作用。木质部和韧皮部之间没有形成层。所以不会产生次生构造。

9. 裸子植物茎的观察（三年生松茎横切片）

对照椴树横切，找出它们的主要区别。

10. 叶的排列和叶形

（1）互生：豌豆、蚕豆、梨叶为互生

　　　　对生：丁香、荷花、桂花

　　　　轮生：夹竹桃、金鱼藻、轮藻

（2）叶形：阔卵形　卵形　披针形　线形　圆形　阔椭圆形　长椭圆形　倒椭圆形

　　　　　倒卵　倒披针　剑形

11. 叶的结构

（1）取棉花叶横切片，置于低倍镜下观察。首先区分出叶的背面和正面，在叶背面可找到突出的叶脉，此乃叶的维管束。换高倍镜观察。

上皮层：细胞呈长方形，排列整齐紧密，细胞外有角质层。

栅栏组织：位于上表皮内方，由一层长柱状细胞组成，内有较多的叶绿体。

海绵组织：位于栅栏组织下方，下面接下表皮。由几层薄壁细胞组成。其细胞呈何形状？叶绿体数目较上者少。在薄壁细胞中夹杂一些分泌细胞（在染色切片中呈紫红色）。

叶脉：分布在栅栏和海绵组织之间，选一较大叶脉，详细观察维管束分清木质部和韧皮部，仔细看木质部靠近叶的那一面？有无形成层？在切片中还可看到纵切的小叶脉。

下表皮：在下表皮角质层不明显，仔细寻找可看到略呈三角形的小细胞，这就是气孔。气孔内间隙就是气室。注意叶的表皮下有无附属物？

（2）单子叶植物的结构

取玉米叶的横切片，置于低倍镜下观察叶的整体结构。首先分出上下表皮。其细胞大小不十分整齐。在上表皮细胞中每隔一定距离（在两维管束之间）有几个较大细胞，这是泡状细胞。在干旱失水的情况下，细胞失水叶子就卷起。下表皮无此细胞。在上下表皮之间均夹杂有气孔！气孔由两个保卫细胞和两个副卫细胞。后者为正方形。禾木科植物叶没有明显的栅栏组织和海绵组织。在叶肉细胞中平行分布有维管束。每个维管束外有薄壁细胞构成的维管束鞘。其外还有机械组织。把维管束进一步放大，观察其木质部和韧皮的朝向。它与棉花有何不同？

12. 松叶横切片的示范观察

注意：表皮细胞紧密大小均一，角质层厚。表皮内有多层角质细胞组成的下皮。皮孔下陷，叶肉由许多含有叶绿体的薄壁细胞构成。这些细胞壁具有许多褶皱。叶肉内有树脂道。维管束 1～2 个在中央。

四、实验报告

1. 绘制向日葵幼茎横切片初生结构的详图（绘半个，另一半只绘出轮廓图）。
2. 绘制棉花横切片局部详图（含主脉）注明全部结构。

思考题

1. 思考根尖和茎尖在形态结构上的异同点。
2. 如何区分维管束、维管组织和输导组织？
3. 如何区分叶的背面与正面？
4. 双子叶植物叶与单子叶植物叶形态结构有何异同？

实验六　原生动物门（Protozoa）动物的观察

一、实验目的

通过对原生动物门（Protozoa），纤毛纲（Ciliata）草履虫（*Paramecium. sp*）的实验与观察和鞭毛纲（Mastigophora）眼虫（*Euglena*），肉足纲（Sarcodina）变形虫（*Amoeba. sp*）、和孢子虫纲（Sporozoa）间日疟原虫（*Plasmodium vivax*）的观察、了解原生动物门的主要特征和各纲的主要区别。学会观察原生动物的基本方法。

二、实验材料、仪器和药品

1. 材料

草履虫（*Paramecium caudatum*）培养液；草履虫分裂装片，草履虫装片，草履虫接合生殖装片；眼虫（*Euglona*）装片，眼虫培养液；变形虫（*Ameoba. sp*）培养液，变形虫装片；间日虐原虫（*Plasmodium vaiznax*）人血液涂片。

2. 仪器

显微镜、载玻片、盖玻片、擦镜纸、吸水纸、纱布。

3. 药品

二甲苯、中国墨汁、蓝墨水、番红花红染液、中性红、1% 冰醋酸、5% NaCl 溶液。

三、实验步骤

（一）草履虫的观察

1. 草履虫的生活环境和培养

草履虫是一种很好的实验材料，一是因为它容易采集，二是容易培养。草履虫生活在稻田边缘的水沟和附近的小池塘。采集时带一个小烧杯，把水舀起对着光线，可见微小的白点，很可能是草履虫，采集较多水样带回实验室即可。

培养方法：把较新鲜（1～2 年）的稻草剪成一寸长小段，称取 15 g 左右放在干净的 1000 mL 烧杯中，置于电炉上加热至沸，继续煮 15 分钟，取下放置 48 小时后即可用于培养。取采来的草履虫水样约 1 mL 滴入培养皿内，在解剖镜下观察，如草履虫密度过大，可加水稀释，用滴管一个个吸取虫体，滴入培养液中，室温培养，一周后就会有虫体大量出现。

2. 草履虫临时装片的制作

首先准备好载玻片、盖玻片，然后观察烧杯中培养液在上部边缘可见草履虫密度较大（因为它有趋光性和喜氧），用滴管吸取边缘上部培养液半滴，滴在载玻片上，先不加盖玻片，置于显微镜下，用 4×物镜观察，可见其外形及运动。仔细观察运动时，身体不断旋转且运动快捷（如草履虫数量太少，重做一片），取下载玻片，在培养液中加半滴羧甲基纤维素（或其钠盐）溶液，其溶液似胶水，会使草履虫游动缓慢。用解剖针轻轻搅动均匀后，加上盖玻片，再放在低倍镜下观察。

3. 草履虫的形态结构

外形：草履虫平面观似一个倒置的草履，故名草履虫。身体前端是钝圆，后端膨大后变尖，全身长满纤毛，把光线调暗可见纤毛有规律地摆动。观察运动，可见草履虫身体向前进时还在转动。注意旋转方向！

从前向后有一条由右向左纵行凹陷，称为口沟。内生纤毛，其底部有口，称为胞口。

内部结构的观察。在外形观察清楚后，选一运动缓慢的虫体，换高倍镜下观察。

表膜：在身体最外有一层较清楚的薄膜，纤毛即从此生出。表膜有弹性遇障碍可穿过。

外质：在表膜里面，有一层较为明亮的薄层即为外质，此层不含颗粒。

刺丝泡：在外质内还有排列紧密的亮泡这是刺丝泡。

内质：外质内含有许多颗粒和细胞器的部分称为内质。

口沟：口沟从虫体前端起，有一些向后行直达虫体中部稍后的凹陷就是口沟。观察时不断调节细准焦螺旋。

胞口：位于口沟的底部，是细胞与外界相通的孔。其功能是摄取食物。

胞咽：是胞口下紧密相连的一个短管，斜向虫体中央，伸入到原生质中。管内有排列成行的纤毛不断摆动。很多纤毛虫有此构造，这种纤毛往往形成小膜带。主要功能是将食物送入原生质内。

食物泡：由于口沟纤毛的摆动，使食物颗粒由口沟向下运行，通过胞口，胞咽进入原生质中。

肛点：位于虫体后 1/4 处，口沟一侧，不能消化的食物残渣由肛点排出。一般不易观察。

细胞核：草履虫有一个肾脏形的大核和一个圆形的小核。位于虫体中央偏后的位置。小核多位于大核凹陷处，生活时很难看到。

伸缩泡和收集管：在草履虫口沟的对侧前后各有一个圆形的空泡状结构即为伸缩泡。多数前后交替伸缩，排除身体的水分和少量废物。在伸缩泡周围可见放射状的细管，它收集胞内多余水分，再排到伸缩泡中。

4. 草履虫大核、小核的观察

取草履虫培养液做一临时装片，在盖玻片的一侧滴一滴 1% 冰醋酸溶液，从另一侧吸出多余水分，置于低倍镜下观察，可见到虫体已全部死亡，并多数外形已改变。此时在身体中央可看到大核及小核,但核的形状也有改变,选一典型的仔细观察。如效果不好亦可用 1% 亚甲蓝试一试。

5. 草履虫刺丝泡放出的观察

用滴管吸取草履虫培养液做一临时装片,先不加盖盖玻片。滴半滴(更少些!)蓝墨水,小心盖上盖玻片,盖好后不可移动!在低倍镜下观察,可见死亡的虫体多放出许多被染成蓝色的刺丝。(把光线调亮观察)

6. 草履虫食物泡的观察:

用滴管吸取草履虫培养液,先不加盖玻片,滴少许(1/3)中国墨汁 3～5 分钟后,盖上盖玻片观察(低倍镜),可见身体里有许多圆形的黑色食物泡,观察食物泡的运行规律。

7. 草履虫应激性实验:

在载玻片中央偏右的地方,滴一小滴培养液,距此 1 cm 处滴上一滴水,并用解剖针使两滴沟通,观察虫体很少往左侧水滴游动。此时我们在有草履虫培养液的右方加一小滴 5% 生理盐水,观察草履虫会顺通道游向左方水滴中。

8. 草履虫接合生殖的观察

取草履虫接合生殖装片,置于低倍镜下。首先找到两个虫体粘连一起的虫体,换高镜观察。注意大核是否存在？小核是否已经分裂？

9. 草履虫横分裂装片的观察

取草履虫横分裂装片,置于低倍镜找到正在横分裂的虫体,看清大核及小核的标本,再换高倍镜认真观察细胞核的变化。

(二)绿眼虫(*Euglena. sp*)的观察

1. 绿眼虫生活环境及采集

绿眼虫生活在有机物严重污染的水域,可在城乡结合部或小区污水积存处找到。水域呈深绿色或墨绿色,无水华,一般有臭味。取一小瓶带回,置于显微镜下镜检即可。

2. 眼虫外形及结构的观察

取眼虫标本或培养液置于低倍镜下观察,可见很小,深绿色虫体和球形绿色的包囊。换高倍镜观察外形:眼虫长 30～89 μm,前端钝圆,后端尖,很像横放的人眼故名。体前一侧有一红色眼点,眼点旁有一泡状无色结构即为储蓄泡。它收集体内水分和废物,并把它排到紧邻的胞咽中。胞咽在虫体前端正中央,有胞口与外界相通,胞口一般不易看到。在虫体前端有一条鞭毛从胞口伸出,并不断摆动,这是眼虫的运动类器官(细胞器)。在身体中央偏后一些有一个大的细胞核,一般不易观察,可加一滴 0.1% 亚甲蓝染色观察;在细胞核周围有长圆或长椭圆形的叶绿体,呈现绿色,它是眼虫分类的依据之一。在虫体外面包着一带有条纹的表膜,此膜有弹性,可使其能做眼虫式运动。多观察一会,当水变少时就会看到,当继续减少时,虫体会脱去鞭毛变成球形,外包一膜成包囊。

3. 眼虫装片的观察

取眼虫染色装片观察,在装片中细胞核较清楚,但外形有较大变化,个别虫体可见鞭毛。

(三)肉足纲(Sarcodina)——变形虫(*Ameoba. sp*)

1. 变形虫的采集和培养

变形虫生活在污染较轻的水域、池塘、养鱼缸的绿苔间、鱼缸的底壁上。采集时刮取壁上绿苔或附着物。变形虫较易培养,培养前准备两个 1000 mL 的烧杯,把淘米(大米)的第二遍或第三遍水倒入烧杯中,放置室内不被阳光直晒的地方 15～20 天后就会长出变形虫。

2. 变形虫的外形和内部结构

用镊子夹取培养液中沉淀物或表面的膜状物，放在载玻片上反复涂抹后把沉淀物放回培养液中，然后加上盖玻片。调整光线，下降集光器适当关闭虹彩光圈，使视野变暗，对好焦距进行寻找。由于变形虫体小，在低倍镜下呈淡蓝色，不规则形状。找到后迅速换高倍镜观察。

（1）变形虫形状不规则是因为其伪足可任意改变。如大变形虫伪足较长且不止一个，而蛞蝓变形虫则仅有一个叶状伪足。

（2）外质与内质：在伪足处外质和内质十分清楚。外质无颗粒，内质多颗粒，外质折光性较强。

（3）质膜：质膜是身体最外的一层薄膜，柔软而透明，与细胞质不易区分。

（4）细胞质：变形虫的细胞质的内质中含有许多大小不一的颗粒，在其运动时可见内质也不停地流动。仔细观察其流动方向！

（5）细胞核：在内质中，呈扁圆形，较内质稠密，有时不易看清。可结合变形虫装片观察或观察完全部结构后加一滴醋酸—洋红染液后观察。

（6）伸缩泡：在内质中有一圆形透明小泡，即为伸缩泡。仔细观察会看到时隐时现。一般靠运动方向的后端。

（7）食物泡：在内质中有许多大小不同的颗粒，可随细胞质流动，这些大多是食物泡。仔细寻找和观察可见到正在摄食的变形虫。

（四）有孔虫（*Foraminifera. sp*）和放射虫（*Radiolarian*）的示范观察

（五）孢子虫纲（Sporozoa）——间日疟原虫（*Plasmodium vivax*）的观察

间日疟原虫寄生在人的红血细胞内，以我们看到的是患疟疾病的血液涂片。取间日疟原虫人血涂片置于显微镜下，先从低倍镜找到血球密度适当的部位，换高倍镜寻找或直接在油镜下寻找。

1. 环状滋养体：裂殖子侵入红血球后 2~3 小时后发育成环状滋养体。其原生质呈圆形或卵圆形。当中有一个大的空泡。原生质往往被染成淡蓝色，细胞核被染成红色，在一定角度很像一个红宝石戒指。

2. 变形滋养体：环状滋养体在红血细胞内继续发育，原生质继续增加，空泡减小，原生质边缘逐渐伸出伪足，原生质内疟色素颗粒逐渐增加，此时称为变形滋养体。

3. 裂殖体：滋养体进一步长大，细胞核分裂成 N 块，细胞质尚未分化，此时疟原虫几乎占满了整个红血细胞。

4. 裂殖子：裂殖体的原生质分裂，包围在每个核之外，红血细胞破裂，这些卵圆形的小个体称为裂殖子。

5. 配子母细胞：疟原虫经过多次裂体生殖后，有一部分裂殖子进入红血细胞后，不再形成裂殖体生殖，而发育成一个大配子母细胞或小配子母细胞。

（1）大配子母细胞：呈圆形，原生质稠密，易于染色，故多呈深蓝色。特征：核紧密常偏一侧，细胞内疟色素颗粒粗大。

（2）小配子母细胞：虫体齐呈圆形，较前者略小，原生质较不稠密，较疏松，位于中央，疟色素颗粒细小。

间日疟原虫观察，学生选做，示范仅其中 1~2 个时期。

四、实验报告

1. 绘制草履虫结构详图。
2. 绘制眼虫成变形虫详图。

思考题

1. 草履虫是怎样进行生殖的？有几种方式？
2. 原生动物有哪些细胞器？功能和特征各如何？

附录：药品配制

1. 碘液配制（Lugols' solntion）

称取 4 g 碘，6 g 碘化钾，将碘化钾溶于 5 mL 加热的蒸馏水中，然后加入碘液溶解，再加蒸馏水配制 100 mL。

2. 1% 冰醋酸的配制

冰醋酸 1 mL 蒸馏水 100 mL

3. 1% 醋酸—洋红染液

洋红 1 g 冰醋酸 90 mL 蒸馏水 110 mL

把冰醋酸加水煮沸后，加洋红溶解，冷却后过滤，装入瓶中。

4. 1% 羧甲基纤维素

先将 1 g 羧甲基纤维素（或钠盐），放入烧杯中，加冷水 100 mL 调匀即可，若太稠可适当加水。

5. 1% 亚甲蓝溶液

称 1 g 亚甲蓝，溶于 100 mL 蒸馏水中。

实验七　腔肠动物门（Coelenterata）、多孔动物门（Spongia）动物的观察

一、实验目的

通过对多孔动物（海绵动物）毛壶和腔肠动物门水螅（*Hydra*）、海月水母（*Aureliaaurital*）及绿疣海葵（*Anthopleruaramidori*）的观察，掌握多孔动物门，腔肠动物门的外形及其内部结构。

二、实验材料、仪器与药品

1. 材料

毛壶（*Grantiia. sp*）横切片，纵切片；黄矾海绵（*Renlera japonica kadota*），固定标本；海绵骨针装片；活水螅（*Hydra. sp*）、水螅整装片、水螅过卵巢横切片、海月水母；绿疣海葵标本、柳珊瑚（*Goxgonia*）、鹿角珊瑚（*Madrepora acropotra*）、海蜇（*Rhopilema. sp*）、海仙人掌（*Coyernularia*）、钩手水母（*Conienemus vertens*. L）。

2. 仪器

显微镜、解剖镜、载玻片、盖玻片、擦镜纸，吸水纸，纱布。

3. 药品

二甲苯、番红花红染液、1% 硝酸溶液。

三、操作与观察

1. 毛壶（Grantiia. sp）的观察

（1）毛壶外形的观察

取毛壶浸制标本放在培养皿内，置于解剖镜下观察，毛壶为单体，圆筒形，两端较细，中部稍粗，似壶，长约 50 mm，横径 4～7 mm。体色灰褐色，身体辐射对称，身体上端有一圆形孔，为流出孔。在其周围有一圈长而直的单轴骨针，体表密布细小骨针。骨针有何功能？在体表面有许多小孔称为流入孔。但多观察不清。

（2）毛壶纵切面的观察

取毛壶纵切片，先用低倍镜观察流出孔，中央腔，流入管和辐射管等结构。

中央腔：在毛壶纵切片的中央有一个极大的空腔，即中央腔。

流入管：是许多放射状排列的管沟，靠近中央腔的一端封闭，向体外的一端开孔，此管为流入管，对外开口为流入孔。

辐射管：是与流入管交错排列的管，外端封闭，朝中央腔的一端开孔，此孔为后幽门孔，此孔在一个标本常见不到，可结合横切片观察。

前幽门孔：是辐射管与流入管之间相通的细管，但在切片中经常看不到，须仔细寻找。

（3）毛壶体壁的观察

在上述结构观察清楚后，换高倍镜继续观察。

外皮层：位于体壁的外层和流入管的内层，由许多扁平的单层细胞排列形成，有的部位已经脱落。

内皮层：位于体壁的内层，在中央腔周围的细胞应为单层细胞，围绕辐射管由领细胞排列形成。领细胞呈椭圆形，内有细胞核，细胞游离端有一根鞭毛，在鞭毛基部有一圈由原生质形成的领，仔细观察找一两个代表细胞观察。

中胶层：在皮层与内皮层之间是胶状中胶层，在中胶层中可以看到卵和幼胚，有时卵和幼胚已经进入辐射管或中央腔中。

（4）毛壶骨针的观察

在低倍镜下观察毛壶骨针装片，辨认出单轴骨针，三轴骨针及骨针的排列。

（5）淡水海绵骨针标本的制作

用镊子夹取一小块淡水海绵，放在小试管内然后加浓硝酸 1～2 mL 放置 12～14 小时后用水反复冲洗，待骨针全部沉入管底用滴管吸取 1 滴置于载玻片上，令其自然风干或 80～100 ℃，烤干，加一滴树胶封片。

2. 腔肠动物水螅的观察

（1）生活水螅的观察

水螅生活在较清洁的水域，一般公园的池塘水沟，多在水草、轮藻、金鱼藻、黑藻上，每位同学用吸管自培养缸中吸取一个生活的水螅，放在有清水的烧杯内，用放大镜或解剖镜观察。水螅身体为圆筒形，以基盘附着于水草或其他物体上，其游离一端有触手 4～6 条，每个水螅触手数目不同，待触手完全展开后，用解剖针接触一条，看反应，待其恢复投入水蚤，看其捕食情况，在水螅体壁上有无芽体或精巢、卵巢。

（2）水螅整体切片的观察

取水螅整体装片置于低倍镜下观察。

基盘：为水螅附着于其他物体上的结构，由腺细胞排列而成。

垂唇：是被触手围起的一个隆起，其顶端为口，口在整体装片观察不清。

触手：在垂唇的周围有放射排列的触手，一般 4～6 条，水螅借助触手捕食和运动（取带芽体的装片观察或带卵巢，精巢装片观察）。

（3）水螅横切片的观察

取水螅横切片，置于低倍镜下观察，先认出外胚层，中胶层、内胚层和中央的消化循环腔，观察有无芽体、卵巢和精巢、如有芽体，芽体消化循环腔是否与母体的相通，如有卵巢或精巢注意它们来自哪个胚层？上述结构分清后换高倍镜详细观察。

①外胚层：外胚层细胞排列整齐，比内胚层细胞小。

上皮肌细胞：细胞较大，呈短柱状，细胞质均匀而透明，细胞核大而圆，位于细胞中央偏内侧，有的则看不到核，因为什么？细胞基部的肌肉凸起不易看清。

间细胞：细胞小而圆，染色较深（蓝色），常靠近中胶层，3～5 个连在一起。间细胞比上皮细胞的核还要小。

刺细胞：刺细胞较上皮细胞略小，核偏在基部，刺细胞有一个灯泡似的刺丝囊，较透明，中央有染色较深的刺丝缠绕。

感觉细胞：多为狭长形或略似梭形，基部与中胶层相连，另一端达体表染色较深，须仔细观察。

腺细胞：多位于基盘处，细胞呈长柱形，端部多染色深的颗粒状分泌物。

神经细胞：是染色较深多突起的一种小细胞，紧靠中胶层，在大多数切片中不易看清

②内胚层：此层细胞较外胚层细胞大，内部排列不整齐。

消化肌细胞：细胞长而大，形状不规则，其游离端常见伪足与鞭毛。（个别细胞可见，要仔细寻找）细胞质中有食物泡，此种细胞有何功能？

腺细胞：位于消化肌细胞之间，在切片中看游离端宽，基部较窄，整个细胞呈瓶状，较前者小，其端部有颗粒状分泌物。

间细胞：较外胚层小，也在消化肌细胞底部，但数量较外胚层少。

感觉细胞：这种细胞多分布在外胚层中，内胚层中很少，形态较外胚层的长大。

③中胶层：位于内外胚层中间，是一层无细胞结构的凝胶状物，它是由内外胚层分泌而来。

（4）水螅刺细胞及刺丝囊的观察

用滴管吸取一生活水螅，滴在载玻片上，待水螅触角伸开后，迅速滴 1～2 滴 0.5% 番红花红染液，盖上盖玻片，马上用铅笔无铅端敲盖玻片，这时刺细胞被破坏，刺丝从囊中放出，放在显微镜下观察（先低倍再高倍）。

①穿刺刺丝囊：穿刺刺丝囊大而透明，不易着色，呈梨形，刺丝长而直，在刺丝的基部有 2～3 个大的倒刺为刺针。

②黏性刺丝囊：黏性刺丝囊长圆形，放出的刺丝细长且直，无刺针，染色较深，较穿刺刺丝囊小。

③卷缠刺丝囊：卷缠刺丝囊大小与黏性刺丝囊相似，染色也相似，只是刺丝卷曲呈螺旋状。

④有钩刺丝囊：有钩比黏性刺丝囊稍大，为圆柱形，刺丝上有螺旋排列的小刺，与黏性刺丝囊极为相似。

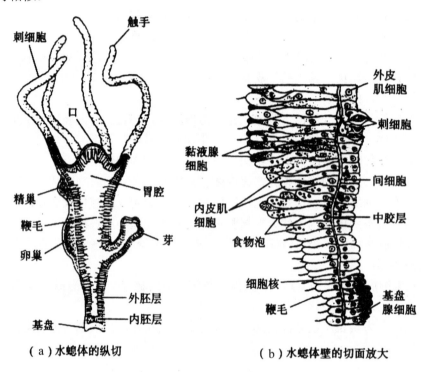

（a）水螅体的纵切　　　　　　（b）水螅体壁的切面放大

图 2-3　水螅的切面图

3. 示范观察

（1）白枝海绵：骨针石灰质，体小，灰白色，为分枝的细管状，群体生活，多产大连、烟台，在海藻及其他物体上。

（2）矾海绵：又称山形海绵，黄矾海绵，群体生活在近岸的岩石上，生活时为橘红色，群体上有许多突起的小管。突起的顶端为流出孔，体表还有许多细小的小孔，为流入孔。

（3）海月水母的观察：海月水母为常见的海滨物种，每年 7 月在海滨会大量出现，虫体呈伞状在口周有口腕四条，口连接胃腔，腔内有四个囊，边缘有生殖腺，从胃囊出发的主辐管间辐管，还有从辐管夹在其中，伞缘有触手，还有 8 个缺刻，内有平衡囊。

（4）海蜇：伞高大，边缘有许多缘瓣而无触手，伞下面有四条分支有愈合的口腕，口已封闭，腕上有许多吸口和丝状的附属器。口面近中央处还可以看见四个弯曲的生殖腺。

（5）绿疣海葵：绿疣海葵多存在潮间带岩石的存水处，以基盘固着在岩石上，与基盘相对的是口盘，其周有许多中空的触手，体干为圆柱形，其表有许多壁孔和疣突，壁孔一般看不到，受刺激会缩成一团。

（6）海仙人掌：多生活在潮间带近岸处，群体、个体着生于共质轴上，柄部埋于沙中，水螅体有几条触手。

（7）柳珊瑚：属柳珊瑚目，中轴骨角质，黑褐色似干柳枝，故名。

（8）鹿角珊瑚：石珊瑚目，群体外骨骼钙质，致密个体生活在外骨骼的杯状凹陷中。

四、实验报告

1. 绘制水螅局部体壁结构图包括外胚层、内胚层、中胶层和其细胞结构。
2. 绘制出海绵骨针的结构（至少三种）。

思考题

1. 水螅的生殖腺来源于哪个胚层？
2. 水螅的消化循环腔有何特点？

附：0.5% 番红花红染液配方

番红花红又称碱性藏红，先将 2.5 g 番红花红溶于 100 mL 酒精中 95%，密封储存于棕色瓶中，使用时按下列比例配制：2.5% 番红花红酒精 2 mL；蒸馏水：80 mL。

实验八　扁形动物门（Platyhelminthes）、线形动物门（Nematoda），附轮形动物门（Rotifera）动物的观察

一、实验目的

通过对真蜗虫（*Dugesia*）、华枝睾吸虫（*Clonorchis sinensis*）和猪带绦虫（*Taenia solium*）的标本、装片、切片的观察，了解扁形动物的主要特征（无体腔、具皮胚囊、具吻或吻鞘、消化道不完全、原肾管）及其分纲。

通过线虫纲——人蛔虫（*Ascaris lumbricoides*）及轮虫（*Rotifera*）了解它们的主要结构特征以及它们与人类的关系，特别是了解常见的寄生种类。

二、实验材料

真涡虫（*Dugesia*）整体装片、涡虫横切片、华枝睾吸虫（*Clonorchis sinensis*）整体装片、华枝睾吸虫横切片（肝切片）华枝睾吸虫毛蚴装片。

日本血吸虫（*Schistosoma japonica*）雌体、雄体分离装片、日本血吸虫合抱装片。

猪绦虫（*Taenia scliura limmasus*）头节和成熟节片。

人蛔虫（*Ascaris lumbricoides*）浸制标本、蛔虫横切片、轮虫（*Rotifera*）培养液。

三、实验步骤

1. 涡虫的采集

涡虫体扁平，全长 10～15 mm，背部稍凸，前端略钝，后端尖，前端两侧有耳突，具感觉功能，耳突内侧有一对黑色眼，身体紫褐色。腹部扁平，生有纤毛，借纤毛摆动，在石头下爬行。口在腹面中部偏后，口后有咽（即吻）。咽可以从咽鞘中伸出摄食，口与尾之间有一生殖孔（一般不宜看到）无肛门。

涡虫生活在流动的溪流中或溪流存水处，一般在石块下面，采集时翻开石块可以找到。

2. 涡虫整体装片的观察

取涡虫的消化系统装片，放在低倍镜（4×）下观察，可先看上述外形部分。消化系统：涡虫的消化系统包括：口、咽、肠三部分。口位于腹面中央紧连肌肉质的咽，咽紧连三分枝的肠，一枝向前，两支向后，每枝上还有侧面的分枝，所以涡虫属三肠目。排泄器官、神经系统、一般装片看不清楚！

3. 涡虫和切片的观察

取涡虫横切片，置于低倍镜下观察：虫体最外层是单层柱状上皮细胞。在表皮细胞间有染色较深的杆状体，其功能是什么？表皮下有一层极薄的基膜。表皮来源于外胚层，在表皮内是中胚层来源的环肌，其内为斜肌，最内为纵肌。横切面两侧是单层细胞构成的肠，肠与皮肌囊之间为柔软组织，其中有黄色泡状结构是什么（细胞分泌杆状体）？在身体两侧能否找到焰细胞和排泄管？根据生殖器官、肠、咽的位置判断横切片的部位、特别注意涡虫无体腔。

4. 华枝睾吸虫（*Lororchis sincnsis*）整体装片的观察

（1）取华枝睾吸虫装片，用显微镜（4×物镜）观察其外形。华枝睾吸虫，体扁平，生活时半透明，淡红色，虫体后端宽于前端。前端有口，外围肌肉质的口吸盘，距前端五分之一的腹面有一较大的腹吸盘。注意：此虫是背面观还是腹面观？详记各器官之间的比例。

（2）内部结构的观察

在上述结构观察清楚后，换低倍镜详细观察。

消化系统：口位于吸盘的底部，由于吸盘着色较深，需调节焦距才能看清。口后紧接椭圆形肌肉质的咽，咽下面是食道，呈短管状，食道下接肠支，左右各一支，沿身体两侧后行，至后端呈盲管状，无肛门。

排泄系统：属典型的原肾管，位于虫体两侧，肠支的外侧，焰细胞大多看不见，只能看到不完整的排泄管。（注意在虫体前方）左右两排泄管后行至受精囊后方汇合成一粗而略弯曲的管道称排泄囊，开口于虫体末端的排泄孔。

生殖系统：华枝睾吸虫为雌雄同体。

①雄性生殖器官

精巢：一对，呈鹿角状分枝，位于虫体后部，前后排列，由于其分枝，故称为枝睾吸虫。

输精管：每一精巢各向前发出一条极细且染色的较深的管。此管即为输精小管行至虫体中部左右合汇成贮精囊。因常被子宫遮盖不易看清。

贮精囊：储精囊略呈 S 形微弯的粗管。（往往被子宫遮盖）。

生殖孔：贮精囊变细为射精管，开孔于腹吸盘前缘（右侧）的小孔。

②雌性生殖器官

卵巢：卵巢一个，呈三叶状。标本中似三角形。位于虫体中央较小。

输卵管：是卵巢发出一条细而短的管子。常因遮盖看不清。

成卵腔：输卵管前行，并入卵黄总管后，即为成卵腔。其周围有许多单细胞组成的梅氏腺。

子宫：成卵腔继续前行，管道变得弯曲膨大即为子宫，其中充满正在发育的卵。子宫末端开孔为雌雄生殖孔（往往在左侧，紧临雄性生殖孔）。

受精囊：在卵巢后方一侧，为一染色较深，椭圆形的囊，称为受精囊。受精囊有一短管通入输卵管。受精囊有何功能？

劳氏管：在受精囊内侧有一弯曲小管称为劳氏管，其功能不详。

卵黄腺：位于虫体中部稍前之两侧。为许多染色体较深的圆形小体。

卵黄管：卵黄腺与许多小的卵黄管相连，卵黄小管汇成为左右两条卵黄横管。卵黄横管从左右向虫体中部汇合，成为卵黄总管，并通入输卵管。

5. 华枝睾吸虫横切片的观察

取华枝睾吸虫横切片置于低倍镜下观察，切片是猫肝胆管切片，再切片中大而圆的结构为肝管或胆管，里面有数条华支睾吸虫的横切片，选择一条完整虫体切面。首先观察虫体最外一层为角质层，其下是肌肉层，最外为环肌，最内是斜肌，中间是纵肌。无体腔，内充满柔软组织，肠在横切片中是两个染色较深的圆环。大而圆的空腔是排泄囊。根据整体装片的观察找出其他装片中其他结构。如卵巢，精巢，子宫等。用高倍镜观察子宫末端的卵。

6. 人蛔虫（*Ascaris lumbricoides*）外形的观察

取蛔虫标本放在解剖盘中，（外加少量清水，防止虫体干燥）观察：人蛔虫身体长圆筒形，中间粗，两端尖细。生活时虫体淡黄色，浸制标本乳白色，体表有弹性光滑的角质膜。雌虫长达 20～35 cm，宽 3～6 mm；雄虫长 15～31 cm，宽 2～4 mm。尾部向腹面卷曲，并有两条交接刺从排泄孔伸出，它有何功能？在虫体两侧脊背有四条纵线，在腹背面的称背线和腹线，侧面两条线较宽呈浅棕色为侧线，用解剖镜或放大镜仔细观察。

（1）口：位于虫体最前端，其周围有三片唇，一片背唇，两片腹唇，成品字形，在背唇上有两个乳突，腹唇各有一个乳突，其功能如何？

（2）排泄孔：位于虫体前端，距口约 2～3 mm，此孔甚小难于观察。

（3）肛门：位于雌虫后端腹面，横缝状距末端 2～3 mm，雄虫为泄殖孔。

（4）雌性生殖孔：位于虫体前三分之一腹中线上，此孔较小需仔细观察

7. 蛔虫的内部构造

取雌（雄）蛔虫置于盘中，辨认出背腹。然后用左手拇指和中指拿起虫体后端，食指托住腹部，右手持小型解剖剪，从肛门背部稍前处向前将虫体皮肌囊剪开。注意：剪刀不可插入太深，剪至背唇稍后处为止。将虫体放入蜡盘中，用解剖针和镊子自虫体前端向后将虫体展开，随之用大头针固定。固定时大头针与水平面呈 40°～50°角。不可垂直扎，每对大头针距 3 cm 左右。固定后，用解剖针将其内部器官分离，小心操作，不可弄乱，然后仔细观察。

（1）消化系统

消化道为一简单的纵管，分为前肠，中肠和后肠三部分，前肠包括前端的口和富于肌肉的咽，口周有三片唇，中肠位于咽的后部，是背腹扁平的单层柱状细胞构成，来源于内胚层，后肠包括短而稍细的直肠和肛门。

（2）排泄系统

在蛔虫两条侧线中，各有一条纵行的细管。左右排泄管在身体前端腹面汇合成总排泄管，由排泄孔通至体外。（解剖标本不易看到，可结合横切片观察。）

（3）生殖系统

蛔虫是雌雄异体，生殖腺均成管状，盘曲于肠上。用解剖针小心分离。

①雌性生殖器官

卵巢：在虫体中部靠后方有一对细长盘曲的腺状结构即为卵巢。其末端游离。

输卵管：卵巢紧连逐渐变粗的即输卵管。二者无十分明显的界限。也盘曲在中肠周围。注意其分布。

子宫：每条输卵管盘曲至后端，骤然变粗并折向前行，这粗大的管状结构就是子宫。

阴道：在距虫体前三分之一处，两条子宫汇合成一条短而细的管称为阴道。穿过腹中线开孔于雌性生殖孔。

②雄性生殖器官

雄性生殖器官是一条细管状的结构。

精巢：是一条稍细的管状结构，弯曲盘绕于虫体中部。

输精管：与精巢相连，较精巢略粗的管道即为输精管。

贮精囊：与输卵管相接的一粗大管道，由前向后。

射精管：贮精囊后端变细的结构即为射精管。并入直肠泄殖腔。

泄殖腔：射精管并入直肠后变形成泄殖腔，其对外的开口即泄殖孔。

（4）蛔虫横切片的观察

取蛔虫卵横切片置于低倍镜下观察。

皮肌囊：蛔虫皮肌囊发达，可分下列三层。在体壁最外面透明的是角质膜。在角质膜内是无细胞界限的合胞体结构。侧线、背线及腹线乃是由表皮增厚而成并把肌肉层分为四列。侧线宽而明显；背、腹线较狭窄。肌肉层位于表皮内侧。是由一层特殊的肌肉细胞组成。肌细胞分为原生质部和收缩部两部分组成。收缩部狭长，内有纵向肌原纤维。原生质部为膨大囊状结构，内含原生质颗粒。

排泄管：位于侧线内，为一圆形空腔，或小孔状。

背神经索及腹神经索：是在背线，腹线内，染色较深的小圆形结构。（有许多标本看不清楚。）

肠：背腹扁平，在切片中显扁圆形。肠壁由单层柱状上皮细胞构成。排列整齐，前后肠内有角质膜。

假体腔：又称原体腔，是肠与体壁之间的空腔。无体腔膜，在雌虫原体腔中有卵巢。输卵管和子宫的横断面。卵巢横切面为车轮形。中心染色较深为中轴，卵巢因盘曲会有很多个，其周排列整齐的为卵原细胞。输卵管较卵巢粗，而无轴，卵在内排列杂乱。子宫圆形或扁形。内有空隙，内含大量的卵。在雄体中则有精巢，输精管和储精囊。试分别三者的异同？

（5）蛔虫卵的观察

从蛔虫子宫中取出少量卵制成临时装片，置于显微镜下观察，可看两种卵，一是受精卵，呈椭圆形，壳厚。壳外蛋白膜厚，波浪纹明显，壳内有一球形卵，两端有新月形空隙。未受精卵，长圆形，壳与蛋白膜薄，内含大小不等折光的卵黄粒，无新月形的空隙。

四、示范观察

1. 华枝睾吸虫的尾蚴：在显微镜观察略呈蝌蚪状。前端有两个眼点及七对溶化组织的单细胞腺，尾部不分叉。

2. 布氏姜片虫（Fasciolopsis buski）：寄生在人、猪的小肠内，虫体叶片状，长 20～70 mm，宽 8～20 mm。生活时肉红色，标本灰白色。口吸盘小，腹吸盘大，两条肠各有两个弯曲。精巢前后两个，较大。卵巢小，呈分枝状。

3. 日本血吸虫（Schistosoma japonica）：寄生在人的肝门静脉，雌雄异体，雄虫短粗，向腹面卷曲，有抱雌沟，雌虫细长。卵巢一个，椭圆形，吸盘突出，中间宿主为钉螺。

4. 肝片吸虫（Fascila heputica）：体扁而大，叶状，头端突起成锥形，称头锥，虫体后端渐狭。口在前吸盘中央。腹吸盘在体前腹面，离口吸盘（前吸盘）很近，卵巢与肠支均有分枝，中间宿主为锥实螺。

5. 壶状臂尾轮虫（*Brachionus bennini*）：在轮虫体前有一带纤毛的结构称为头冠或称轮盘，有运动和摄食功能。躯干部有一透明的兜甲。前端有棘刺，后端有一圆孔。尾部从此伸出。末端有分叉的趾，内有足腺。

6. 矩形龟甲轮虫（*Kenatella guadrata*）：个体较小，长 105～135 μm。兜甲上有类似龟背样的花纹。前端有棘刺，后端也有长突，尾较短。

7. 锥尾水轮虫（*Epiphanes senta*）：身体较大，全长 570 μm，宽 170 μm。前端轮盘较大，5 束。尾与兜甲连在一起，兜甲有环纹，可做缩运动。

五、实验报告

1. 绘制华枝睾吸虫整体结构图（标示出各器官）。
2. 绘制蛔虫横切片图（标示各部分名称）。

思考题

1. 吸虫纲、绦虫纲与人类有何相互关系？如何预防几种主要寄生虫？
2. 吸虫纲和绦虫纲的主要特征是什么（包括寄生生活特征）？
3. 蛔虫体内的代谢废物是如何排出的？

实验九　环毛蚓（*Pheretima*）的外形观察与解剖

一、实验目的

1. 通过对环毛蚓（*Pheretima. sp*）外形、内部结构的解剖观察及其他环节动物外形观察，了解环节在动物进化上的重要意义和在环境中的作用。
2. 了解环节动物有了中胚层，出现身体分节、真体腔、循环和后肾管等基本特征。

二、实验内容

1. 环毛蚓的生态观察。
2. 环毛蚓浸制标本外形的观察和解剖。
3. 环毛蚓横切片的观察。
4. 环节动物外形的观察。

三、实验材料、仪器与药品

1. 材料
环毛蚓（*Pheretima. sp*）浸制标本。
环毛蚓浸制标本，环毛蚓横切片（过生殖腺）。

2. 仪器

放大镜、解剖镜、显微镜、载玻片、盖玻片、纱布、吸水纸、蜡盘、大头针等。

3. 药品

二甲苯。

四 实验步骤

1. 环毛蚓的生态观察

对环毛蚓生态观察可选择暴雨后的课余进行，首先要选择适宜的调查地点（菜园，农田腐殖质较多的土壤），然后观察雨后环毛蚓从洞穴爬出的情况，洞穴的数量，分布，洞穴的深度以及生殖等。进而对环毛蚓的生活有进一步的了解；取回生活的环毛蚓详细观察其体色对称形式，分节状况运动等。

2. 环毛蚓外形的详细观察

取环毛蚓的浸制标本，置于蜡盘中，首先观察其外形呈圆筒形，有许多环节组成，环节与环节之间有节沟，每个环节之间还有一个凸起的体环，其上环生刚毛。然后详细观察下列结构。

（1）围口节：是围绕口的一个体节，也称为第一节。

（2）口前叶：在口背面，向前稍突出的小叶，浸制标本往往很小，但颜色与口周其他部位不同。

（3）肛门：在虫体最后体节的末端，呈纵行开口。

（4）刚毛：在每个环节的中央（除第一节和最后一节外）都有一圈刚毛，若用放大镜观察不清可用解剖镜观察。还可用手指轻轻触摸其体表，有粗糙感。

（5）背孔：用放大镜仔细观察，背中线，可发现自前段 12～13 节开始，节与节之间向后（节间沟处）有一排整齐的小孔，试用玻璃棒轻压挤背部置会有液体从体内溢出。

（6）环带：也称为生殖带，位于虫体第 14、15、16 三体节上。环带颜色与其他体节有何不同？为什么有的标本环带不甚明显？

（7）受精囊孔：受精囊孔三对，位于身体腹面 6～7、7～8、8～9 节间沟两侧（厦门、福州环毛蚓只有二对，位于 7～8、8～9 之间），有些标本观察不清楚，这与采集的时期有关。

（8）雌性生殖孔：一个，位于第 14 节腹面的正中央，也就是环带前方的腹面。

（9）雄性生殖孔：一对，位于 18 节腹面的两侧，其周围有许多白色突起称为生殖乳突。其功能是什么？

3. 环毛蚓的内部结构及解剖方法

取一条浸制环毛蚓标本，放置蜡盘中经水冲洗后，以左手的拇指和中指拿虫体两侧，食指托住虫体腹面，右手持小型解剖剪沿虫体背中线（肛门稍前）将体壁剪开，注意：剪时应用剪刀轻轻向上提起皮肌囊，防止剪刀刺破肠壁。然后再自前向后把皮肌囊与肠壁之间的隔膜剪开，这时可用大头针自前向后把虫体固定在蜡盘内，固定时大头针应从第一节开始，每五节插一对大头针，直至三十节，三十节后可插的远一些。大头针的插法要与水平呈 45°角，向虫体两侧斜插，以便观察与操作，固定之后按下列顺序观察。

（1）隔膜

环毛蚓的身体是由皮肌囊和里面的消化道构成的套管状结构，在皮肌囊与肠之间为体腔，在体腔中相当于外面节间的沟处有一层薄膜，即成隔膜。隔膜将体腔分成许多小室，隔膜腹面有小孔相通，同时隔膜也把皮肌囊与肠相互连接起来。

（2）消化系统

环毛蚓的消化系统有了进一步的分化，它包括以下几个部分。

①口腔：位于第 1～2 节内，是一囊状空腔。

②咽：位于第 3～5 节内，肌肉发达，隔膜较厚，有肌肉与体壁相连，其周围有咽头腺。

③食道：位于第 6～7 节内，常被隔膜所遮盖，要小心去掉隔膜，便可见其为一细管状。

④嗉囊：位于第 8 节之前，很不明显。

⑤砂囊：位于第 9～10 节内，呈球形大而坚硬，肌肉发达。

⑥胃：位于第 11～14 节内，细管状，常被白色的贮精囊与隔膜所遮住，可小心掀起贮精囊观察之。

⑦肠：自 15 节以后为肠，沿肠壁背中线向内有一凹陷的沟称为盲道。

⑧盲肠：有成对的盲囊，是在第二十六节处，肠管向前方伸出的一对尖锥形盲管，有时常卷在肠之腹面，须小心分离。最后几节为直肠，以肛门开口于体外。

⑨肛门：在身体最后端，纵行裂口。

（3）循环系统

环毛蚓是闭管式循环，循环系较复杂，浸制标本，血管常呈黑褐色，主要有下列几条血管

①背血管：在肠的背面正中央，为一条由后向前的粗大血管。从第 14 节向前至第 4 节，分支为环血管。

②腹血管：是肠腹面的一条稍细的血管，从第 15 节起有分支到体壁之上成微血管。血液由前向后流动，从第 20 节以后，用镊子轻轻将肠移向一侧就可以看到。

③神经下血管：是一条很细的血管。位于腹神经索下的下面，自第 14 节以后才明显，用镊子把后部肠移到一侧，然后找到腹神经索，把它轻轻提起即可看到，此血管在每节隔膜的后面有一对分支称壁血管。

④心脏共四对，位于 7、9、12 及 13 节内。它是连接背，腹血管的一种环血管。观察时把这几节的隔膜小心剪掉，心脏便可清楚看到。

（4）排泄系统

环毛蚓的排泄系统器官是典型的后肾管，可因肾孔开孔部位及生长部位不同，分为咽头小肾管，隔膜小肾管，体壁小肾管。用眼观察不到，可取第 5 节的隔膜少许，置于载玻片上，分离后制成临时装片，在显微镜下观察，可以看到肾口及弯曲的肾管。

（5）生殖系统

环毛蚓的雌雄同体，雌雄生殖器官都在身体前 6～18 节的腹面，为了便于观察须小心把这段消化道去掉，但应特别保存 12～13、13～14 节之间的隔膜以便观察卵巢及输卵管。

①雌雄生殖器官

卵巢：是一对微小的葡萄状小体，位于第 13 节内，靠近 12～13 节隔膜腹面的后方。

卵漏斗：一对位于 13～14 节隔膜腹面的前方与卵巢相对。

输卵管：输卵管极短，紧接在卵漏斗之后，向后穿过 13～14 节隔膜后，在第 14 节腹神经索下汇合，并开孔于雌性生殖孔。

受精囊：位于 7、8、9 三节内，为三对（或两对）卵圆形囊状，在囊的前面还各有一弯曲的盲管，其末端称为纳精囊。

②雄性生殖器官

精巢囊：两对，位于第 10、11 节内。精巢囊呈小球状，直径 1～2 mm 左右，常被其后方的储精囊所遮盖，观察时将储精囊小心掀起，便可看到，每个精巢囊包括一个精巢和一个精漏斗，用解剖针刺破精巢囊，置水中。可见到精巢和精漏斗。

贮精囊：两对，位于 11 和 12 节内，紧接精巢囊之后，呈白色不规则，解剖时常包在胃的周围。

输精管：呈细线状，在腹面两侧，各有两条输精管（但因两条并在一起，外观似一条），其前端连精漏斗，后端与花瓣状前列腺汇合（在第 18 节处）并开孔于雄性生殖孔。

前列腺：呈花瓣状分叶，位于第 18 节内，多伸至其相邻节内。

（6）神经系统

①脑：由双叶状神经节合并形成，位于第 3 节内咽的背前方。解剖时要小心，不要把剪刀插得过深，否则容易把脑剪断。

②围咽神经：一对，由脑发出，分向两侧绕过咽与咽下神经相连。

③咽下神经节：两条围咽神经在咽的腹面汇合成咽下神经节，为了观察方便，须小心把咽去掉，但不能损伤围咽神经。

④腹神经索：由咽下神经节发出向后的一条神经索即为腹神经索。腹神经索在每一体节有一膨大的神经节，并有三对神经从此发出。

4. 环毛蚓横切片的观察

（1）体壁（皮肌囊）

①角皮：位于体壁的最外方，是一层薄而透明的膜。

②表皮：位于角皮（或称角质膜）的下方，有单层柱状细胞构成，细胞界线明显，表皮中还有腺细胞。

③肌肉层：在表皮的内侧有一层扁平的较薄的环肌。在环肌内侧有很发达的纵肌，纵肌往往成束，在横切片中成羽状。

④体腔膜：在纵肌的内侧有一层扁平细胞构成的膜称为体腔膜，由于制片等原因有些地方已脱落。

（2）肠壁

①黄色细胞层：又称体腔膜脏层（或脏壁体腔膜），它由一些大型细胞排列而成，黄色细胞充满于盲道外侧。

②肌肉层：在黄色细胞内，有一较薄的肌肉层，外为纵肌，在里面是环肌（与体壁外环内纵肌相反）。

③肠上皮：在肌肉层内，就是肠上皮，它是由一层纤毛柱状细胞组成（在标本中纤毛不易看到）。

（3）体腔

皮肌囊（体壁）与消化管之间的空腔称为体腔，试考虑环毛蚓的体腔与蛔虫的有何不同？

（4）背血管

位于肠的背面，为一圆形管腔。

（5）腹血管

在肠的腹面，神经索的上方有一大而深红色的管即腹血管。有时因制作标本的原因常偏一侧。

（6）腹神经索

位于腹面靠近体壁处，常呈椭圆形。

（7）神经下血管

紧贴在神经索的下方。

5. 环毛蚓后肾的观察

从解剖的蚯蚓身体前端 30 节前，小心撕下一小片隔膜，展开后制成临时装片，置于低倍镜下，可找到许多弯曲的小管，即排泄管，在隔膜前方可找到有几个细胞组成的肾口，开口在隔膜前面，然后在管的末端找到排泄孔，排泄孔不易观察！

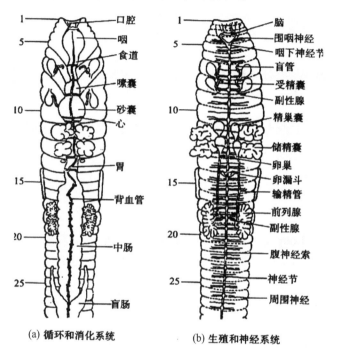

（a）循环和消化系统　　（b）生殖和神经系统

图 2-4　环毛蚓内部解剖图

五、示范观察

1. 沙蚕（*Nereis*）：具眼 2 对，围口触手 4 对，咽上有大颚一对，体长可达 25 cm，爬行生活，属多毛纲（*Polychaeta*）沙蚕科（*Nereidae*）。

2. 沙镯（*Arenicla*）：属多毛纲隐居毛亚纲（*sedentaria*）。虫体粗大，前端膨大呈圆柱状，虫体后端逐渐变细，头部无附属器，有吻呈囊状能从口内翻出，无颚，疣足退化，虫体中部的疣足背侧有分支的鳃；体后无疣足。

3. 龙介虫（*Serpula*）：具钙质虫管，多在扇贝等贝壳上，口前须变成半圆形羽状触手，其中一个触手末端膨大，形成疣板，当虫体缩入管中，可封闭管口。

4. 金线蛭（*Whitmania laevis*）：俗名蚂蝗，背部隆起，有 5 条黑色间有淡黄的斑纹得名，是淡水中常见的蛭类，身体共 27 个节体，因为每节还有几个体环，所以分节很难数清，身体前后各有一个吸盘，食道后方有一对很长的嗉囊。当吸血后非常饱满，虫体亦变得粗大，最大个体达 10cm 以上。

5. 螠虫（*Echiurus. sp*）：居住在海边沙滩内，体圆柱形，生活时红褐色（肉红色）体壁薄而软，有一短吻，位于口上方，能伸缩。体前腹面靠近口处有一对刚毛，无体节，但有小乳突排列成一圈，肛门周围有 1 圈刚毛，雌雄异体，但雄虫居住在雌体肾管内，螠虫属螠虫动物门（Echiura），商品名海肠子。

六、实验报告

1. 将解剖的环毛蚓固定标本，用纸片写上自己的姓名学号交给老师。
2. 根据实验总结环节动物门的主要特性。

思考题

1. 思考环节动物门的分纲和在环境中的积极作用。
2. 环毛蚓如何受精？
3. 环节动物门的主要特征是什么？

实验十　节肢动物门——白滨对虾（*Litopenaeus. sp*）的外形观察及解剖

一、实验目的

通过对白滨对虾（Litopenaeus. sp）外形及内部结构的解剖观察，了解甲壳纲动物形态结构的主要特征，进一步对节肢动物在环境中的积极作用有一初步了解。

二、实验内容

1. 虾类外形的结构以及其各部名称认知。
2. 对虾的解剖及观察。
3. 学习十足目（Decapoda）经济种类的识别。

三、实验材料、仪器与药品

1. 材料
市售新鲜白滨对虾（*Litopenaeus. setiferus*）。（自鳃腔处注射 50% 的福尔马林，然后待片刻，浸入 70% 的酒精或 10% 福尔马林溶液中保存。）
2. 仪器
解剖盘、解剖器、放大镜、解剖镜、显微镜、擦镜纸、盖玻片、载玻片等。
3. 药品
50% 福尔马林、70%酒精。

四、观察与操作

1. 白滨对虾外形的观察
白滨对虾体长侧扁，分为头胸部和腹部，将标本用清水冲洗后，放在有水的解剖盘中，再按顺序观察。

（1）外骨骼：全体体节及附肢均有几丁质外骨骼，头胸部愈合腹甲在分节处几丁质变薄，而活动能力自如。

（2）头胸部：头部与胸部愈合（头部 5 节，胸部 8 节）构成头胸部，外被头胸甲。

头胸甲：是覆盖于头胸部的坚硬的几丁质外骨骼。其前端背中线有一长而尖的额角，额角上还具有短棘称为额角齿，它的形状数量是分类依据之一，其背部后缘两侧有一浅的横沟，叫颈沟。在头胸甲前缘额角两侧，由中央向两侧顺序排列一对眼眶刺、眼后刺、触角刺及颊刺。在颈沟的下端紧临一刺叫肝刺；颈沟前方是胃区，其后是肝区，心区。肝区与心区下方有一纵沟叫心腮沟。肝刺下方有一纵沟叫肝沟，肝沟的背前方连一宽沟叫眼眶独角沟。肝沟下方是颊区。

复眼：位于额角的两侧，各具一能活动的眼柄，其顶端为复眼，用刀片削取小片角膜，置低倍镜下观察其形状及构造（角膜四方形而非六方形）。

（3）腹部：腹部 7 节，前 6 节具成对的附肢，其原肢节 2 节，内肢节多为叶片状，尾节无附肢，略呈锥状。各节均被外骨骼，可分为背面的背片，腹面的腹片及侧面下垂的肋片。

（4）鳃室及鳃：鳃室是指鳃盖内方的空腔，将左侧鳃盖沿心鳃沟自后向前小心剪除，按表 2-1 自后向前观察虾各种鳃的结构及数目。侧鳃着生在体壁上，关节鳃着生在附肢与体壁相连的关节膜上。足鳃和肢鳃生于附肢上，而它们的区别在于，足鳃近似关节鳃或侧鳃，肢鳃形状似附肢。

表 2-1　鳃的结构及数目

数目　　体节　　鳃名称	VI	VII	VIII	IX	X	XI	XII	XIII
侧鳃	0	0	1	1	1	1	1	1
关节鳃	1*	2	2	2	2	2	1	0
肢鳃	1	1	1	1	1	1	0	0
足鳃	0	1	0	0	0	0	0	0

*极小，仅具丝状雏形。

（5）附肢：头胸部具附肢 13 对，腹部 6 对，均由双肢型演化而成不同形状。用镊子由身体后部向前一次把左侧附肢摘下，并把它们按顺序排列并插在解剖盘中，然后自前向后依次观察（在解剖镜下）。注意：摘取时，首先观察清楚，勿使附肢撕碎。要用镊子夹在附肢的基部。对较粗大附肢可用剪刀剪开它与体壁相连的关节膜再摘取。

①头部附肢

第一触角（小触角）：原肢节分三节，第一节有一大凹陷，背面基部毛丛中有一平衡囊，其外缘有一柄刺，内缘中部有一叶片状内侧附肢，第三节末端具有内外两条触鞭，中国明对虾其间尚有一短小附鞭。

第二触角（大触角）：长而粗大，原肢节 2 节，第一节细小为一横条状。外肢宽大，长方形。内肢分为三节，在大触角柄上有一极长触鞭。

大颚：原肢节为咀嚼器，可分为扁的切齿部和较平的臼齿部，前者边缘具有小齿，后者有小突起。内肢分两节，宽大，叶片状。

第一小颚：原肢节两节，小片状，位于内侧，内缘有刚毛。内肢分为两节，在外侧，外肢退化。

第二小颚：原肢由片状的两节组成，每节分为两小片。外肢发达，呈叶片状，称颚舟片有何功能？在原肢与外肢之间夹有一很小的内肢。

②胸部附肢体

第一颚足：原肢两节，底节基部侧生一片状的顶肢，即肢鳃，内肢五节，须状。外肢长方形，接近内肢。

第二颚足：原肢节两节，底节侧生一肢鳃，并向外面突，称为足鳃。内肢五节，屈指状。外肢长，羽毛状。附肢与身体相连的地方有两片关节鳃。

第三颚足：原肢节两节，其上着生一侧鳃、一肢鳃及两个关节鳃。内肢五节，细长如棒。注意雌，雄对虾内肢各节的差异。

步足：共 5 对。原肢二节，内肢节 5 节（分为座节、长节、腕节、掌节和指节），第一至第三对步足的指节生于掌节的对面，可动，两节构成钳状叫螯足，均具基节刺，第一步足尚有座节刺。注意观察各足鳃的情况，比较各步足的差异。

第一腹肢：雌虾内肢极小，外肢发达，雄虾左右两内肢愈合成雄性交接器，外肢正常。

第二至第五腹肢：均正常，仅雄虾第二腹肢的内肢较小，形成雄性腹肢。

第六腹肢：原肢第一节，粗短，内外肢均大，鳍状与尾节构成扇形称为尾扇。

（6）雄性交接器：雄虾第一对腹肢左右二内肢愈合而成，其形态结构分为类特征之一。

（7）雌性纳精器：位于第四、第五步足的腹甲上，很不明显的椭圆形结构，中央有一纵行开口，内为一空囊。其形态也分类特征之一。

2. 对虾的内部结构与解剖

首先用剪刀将头胸甲左侧小心剪除，再自前向后沿背中线偏左将腹部腹甲剪开，最后再将腹甲自后向前沿腹中线（偏左）剪开，小心除去腹部左侧的甲壳后，在解剖镜下详细观察下列结构。

（1）肌肉：为发达的横纹肌，成束排列，往往成对。试比较对虾肌肉与所学其他动物的肌肉有何不同？观察后，将左侧的腹部肌肉小心剪去。

（2）循环系统

心脏：位于头胸部背方后缘的围心窦内，为近似三角形（扁囊状）稍扁的肌肉质囊，心脏上有心孔 4 对，背面 2 对，前侧面 1 对，腹侧面 1 对，均与围心窦相通。

腹上动脉：由心脏向后发出一条较细的血管，此动脉恰在肠之背面。

眼动脉、触角动脉、肝动脉：眼动脉 1 条在背部中央，触角动脉 2 条，肝动脉 2 条，皆由心脏向前发出。肝动脉因后一部分被肝脏或生殖腺所遮盖，不易观察。

胸动脉：是一条由腹上动脉基部发出，通至腹动脉的血管，它穿过左右卵巢之间和腹神经索，故解剖时须分离卵巢才可见到。

腹胸动脉和腹下动脉：各一条，皆自胸动脉出发，腹胸动脉向前，腹下动脉沿腹面后行。

（3）生殖系统：雌雄异体，雌虾稍大于雄虾。

雄虾：精巢一对，位于围心窦的腹面，为白色，管状结构。精巢各与一对细长输精管相连，输精管至第五足基部膨大成贮精囊，各开口于第五对步足基部内侧细小生殖孔。

雌性：卵巢一对，愈合成叶状，纵贯全身背部两侧，性未成熟时呈白色，成熟时为暗绿色。输卵管 1 对，细小，开口于第三步足基部内侧。（纳精器前面已看过。）

（4）消化系统

口：位于两大颚之间，背面有半圆形上唇 1 片，腹面并列 2 片下唇。

食道：由上口向背面稍前伸出一短而宽的食道，自背侧分离生殖腺即可见。

胃：长囊状，大而壁薄，可分为前面贲门胃和后面幽门胃，贲门胃内有几个质齿，可分为中齿、臼齿及大臼齿等，各齿均着生在几个质骨骼上。

肠：接于胃后，位于腹部背面，开口于肛门。肛门位于尾部腹面。

肝脏（肝胰脏）：发达，标本暗红色，新鲜材料浅绿色 1 对，位于胃的两侧，有肝管通入中肠。

食道、胃及后肠均具几丁质内膜。

（5）排泄系统：一对触角腺，位于大触角基部，由囊状腺体部和薄壁的膀胱组成，排泄孔开口于大触角基部内侧的乳突薄膜上。解剖时可将左侧大触角基部膨大处，外侧方几丁质剪弃，然后用解剖针在解剖镜下小心分离，把肌肉小心取出，首先找到腺体部，再观察膀胱等。

（6）神经系统

脑：位于食道上方，比较大，有多条分枝。

围食道神经：1 对，自脑发出绕过食道至腹部，并与腹神经索相连。

腹神经索：1 条，沿体之腹中线后行。注意：胸部和腹部各神经节有何变化？

五、示范观察

1. 中国明对虾（*Fenneropenaeus chinensis*）：与白滨对虾相似。只是大触角内肢较长。腹部附肢弱小，尾扇强大，雄性交接器区别较大。

2. 日本沼虾（*Macrobrachium nipponensis*）：又名青虾，是我国淡水中最习见种。体长 60～90 mm，腹部第二节的侧甲前缘覆盖第一节侧甲的外面，步足前 2 对有螯，后两对带爪，第一对螯肢很小，雄性第二对螯肢非常强大，近体长的两倍，额角上缘微凸，约有 11～14 齿。下缘 3～5 齿。

3. 螯虾（*Cambarus. sp*）：螯虾大多产于淡水。头胸部很大，呈圆筒形，额角呈三角形。第一步足很粗大，呈蟹螯状。第二、三步足小，也呈螯状。第四、五对呈爪状。在最后的胸节上有侧鳃称为肋鳃。雄性第三和第四步足的第三节上有钩状突起，第一腹肢特化成交接器，末端有齿状突起。

4. 三疣梭子蟹（*Portanus trituberculatus*）：头胸甲呈斜方形（梭状）表面有三个显著的疣状隆起。一个在胃区，二个在心区。前侧缘具九个齿。第九个最长大，向左右伸展，成梭状。故名。额缘具四个小齿，蟹足强大，长节前缘 4 个尖锐的刺，背面末端在活动指的基部附近有二列刺，第四对步足、掌、指节扁宽，适于游泳。生活时头胸甲青绿色。

5. 中华绒螯蟹（*Eriocheir sinensis*）：头胸甲呈圆方形，后半部宽于前半部，背部隆起，额及肝区凹陷。胃区前面 6 个对称突起，各具颗粒。胃区和心区分界显著，前者周围有凹点，额窄分四齿，前侧缘具四齿。螯足掌指节基部突生绒毛，故名绒螯蟹。是我国重要的淡水经济蟹。

六、实验报告

1. 绘制对虾解剖图，示消化、循环、排泄、神经系统。
2. 简述节肢动物门—甲壳纲的主要特征。

思考题

1. 如何通过外部形态特征观察虾的雌雄？
2. 虾的胸部和腹部各神经节有何变化？

附录：白滨对虾附肢图及解剖图

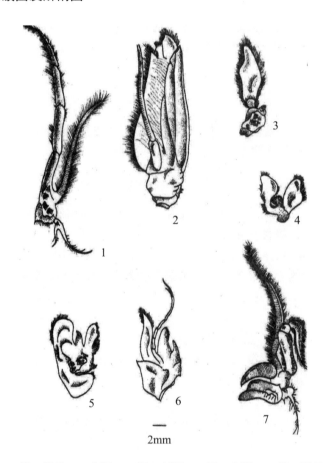

1-第三颚足；2-第二触角；3-大颚；4-第一小颚；5-第二小颚；6-第一颚足；7-第二颚足

图 2-5　白滨对虾的附肢图

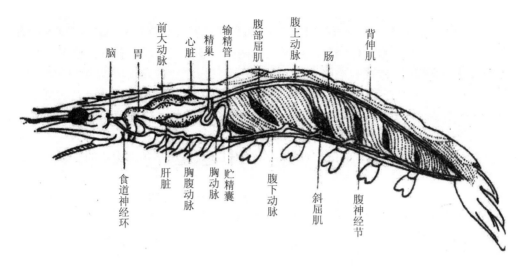

图 2-6　白滨对虾解剖图

实验十一　蝗虫（*Locusta*）的外形及其内部结构观察

一、实验目的

通过对飞蝗（*Locusta migratoria*）或棉蝗（*Chondraeris rosea* De.Geer）的外形观察及内部解剖，了解昆虫的一般特征。

二、实验内容

1. 飞蝗的外形观察。
2. 飞蝗的内部结构和解剖。

三、实验材料与仪器

1. 材料

飞蝗。（飞蝗在晚夏或中秋间其成虫较多，采集作为实验材料最宜。保存可用 70%～75% 酒精。）

2. 仪器

解剖器、解剖盘、放大镜、解剖镜、显微镜等。

四、观察与解剖

1. 飞蝗的外形

飞蝗一般体黄褐色，体形较粗大，棉蝗比飞蝗个体更大，体黄绿色，可分为头、胸、腹三部分。注意观察时不要伤害其附肢和内部器官。

（1）头部：卵圆形，外面有外骨骼包被，形成头壳，以略收缩的膜质颈与胸部相连，棉蝗颈下有一弯钩状突起，是棉蝗特有结构。头的上方，介于两复眼之间为钝圆的头顶，前方为略呈方形的额，额下连一长方形的唇基，复眼以下的两侧部称为颊。头部尚有下列构造。

①复眼：1 对，卵圆形，棕褐色，位于头部两侧，取复眼角膜，置低倍镜下观察，飞蝗复眼由何形状单眼构成？

②单眼：3 个，1 个在额的中央，2 个分别在复眼内侧上方。单眼形小，浅黄褐色。

③触角：1 对，位于复眼内侧的前方，细长呈鞭状或丝状，由柄节、梗节及鞭节组成。鞭节又分为许多亚节。

④口器：咀嚼式，先按下面几部分的顺序仔细用放大镜观察各部生长的位置，然后依次取下观察。

上唇：1 片，位于唇基之下，覆盖口器的前方，用镊子紧镊其基部，向腹面拉下，置于培养皿中，加清水在解剖镜下观察，注意内面有何构造？

上颚：1 对，位于颊部下方，以解剖针延颊下缝插入，使缝间联系分离，即可取出上颚，上颚具切齿部（注意齿状突的个数）及臼齿部，强大而坚硬，呈棕褐色，其功用如何？

下颚：位于上颚后方，用镊子紧镊其与头部相连处用力拉下，下颚基部有一轴节，中部有一茎节，其外侧有瓣状的外颚叶和内侧具齿尖的内颚叶（注意齿尖数），其旁的细小负颚须节上有一根 5 节的下颚须。

下唇：位于下颚后方。用镊子紧镊基部取下，可见其基部为一弯月形的后颏，其前接一片状前颏两侧有一对 3 节的下唇须，前缘有一对大形的侧唇舌。

舌：1 个，位于口腔中央，黄褐色，卵圆形，有一小柄，舌壁有很多毛带。

（2）胸部：由前胸、中胸和后胸 3 节组成。

①外骨骼：由几丁质构成，可分背板、腹板和侧板。

背板：前胸背板发达，马鞍形，向两侧和后方延伸，中胸背板和后胸背板在前胸背板下方，呈方形，表面有沟，可分为若干小骨片。

腹板：前胸腹板呈长方形，较小，中有一横弧线，中后胸腹板合成一块，但明显可分。每腹板有沟，可分为若干骨片。

侧板：前胸侧板位于背板下方前端，退化为小三角形骨片。中后胸侧板发达，有纵、横沟将每侧板分为 3 块骨片。

②附肢：胸部各节依次着生前足、中足和后足各一对。每足分为基节、转节、腿节、胫节、跗节和前跗节。跗节又分为 3 节，第一节较长，有 3 个假分节，第二节很短，第三节较长。胸前跗节包括爪 1 对，爪间有一中垫。胫节生有小刺，注意其排列形状与数目。后足强大，适于跳跃，为跳跃足。

③翅：两对，有暗色斑纹，各翅贯穿翅脉。前翅革质，形长而狭，休息时覆盖在背部，称为"复翅"；后翅扇形，宽大，膜质，翅脉明显，休息时折叠而藏于复翅之下。（注意其脉象。并认出：前缘脉 1 条不分枝，亚前缘脉 1 条不分枝；胫脉 1 条具分枝，中脉（分枝或不分枝）；肘脉 2 条位于中脉之后方，分界脉 1 条；复脉多条。何谓横脉与翅室？）

（3）腹部：由 11 节组成。

①外骨骼：每节由背板与腹板组成，侧板退化为连接背，腹板的侧膜。第一腹节与后胸紧密相连，仅背板明显。第九、十腹节背板合并，其间有一浅沟。雌体第九、十两节无腹板，第八节腹板，向后延伸成一尖突形导卵器；雄体第九、十腹板愈合，顶端形成生殖下板。第十一节背板组成三角形的肛上板，两侧各有一三角形的肛侧板。第十节后缘两侧各有一尾须。

②外生殖器：雌蝗的外生殖器为产卵器；雄蝗则为交配器。

产卵器：腹部第十一节背板特化为肛上板及尾须，侧板形成肛侧板，而腹部腹板仅八片，其后端即第八腹板延伸形成导卵器。产卵器由背瓣 1 对，腹瓣 1 对及中间较小的内瓣组成。位于腹部的末端。

雄交配器：为一钩状阴茎，将第九腹部向下压即可看到。

③听器：位于第一腹节的两侧。

④气门：共 10 对，胸部 2 对，1 对在前胸和中胸侧板交界处，1 对在中胸和后胸侧板交界处，略呈椭圆形。腹部有气门 8 对，分别位于第 1～8 节背板两侧下缘前方。

2. 内部解剖

用小型解剖剪或眼科剪，延胸、腹部背中线偏左 1 mm，自后向前将其背板剪开（注意只剪外骨骼，切勿伤害其内部）。然后再沿腹中线偏左也将腹板剪开，小心去掉左侧几丁质外骨骼，详细观察下列器官。

（1）循环系统：当左侧几丁质对外骨骼剥离后，再沿背中线 1 mm，将其背板自后向前剪开缝，然后自后向前轻轻将背中线的背板分离，可见沿背中线上有一细长管状构造，即为心脏，心脏按节有 8 个膨大的心室，即自第 2～9 腹节每节一个。心室两侧各有扇形的翼状肌，心孔一般不易观察。

（2）蝗虫的呼吸器官是气管。观察呼吸器官必须用新鲜的雄蝗虫。首先将蝗虫放在毒瓶中麻醉后，沿正背中线将其背板小心剪开，再把背板小心剥离。注意气门处要保留。然后认真分离，在心脏两侧各有一条背部主干，在睾丸背面左右两侧各有一条生殖器主干。此外在消化管的背部两侧有一对消化器主干。在消化管腹侧有一对腹部主干。腹部各气门有一短管和气门主干相连。其短管前端都连一气囊，第 1～6 节气囊球状，第 7～10 节气囊细小，气囊的另端与生殖主干相连。

胸部第 2 气门借助气管与胸部大气囊相连，腹侧还连几个小气囊，胸部第 1 气门与头部细长气囊相连。

上述的气管主干以及气囊，相互皆有小的气管相通，形成网状，一般观察可取一部分气管，放在低倍镜下观察，可见气管乃由几丁质螺旋丝和几丁质薄壁构成。

（3）生殖系统。飞蝗为雌雄异体，实验时可交换观察。

①雄性生殖器官

精巢：位于腹部前方，肠的背面，1 对，左右相连成为一圆形结构，其上有许多平行排列的精巢管。

输精管：是精巢腹面两侧向后伸出的 1 对小管。分离周围组织可以看到，该管绕过直肠后，至虫体腹面汇合成单一的射精管，最后再向背方，穿过生殖下板上部肌肉，成为阴茎，开口于生殖下板之背面。

副性腺：位于射精管的前端，是由许多小管先前延伸形成的腺体。

②雌性生殖器官

卵巢：一对，位于腹部背方，消化管的两侧，它是由许多自中线斜向后方排列的卵巢管集合而成，卵巢管的端丝向前形成悬韧带连于胸部背板下。

输卵管：位于卵巢腹面的一对纵行管，卵巢管与其相连，输卵管后行至第八腹节前缘肠道下方，汇合成单一的阴道，以生殖孔开口于导卵器的基部。

受精囊：与阴道背方相通的一弯曲小管，其末端形成一小囊状结构，即为受精囊。

副性腺：是位于两侧输卵管前方的一段弯曲管状腺体。

（4）神经系统。小心除去胸部及头部的外骨骼和肌肉，但应保留触角基部，复眼及单眼，然后依次观察。

①脑：位于两复眼之间，为淡黄色块状，其左右各有一短粗神经与视神经相连。此外还有神经通至触角和单眼，在脑之腹面两侧有围食道神经与咽下神经节相连。

②围食道神经：自脑发出一对神经，绕过食道后，各连于食道下神经节（咽下神经节）。

③腹神经索：将消化道移向一侧，在腹中线上有腹神经索，它由两条神经组成，在一定部位合并成神经节，并发出神经通至其他器官。数一下共有几个神经节？各在什么部位？

（5）消化系统。消化道可分为前肠、中肠及后肠。

①前肠：自口腔至胃盲囊，包括下列构造。

口腔：在消化道的最前端，由上、下颚和上、下唇围成的腔。

咽：位于口腔后的一短小的管状构造。

食道：为咽后的一段短管。

嗉囊：食道后端膨大的囊状构造。

前胃：接于嗉囊之后，较短，壁富于肌肉质。

②中肠：又称胃，在与前肠交界处向前、向后各伸出指状的胃盲囊6个。

③后肠：包括大肠（回肠）、小肠（结肠）及直肠三部分。

大肠：为马氏管着生处后面的一段较大的肠管。

小肠：较细的肠管，常弯曲。

直肠：小肠之后较膨大的部分，常有皱褶，末端开口于肛门。

④唾液腺：一对，位于胸部腹面两侧。色白，葡萄状，有细管通至舌的基部。

（6）排泄器官。蝗虫排泄器官是马氏管。为中肠和后肠的交界处，共12束，每束约25条，细长的盲管，分布在血腔中。取下几条制成临时装片在显微镜下观察。

（7）肌肉。在头、胸及腹部的体壁上均附有肌肉，试比较哪个部位的肌肉发达？取一束肌肉置于载玻片上，用解剖针小心分离后，加一滴生理盐水，盖上盖玻片，置于显微镜下观察这种肌肉属于哪种类型的肌肉？

五、实验报告

1. 绘制棉蝗解剖图（示消化、排泄、生殖、神经系统）。
2. 写出脑及神经系统和生殖系统解剖的要点。

思考题

1. 蝗虫是如何摄食、消化的？
2. 昆虫纲哪些特征是专门应对陆生生活的？
3. 棉蝗循环系统有何结构特征？

实验十二　鲫鱼（*Carassius auratus*）［鲤鱼（*Cyprinus carp*）］的外形及其内部结构观察

一、实验目的

1. 通过对鲫鱼或鲤鱼的外形和结构的观察，掌握鱼类的基本特征以及鱼类外形的测量方法。
2. 学会鱼类内部解剖的基本操作，进一步了解鱼类对水环境的适应。

二、实验内容

1. 鲫鱼（或鲤鱼）外形的观察与测量方法。
2. 鲫鱼（或鲤鱼）的解剖方法与内部结构的观察。
3. 鲫鱼（或鲤鱼）骨骼标本的观察。

三、实验材料与仪器

1. 材料

活鲫鱼（或鲤鱼）、鲤鱼（鲫鱼）头骨分散标本、鲤鱼骨骼标本。

2. 仪器

解剖镜、解剖器、解剖盘、棉花、纱布、培养皿。

四、实验步骤与观察

1. 外形的观察

鲫鱼（鲤鱼）的外形呈纺锤形，略侧扁，背部黑灰色，腹部近似白色。全身分为头、躯干和尾三部分。头部是指由吻端至鳃盖的后缘，称为头部。头长则指其间的垂直距离。躯干部是从鳃盖后缘至肛门的前缘（脊椎动物都是肛后尾）。尾部是从肛门至尾的末端。一般说鱼的体长是从鱼的吻端至尾鳍的前缘，鱼的全长是从吻端至尾的最后缘。吻长是从吻端至眼的前缘的距离。鱼的体高是从背鳍前缘下方至腹部最宽处。眼径是眼边缘最大直径。上述这些是在鱼类调查中最基本的测量数据。

（1）头部。头部前端有口，属口端位，鲤鱼口的两侧各有 2 条触须，鲫鱼无触须；吻背部有鼻孔一对，用鬃毛深入，鼻孔并不与口腔相通。头上有眼一对，位于头两侧，大而圆。眼前后缘距为眼径，眼后头部两侧为宽扁的鳃盖。其后边缘有鳃盖膜，藉此可牢固关闭鳃盖孔。

（2）躯干部。自鳃盖膜后缘至肛门为躯干部。躯干部和尾部体表被有鳞片，属真皮鳞，鳞外还有表皮。试找出侧线鳞，其内有一纵行侧线管埋于皮肤下，它借鳞片上的侧线孔与外相通，数一下侧线鳞数。

上列鳞：从背鳍的前一枚鳞向后下斜数至侧线的一片鳞为止，鲤鱼 5～6。

下列鳞：是由臀鳍基部斜向前数至侧线鳞（不包括侧线鳞），鲤鱼一般为 4～5。

其鳞式为：

$$侧线鳞 \frac{上列鳞}{下列鳞} \quad 33\frac{5-6}{4-5}36$$

躯干背部有背鳍一个，用字母 D 代表；胸鳍一对，用 P 代表；腹鳍一对，用 V 代表。

（3）尾部。尾部是指自肛门至尾鳍基部最后一枚椎骨为尾部。尾部前缘有臀鳍一枚，代码为 A，尾鳍一枚。尾长是由肛门至尾鳍基部的距离。

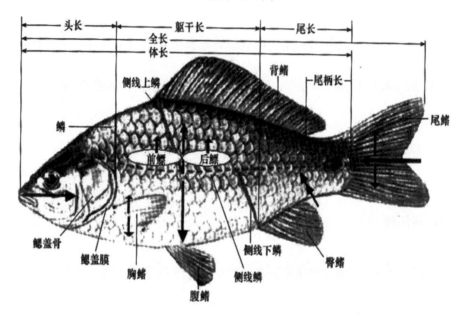

图 2-7　鲫鱼外形图

2. 内部解剖与观察

将鲫鱼（或鲤鱼）置于解剖盘内（如鲫鱼较小可用左手竖起）使其腹部向上，用剪刀在肛门前 2～3 mm 与体轴垂直方向剪一小口，再将剪刀插入切口，沿腹中线向前剪至下颌，把体壁剪开，不要剪伤内部器官，把鱼体左侧向上，向肛门前开孔，向脊侧沿腹腔背缘剪一弧线，背部中央有中肾，鳃盖后缘有头肾（前肾）。除去左侧体壁使内脏暴露，用棉花拭净器官周围血迹，进行观察。

在腹腔前方，最后一对鳃弓的后方腹面，有一个小腔为围心腔。借横隔膜与腹腔分开，心脏就在腔内，可见跳动的心脏。在腹腔内，脊柱的腹方有一白色囊状的鳔，在鳔前后两鳔室背方中间有一暗红组织是其肾脏。鳔的腹方是长形的生殖腺，雄性为乳白色的精巢，雌性为淡黄色卵巢。腹腔下方为盘曲的肠道，肠之间以系膜相连，在肠系膜上有暗红色分散的肝胰脏。在肠与肝胰脏之间有一细长暗红色组织是脾脏。在此部分观察后再进一步边解剖分离边观察。

（1）生殖器官的观察：生殖腺外包有极薄的膜。雄性有精巢一对，性成熟者为乳白色，呈长囊状。性未成熟时往往呈淡红色。雌性鱼有卵巢一对，性未成熟时为淡黄色，性成熟时为淡红色，长囊形，几乎充满腹腔，内有许多卵粒，直观可见。生殖腺的被膜向后方延伸成细管，即为输卵管或输精管，很短，左右两管合并后通入泄殖窦以泄殖孔开孔于体外。观察清楚后可把左侧生殖腺小心摘除。

（2）消化系统：鱼的消化系统包括口腔、咽、食道、肠和肛门、组成的消化管和消化腺，即肝胰脏和胆囊。在观察时要边观察，边将消化管进行分离展开。

口腔：由上、下颌包围组成，颌上无齿，口腔背壁由厚的肌肉组成，表面有黏膜，底部后半部有一三角形舌，不能活动。解剖时沿口角剪开暴露口腔，注意不要破坏鳃及其下部。

咽：口腔后部为咽，其左右两侧有 5 对鳃裂，相邻鳃裂间有鳃弓 5 对，第 5 对特化为咽骨，其内侧生咽齿。咽齿与背面基枕骨腹面的角质垫相对，两者协同咬碎食物。

食道：位于消化道的最前端。很短，其背面有鳔管通入，并以此为肠的分界。

肠和肛门：鲫鱼的肠可分为小肠、大肠和直肠。前三分之二为小肠较粗，后部大肠较细，最后是直肠，以肛门开孔体外。

胆囊和肝胰脏：胆囊为一椭圆形囊，暗绿色，位于肠道前部右侧，大多包埋在肝胰脏内，有胆管通入小肠，在此区分肝胰脏与脾脏。

（3）鳔：位于腹腔消化管背面银白色膜质囊，分前后两室，后室前端腹面发出细长的鳔管，通入食道背壁。鳔有何功能？鳔的前室端部有一韧带，向前连一三角骨，观察后小心把鳔摘除，但要保留与三角骨连接部分。

（4）排泄系统：鲫鱼（鲤鱼）具肾脏一对（从发生上看属于中肾），每侧各有一输尿管和膀胱一个（应属导管膀胱）。

肾脏：紧贴于腹腔背壁，在前后鳔室的相接处。最宽大，并向前后延伸。肾脏暗红色，每侧肾向前伸展至腹腔前端，体积膨大，称为头肾，是拟淋巴腺，并不是肾脏。

输尿管：两肾各有一输尿管，沿腹腔背壁向后行，最后合并为一，通入膀胱。此管为中肾管。

膀胱：属于导管膀胱，是中肾管后方膨大形成，其后为极短的尿道，通入泄殖窦，以泄殖孔开口于肛门后方。

（5）循环系统：主要观察心室、心房、静脉窦、腹大动脉、入鳃动脉、背大动脉。其余血管不做观察。从胸鳍之间向前剪至下颌，纵行剪开皮肤，用镊子撕开此部肌肉即可看到心室及动脉球。

心室：位于围心腔中央，淡红色，其前端有一白色圆椎形小球称为动脉球。自动脉发出一条粗大血管为腹大动脉。

心房：位于心室背侧，暗红色，房壁薄囊状。

静脉窦：位于心房后端，暗红色，壁很薄，解剖时要十分小心，往往不易观察。

腹大动脉：紧接在动脉球的前端为一条很粗大的血管，两侧有分支通入鳃，即入鳃动脉。

背大动脉：将鳃分离首先找出鳃动脉及动脉环（由出腮动脉围成），在其背部中央有一粗大血管即为背大动脉。

（6）鳃：硬骨鱼的鳃间隔退化。鳃瓣直接生在鳃弓上，两个半鳃的基部互相合并，而它们的游离端呈锐角状分开。鲫鱼共有四对全鳃（每一全鳃包括两个半鳃）。

鳃弓：位于鳃盖之内共 5 对，其中最后一对没有鳃片，而特化为咽喉齿。每个鳃弓内缘凹面生有鳃耙。1～4 对鳃弓外缘并排 2 个鳃片（半鳃）。

鳃耙：在鳃弓内缘凹面成行排列的三角形突起。第 1～4 鳃弓各生有两行鳃耙，左右互生，第一鳃弓的外侧鳃耙较长。第 5 鳃弓只有一行鳃耙。其功能是过滤食物。

鳃片：是鱼气体交换的场所，其上密布毛细血管。由鳃弓上的入鳃和出鳃动脉构成循环，生活时鲜红色。每个鳃片由鳃丝排列组成，观察后取下一个半鳃放在解剖镜下观察。

（7）神经系统的观察：鲫鱼的神经由中枢神经和外周神经组成。中枢神经包括脑和脊神经。硬骨鱼的脑也属五部脑，但很原始，比软骨鱼还要原始。从眼眶下剪，沿体长轴方向剪开背部骨骼，再向两侧扩展，逐渐使脑全部露出，并用棉球擦去脑脊液，逐步观察。

大脑：在脑的前端，呈小球状，左右两叶其顶壁很薄，只是上皮组织。在顶端向前各伸出一棒状嗅柄，末端为一小球状嗅球。其神经细胞在脑底部的纹状体，功能仅是嗅觉。

间脑：由于被大脑覆盖，不易看到，其位置在脑上腺（松果体）的下面。

中脑：视叶发达，因被小脑瓣挤压略偏向两侧，各呈半月形，亦称视叶。

小脑：位于中脑后方中央，呈圆球形，表面光滑，前方有小脑瓣突入中脑。向后延伸覆盖在第四脑室之上。

延脑：在脑的后部，前端稍宽，后端较窄，背面有后脉络丛膜覆盖，揭去此膜可见呈 V 字形的第四脑室。

脊髓：紧连延脑，继续后行于脊椎的神经弧内，脑的腹面有脑垂体和视神经交叉（可不观察）。

（8）骨骼系统：取鲤鱼（鲫鱼）整体和头骨分离骨骼标本观察。重点观察头骨、脊柱和附肢骨的主要结构。

①头骨：头骨包括脑颅和咽颅两大部分。鱼的脑颅包括：鼻区、蝶区、耳区、枕区四大部分。首先找出这几个区的分界，再按标本和图辨认出下列骨骼。

鼻区：该区的骨骼位于脑颅的前端，环绕鼻囊。构成骨片有：中筛骨一块，位于前端中央，略呈三角形；侧筛骨一对，位于中筛骨的后方外侧，中筛骨之正前方还有一块前筛骨。

蝶区：紧接鼻骨后方，环绕眼眶周围，构成骨片有：翼蝶骨、眶蝶骨和环绕眼眶的六块围眶骨。

耳区：在蝶区的后方，围绕耳囊四周。主要骨片有：蝶耳骨（一对）位于额骨的后外侧；翼耳骨（一对）位于顶骨两侧；上耳骨（一对）位于顶骨后方。

枕区：是脑颅最后端的部分，围绕枕骨大孔，由四块骨片组成，包括：上枕骨（一块），外枕骨（一对）和脑颅腹面的基枕骨（一块）。

脑颅背面观：由前向后依次有鼻骨（一对）；额骨（一对）；顶骨（一对）。

脑颅腹面观：由前向后依次是：犁骨（一块），副蝶骨（一块）。

②咽颅：位于脑颅下方，环绕消化管的最前端。由左右对称并合为咽鳃软骨、上鳃软骨、角鳃软骨、下鳃软骨、基鳃软骨等骨片组成演化而来（共 7 对）。包括颌弓、舌弓、鳃弓及鳃盖骨组成。

颌弓：为构成上下颌的骨片组成，由第 1 对咽弓演化组成，它的上颌包括：前颌骨（一对）在最前方，其后是一对略弯曲的颌骨，其后是一对翼骨，一对方骨分别在左右两侧。

下颌骨包括：前方的齿骨略呈棒形，其后向上伸出，连接颌骨。关节骨位于齿骨后方，形状不规则与方骨相关连。隅骨与关节骨相合，不易分开。

舌弓：位于颌弓后边，观察前鳃盖骨的内侧，可见一扁平剑状骨片，构成眼窝的后壁称为舌颌骨。此骨背面与脑颅侧面的凹陷相关连，腹面与方骨相关连，此种脑颅与咽颅的连接为何类型？在舌颌骨腹面有几块小型骨组成支持舌的舌弓。

鳃弓：前面已看过，鲫鱼（鲤鱼）有鳃弓 5 对，他们从背面向左右各由咽鳃、上鳃、角鳃、下鳃、基鳃骨片组成，第 5 对演化为咽喉齿。

鳃盖骨：鲫鱼的鳃盖由前鳃盖骨、间鳃盖骨、下鳃盖骨、主鳃盖骨和其下面的三块鳃条骨组成（可参照附图观察）。

③脊柱和肋骨：脊柱由许多椎骨连接组成，在躯干部，椎骨包括：在椎骨中央的较大的

部分为双凹形的锥体。在锥体背面弓形突起称为椎弓，椎弓背部中央向后倾斜的部位为椎棘。在锥体与椎弓间有一大孔，此孔称椎孔，脊髓在其中，并受保护。锥体的前后面均有一对突起，分别称为前后关节突。此外在锥体的左右两侧还各有一个突起称为横突，从第5～20节躯干椎的横突上均连一肋骨。

尾椎骨：其结构与躯干椎相似，只是锥体上左右的横突向腹面弯曲愈合成为脉弓，中间有尾动、静脉穿过，愈合后的末端向后倾斜成为脉棘。

④附肢骨：附肢包括肩带、胸鳍支持骨和鳍骨。

肩带：包括匙骨（位于鳃盖紧后缘）、上匙骨（连接肩带与头骨）、乌喙骨（在匙骨前方）、肩胛骨和后匙骨。

胸鳍支持骨：胸鳍支持骨由四块扁形鳍担骨并联一起与前端的乌喙骨、肩胛骨相连，后端与鳍条骨相连。

腰带和腹鳍支持骨：腰带仅由一对无名骨构成，前端分叉，左右在中间相连。腹鳍骨仅有一对细小的基鳍骨接在无名骨内侧，无名骨直接与腹鳍条相连。

奇鳍骨：背鳍和臀鳍之鳍条中，前3个鳍条形成粗硬的鳍棘，前2者均短小，第3个强大，其后缘具齿。每一鳍条有一个鳍担骨支持，其基部扩展成侧扁的楔形骨片，插入脊椎的髓棘之间（背鳍）或脉棘之间（臀鳍）。

尾鳍骨：尾杆骨及其前2个椎骨的髓棘和腹面的脉棘变成扁而宽的骨片做为支持骨直接连接鳍条。

五、实验报告

1. 在鱼的内部解剖图上注明各器官的名称。
2. 绘制鲫鱼外形简图并注明体长、体高、全长等测量数据。

思考题

1. 鱼类的哪些特征是为了适应水中生活的？
2. 鱼鳔和鱼鳍在鱼类沉降行为中起到什么作用？
3. 鱼类在水中如何呼吸？呼吸系统包括哪些部分？

附录：鱼解剖图

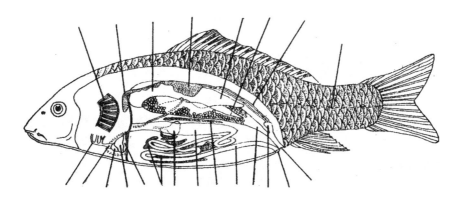

图 2-8 鱼解剖图

实验十三 青蛙（*Rana nigromaculata*）[或蟾蜍（*Bufo*）]的外形及其内部结构观察

一、实验目的

通过对青蛙（*Rana nigromaculata*）[或蟾蜍（*Bufo*）]外形及内部解剖观察，掌握脊椎动物登陆后呼吸、皮肤、四肢及骨骼系统发生的变化和脊椎动物的解剖方法。

二、实验材料与仪器

1. 材料

活体青蛙（或蟾蜍），蛙皮肤切片。

2. 仪器

解剖器、解剖盘（蜡盘）、解剖镜、注射器、放大镜、猪鬃毛、大头针、棉球等。

三、实验内容

1. 青蛙（或蟾蜍）外形的观察。
2. 青蛙（或蟾蜍）解剖及内部结构的观察。
3. 青蛙（或蟾蜍）骨骼的观察。

四、实验步骤

1. 外形的观察

将活蛙按伏于解剖盘内，观察其身体分为：头、躯干和四肢三部分（蟾蜍皮肤粗糙，体背具有大小不一的瘰粒，眼后一椭圆形隆起为耳后腺）。

头部：青蛙头部扁平，略呈三角形，吻端稍尖，口宽大，横裂位于头的前端。口由上、下颌组成。上颌前端背面有外鼻孔一对，外鼻孔外缘有鼻瓣，其内为鼻腔，开放时，空气通过进入口腔，关闭时，气体被压入肺中。眼大而突，生于头的两侧，具上、下眼睑，在下眼睑内有半透明的瞬膜，向上运动可遮盖眼球。两眼后有一圆形的鼓膜（蟾蜍鼓膜较小，旁边有一对耳后腺）。其内为中耳腔。雄蛙口角后方各有一浅褐色膜壁为声囊，鸣叫时鼓成泡状，蟾蜍无鸣囊。

躯干部：鼓膜后缘至泄殖孔为躯干部。蛙的躯干部短而宽，躯干后端两腿之间稍靠近背部有一小孔，为泄殖孔。

四肢：前肢短小，由上臂、前臂、腕、掌、指5部组成，前肢具四指，指间无蹼。在生殖季节，第一指基部内侧有一膨大突起，称婚垫。其有何功能？后肢发达，可分为股、胫、跗、跖、趾五个部分。后肢5趾，趾间有蹼便于划水。在第一趾内侧有一角质化的距（蟾蜍与青蛙后肢明显不同）。

青蛙（或蟾蜍）的外形观察后，可对蛙体进行简单测量并记录。

体长：自吻端至体后端之长。

头长：自吻端至上下颌关节后缘。

头宽：左右颌关节间的距离。

吻长：自吻端至眼的前缘。

鼻间距：左右鼻孔间的距离。

眼间距：左右眼睑内侧最窄的距离。

鼓膜直径：量最大径。

前臂及手长：自肘关节至第三指末之长度。

后肢长：自体后端至第四趾末端之长。

胫长：胫部两端之长。

足长：内趾突起至第四趾末端的长度。

皮肤：蛙背面皮肤粗糙。背中央常有一条窄而色浅的纵纹，两侧各有一条色浅的背侧褶。背面皮肤颜色变异较大，有黄绿、深绿或灰褐色，并有不规则的黑斑。腹面皮肤较光滑白色。试与蟾蜍比较。

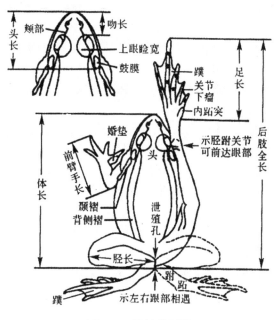

图 2-9　蛙的外形图

2. 内部结构的观察

在观察和解剖前应先将青蛙（或蟾蜍）处死。通常有三种方法，一种是用乙醚或氯仿将其麻醉致死。第二种是用解剖针插入枕骨大孔，向前后搅动破坏其脑和脊髓，待四肢变软即可。第三种方法是用手握住青蛙后肢，背部向下，用硬物敲击其枕骨部位致死。将处死的青蛙腹部向上，用大头针将四肢固定，用镊子夹起腹部后部皮肤，依次剪开皮肤，并分离皮肤与腹壁肌肉的联系，用大头针固定分离后的皮肤。

（1）青蛙躯干部主要肌肉的观察

肌肉系统：固定完皮肤首先看到的是纵行于腹壁的腹直肌。在腹部中央有一条纵行的白线称为腹白线。它将腹直肌分为左、右两部分。每侧腹直肌上还有 4～5 条横行的白线，称为腱划。紧临腹直肌的外侧各有三块斜行肌肉。前方为胸肌的后胸部和胸肌的腹部；再外侧是腹外斜肌；在胸肌后胸部前面是一块大型肌肉，称为三角肌，它又包括：三角肌的肩胛骨部，靠近中央和三角肌锁骨部。三角肌正前方为下颌下肌，其前方中央为小型的颏下肌（一块）。将左侧后肢基部皮肤做一环切，剥下后肢皮肤观察后肢的肌肉。首先介绍后肢的几个方位。

伸展面：两腿的外缘，即膝部突出的一面，相当于人体腿的前面，即膝盖的一面。

屈曲面：两腿的内缘，即弯曲的一面，相当于人腿的后面，即屈曲面。

轴前面和轴后面：即两腿的腹面和背面，相当人体的内侧和外侧。

①轴前面（腹面观）的浅层肌

小内直肌（股薄肌）：紧贴腹部腹面皮肤的一薄层肌肉，起于距骨联合处，止于胫腓骨头端，收缩时牵动股骨向后，并使小腿伸展。

缝匠肌：在小内直肌的外侧，即股部腹中央。是起于趾骨联合处，止于膝关节的一条狭长肌肉，收缩时可使小腿的股部屈曲，并使后肢向前内方运动。

长收肌：位于缝匠肌外侧，大部分为缝匠肌所遮盖，将缝匠肌向下分离，可见一狭长肌肉，收缩时使大腿向腹前方运动。

大收肌：在长收肌内侧有一块长而厚的肌肉，少部分被缝匠肌遮挡。大收肌起于坐骨和趾骨联合，止于股骨末端三分之一处，收缩时使大腿向腹面运动。

大内直肌：位于大收肌的内侧（下方），即股部腹面最内侧的一块扁而宽的肌肉。起于坐骨联合，与小内直肌的肌腱共同止于胫腓骨头端。作用与小内直肌相同，此肌被小内直肌所遮盖，须把小内直肌剪断，向两头分离后方可观察清楚。

②伸展面（前面）的浅肌

股三头肌：是股部最大的一块伸肌，因其具有三个肌头而得名，分别起于髂骨的中央腹面、后面及髋臼的前腹面，共同越过膝关节止于胫腓骨近端下方。在股部近端寻找三个肌头。内肌头（股内肌）最大，是三头肌的轴前部分（长收肌外侧）。中肌头（股前直肌）是三头肌中央部分，位于伸展面上。外头肌（股外肌）是股三头肌的轴后部分。其收缩时可使小腿前伸和外展。

③轴后面（背面）肌肉

股二头肌：股二头肌的肌腹在股外肌的内侧，为一狭长肌肉，仅末端分为两个肌腱，止于股骨远端和胫骨的近端，收缩时能使小腿弯曲和上提大腿。

半膜肌：位于股二头肌内侧，为一扁平肌肉，在肌腹中央有一腱划，起于股骨末端，止于胫腓骨头端。收缩时使大腿前曲或后伸，并使小腿屈曲或伸展。

梨状肌：起于尾杆骨头端，向外后方斜行于股二头肌与半膜肌之间，止于股骨的内表面。

④小腿的肌肉

腓肠肌：位于小腿的屈曲面，为小腿上最大的一块肌肉，形似蒜瓣，起于股骨与胫腓骨相接处的股骨上，末端形成一条坚韧的跟腱，经跗部腹面止于趾的前端。收缩时使小腿屈向大腿，并伸展两足。

胫后肌：位于腓肠肌内侧前方，起于胫腓骨内缘，止于距骨。收缩时能伸足和弯足。

胫伸肌：位于胫前肌和胫后肌之间。起于股骨远端，止于胫腓骨伸展。功能伸直小腿。

胫前肌：位于胫腓骨前面，起于股骨远端，末端以两腱分别附着于跟骨和距骨。功能是伸直小腿，使足向前屈曲。

腓骨肌：位于胫腓骨外侧（轴后面），界于腓肠肌和胫前肌之间。起于股骨远端，止于跟骨。收缩时伸展小腿。

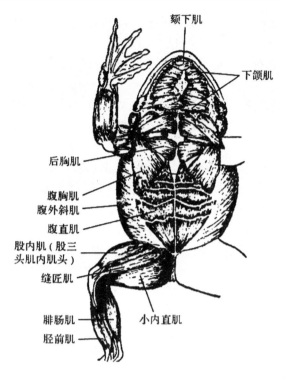

图 2-10 蛙的腹面肌肉图

（2）口咽腔

消化和呼吸系统共同的通道。

①舌：用镊子将蛙（或蟾蜍）的下颌拉开，可见口腔底部一柔软肌肉质舌，舌基部着生在下颌前端，舌尖向口腔后部。用镊子将舌翻出，可见舌尖分叉，且有粘液（蟾蜍舌尖不分叉）。观察后，用剪刀从左右口角剪至鼓膜下方，使口腔全部露出。

②内鼻孔：一对椭圆形小孔，位于口腔前端顶部。用鬃毛自外鼻孔通入，可见内、外鼻孔相通。

③齿：在上颌边缘有一列尖细的牙齿，齿尖稍向后倾（蟾蜍无齿），在内鼻孔之间有一对犁骨齿（蟾蜍无犁骨齿）。

④耳咽管孔：位于口腔顶壁的两侧，近颌角处有一对大孔，称为耳咽管孔，此孔通至鼓膜，试用鬃毛探通。

⑤声囊孔：在雄蛙口腔底部靠口角处，耳咽管孔稍前方，有一对小孔即声囊孔（雄蟾蜍无此孔）。

⑥喉门：在口腔后部，靠腹面有一纵裂的圆形突起。内由一对杓状软骨支持，两软骨之间的纵裂即为喉门，是喉气管在咽部的开口。

⑦食道口：在喉门的背方，咽底部的皱襞状开孔即是。

观察完口咽腔后，用镊子将两后肢基部的腹直肌提起，用剪刀偏左自腹中线向前剪开肌肉，剪至胸骨处，再向两侧剪断乌喙骨和肩胛骨。最后把此部分胸骨与肌肉仔细分离去掉，小心切勿损失腹静脉、心脏与围心膜。剪开后按下列顺序观察。

（3）消化系统

①肝脏：红褐色，位于体腔前端，心脏的后方，由较大的左右两叶和较小的中叶组成。

在中叶背面，左右两叶之间有一绿色圆形小囊，即胆囊。轻轻向后拉动可见胆囊前有两条小管，一条通至肝管，一条经总胆管通入十二指肠。

②将心脏和肝脏移向右方，可见心脏背面有一乳白色短管，其下部与胃相连，即为食道（食管）。

③打开肺腹体腔，在其左方有一弯曲膨大的囊，即是胃。胃前方与食管相连接，此处称贲门；胃与小肠交接处为幽门部。胃内侧的小弯曲，称胃小弯；其外侧的弯曲称胃大弯；中间部分称为胃底。

④肠：在胃的幽门之后即为小肠（十二指肠），其后转向后方，并盘曲于体腔右后部，这部分称为回肠，在回肠之后，膨大变粗，就是直肠。其后通至泄殖腔，以泄殖孔开孔于体外。

⑤胰脏：为一条淡红色或浅黄白色的腺体，位于胃与小肠间的弯折处。待观察完消化系统后将消化道展开，再仔细找到胆管通入胰脏后，通入十二直肠。

⑥脾脏：在直肠前端的肠系膜上，有一红褐色小球，即为脾脏。它是一淋巴器官，无消化功能。

（4）呼吸器官

青蛙及其他两栖类均为肺皮呼吸，呼吸器官包括：鼻腔、口腔、喉气管室和肺。

①喉气管室：用镊子轻轻将心脏稍后移，用钝头镊子自喉门探入，可见一条短粗透明的管子，即喉气管室。

②肺：位于心脏左右两侧的一对粉红色长囊状物即肺，前接喉气管室。蛙的呼吸与其他陆生动物有何不同？

（5）泄殖系统

如雌蛙可先把左侧卵巢摘去！

①肾脏：一对肾脏位于腹腔稍后方，靠近背部脊柱两侧，肾脏红褐色，扁而长。其腹面有一条橙黄色肾上腺，为内分泌腺。属于中肾。

②输尿管：由两肾脏的外缘后端各发出一条薄壁的细管，即为输尿管。它向后伸延，分别通入泄殖腔（蟾蜍左右输尿管合并为一后通入泄殖腔背壁）。

③膀胱：位于体腔后端腹面中央，为一个两叶状薄壁囊，当尿液充盈时，清晰可见。无尿时，须用镊子将其展开可以看清。此种膀胱属泄殖腔膀胱。

④泄殖腔：为粪便、尿液和生殖细胞共同排出的通道，它以单一的开口通至体外，称为泄殖孔。

⑤雄性生殖器官：精巢一对，位于肾脏腹面的内侧，近乳白色，长卵圆形（蟾蜍更长些）。其内侧发出许多输精小管通入肾脏前端，汇入输尿管，所以雄性输尿管与输精管是一条。脂肪体位于精巢前方，由许多黄色指状体组成，其大小与季节有关。雄性蟾蜍精巢前方有一对扁圆形的毕氏器，为退化的卵巢。在肾脏外侧各有一条细长管子，为退化的输卵管。

⑥雌雄生殖器官：卵巢一对，位于肾脏前端的腹面。生殖季节（五月至六月初）内有大量黑色卵粒，未成熟时淡黄色。

输卵管：为一对长而盘曲的乳白色长管，位于输尿管外侧。盘曲向前开口于体腔前端的喇叭口。后端接膨大成囊状的"子宫"，再通入泄殖腔（蟾蜍左右两侧合并后，通入泄殖腔）。雌蛙也有脂肪体与雄蛙的相似。雌蟾蜍的卵巢与脂肪体之间有球形的橙色小球为毕氏器，是退化的精巢。

（6）循环系统（不做重点观察）

循环系统主要观察心脏、主要动脉及主要静脉三部分。

①心脏：位于体腔的腹面前方，为一个略呈三角形的肌肉质器官。小心剪开包围心脏的心包膜，此膜内即为心脏，心脏在围心腔内。

心耳（又称心房）：在心脏的前方，左右各有一薄壁的囊，即为心房，腹面观左面的为右心耳（房），右面的为左心耳（房）。

心室：位于两个心耳的后方，是肌肉较厚的囊状构造。在心室前方，两心耳之间是动脉圆锥。

静脉窦：在左心耳的背面（须将心脏翻向前方，即从背面观察），为一三角形薄壁囊状结构，为静脉窦，连接左右前大静脉和后部的后大静脉。静脉窦的前缘左侧，有一肺静脉注入左心房，静脉窦血液注入右心房。

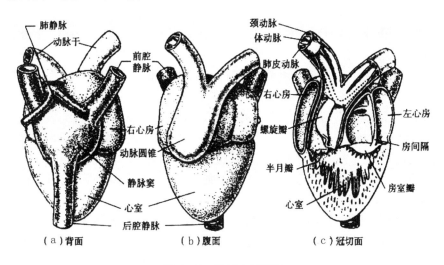

图 2-11　蟾蜍心脏图示

②动脉：主要观察左侧动脉，尽力保护右侧血管，以观察静脉。首先辨认出动脉圆锥，仔细摘除周围的肌肉和结缔组织可见其分出三支，分别是颈动脉弓（在最前面）、体动脉弓（最粗的一支）和肺皮动脉弓（后面的一支）。

总颈动脉（颈动脉弓）：从动脉干分出后便折向前行，并分成内外二支，基部在内侧的为颈外动脉，运送血液到舌及其附近组织。基部位于外侧的为颈内动脉，继续向外延伸逐渐转向背方，伸向脑颅基部。在两动脉分叉处，管壁膨大成椭圆球状，称为颈动脉腺。

肺皮动脉：从动脉弓分出后，先向背外侧斜行，在动脉腺后分为两支，一支通入肺为肺动脉，一支通向颌角并从此折向皮肤为皮动脉。

体动脉弓：从动脉干分出后前行，绕过食管后折向背后方，将消化道及肺移向右侧，可见动脉弓后行至肾脏前方汇合，成为背大动脉，直到身体后端。

锁骨下动脉：从体动脉弓向两侧发出一对动脉，通过肩带到前肢。

背大动脉：左右体动脉弓汇合后为背大动脉，沿体背向后行，并依次发出以下各条动脉：

腹腔肠系膜动脉：位于背大动脉的起始端，是一条粗短的血管，它又分出许多分支至消化道前部和消化腺。

在体腔肠系膜动脉之后，由背大动脉至肾脏、生殖腺的四、五对平行的细小动脉。

总肠骨动脉（髂骨动脉）：是脊大动脉的末端，分成两支通向后肢，每支又分成三支：腹壁膀胱动脉、股动脉、坐骨动脉。

腹壁膀胱动脉：在总肠骨动脉分支附近发出的一支血管，后又分两支，一支通向腹壁上的腹壁动脉，另一支到直肠及膀胱上为膀胱动脉。

股动脉：在腹壁膀胱动脉之后，坐骨外侧的一支小血管，分支于大腿内侧的肌肉和皮肤。

坐骨动脉：总肠骨动脉向后直通臀部背面并延伸到大腿的背面，沿坐骨神经下行到小腿。

③静脉：是收集身体各部的血液流回心脏的血管。血管较粗，壁薄，粗大静脉管内有防止血液倒流的瓣膜。

肺静脉：左右肺脏通出的一根短而粗的血管，左右两者汇合成总肺静脉，通到左心耳的背面。

体静脉：由两支前大静脉和一条后大动脉及其分支组成，它们汇合后进入静脉窦，再进入右心耳，由于缺氧血色暗红。

前大静脉（前腔静脉）：位于静脉窦背后方，左右各一支，是收集头部、前肢和躯干背侧皮肤的血液输送至静脉窦。其前有三大分支，最前方的一支为外颈静脉，主要收集颈部和舌部的血液；中间一支为无名静脉，由来自外侧方两支血管汇合而成，一支为内颈静脉，另一支为肩胛下静脉；第三支为锁骨下静脉，为三支中最粗的一支，位于最后，由来自前肢肱静脉和肺皮静脉汇合而成，它与锁骨下动脉并行。

后大静脉（后腔静脉）：是体腔背面中央一条粗大血管，将肠翻向右侧即可看到，在背大动脉的腹面。起于两肾中间，沿背中线前行，通入静脉窦后端。它由以下几条静脉汇合而成：

生殖腺静脉：由卵（精）巢发出 2～4 条小血管或先进入肾脏静脉或直接进入后大静脉，此血管较细小，不易观察。

肾静脉：每个肾的内侧发出 4～6 条血管，汇入两肾之间后大静脉。

肝静脉：是由肝脏发出的左右各一支短粗的血管，进入后大静脉的近静脉窦处。

门静脉：门静脉的两端都由微血管组成，主要包括肝门静脉和肾门静脉。

肝门静脉：将肝脏翻向前方，可见肝后面肠系膜内有一条短而粗的血管通入肝脏，即为肝门静脉。它由胃静脉、肠系膜静脉和来自脾脏的血管汇合而成，前行与腹静脉汇合入肝。

肾门静脉：是肾脏外缘一对静脉，沿一侧肾静脉向后分离观察，可见它是由来自后肢的两条静脉即臀静脉和髂静脉。

腹静脉：为一条位于腹中线，介于腹白线和腹腔面之间的一条静脉，其后端由来自后肢的左右盆静脉汇合而成，并沿腹中线前行至剑胸骨附近，离开腹壁进入腹腔。将肝脏翻向前方，可见腹静脉伸入肝脏，在胆囊左右分为三支，两支分别入肝左、右叶，一支进入肝门静脉。

五、示范观察

青蛙的骨骼系统：对照青蛙（或蟾蜍）骨骼标本和指导书中青蛙骨骼框图观察：中轴骨（头骨、脊柱）及四肢骨。

1. 中轴骨

（1）头骨：如图 2-12。

（2）脊柱：椎体、椎孔、椎棘、横突、关节突。颈椎（一枚）也称寰椎、荐椎、尾杆骨。

2. 四肢骨：如图 2-13。

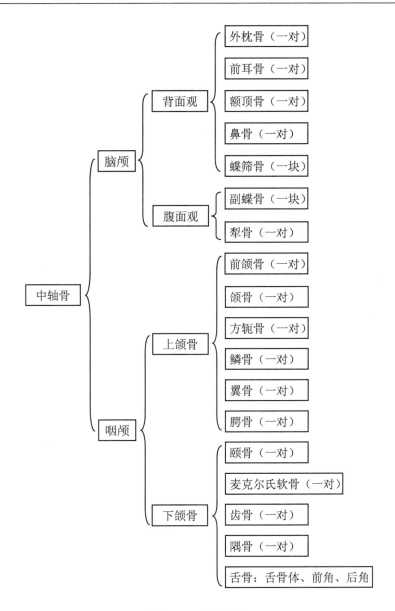

图 2-12 青蛙头骨

六、实验报告

1. 绘出蛙口咽腔的结构,并注明各部名称。
2. 填图。在蛙的内部结构图上注明各部器官的名称。

思考题

1. 蛙(蟾蜍)在形态结构上有何相似及不同之处?
2. 蛙(蟾蜍)的骨骼系统具有陆生脊椎动物所具有的哪些特征?
3. 蛙(蟾蜍)的消化、呼吸系统及感觉器官具有陆生脊椎动物所具有的哪些特征?

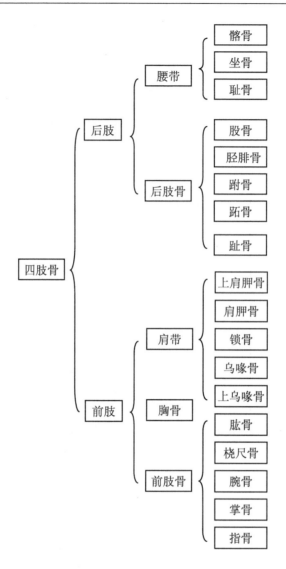

图 2-13 青蛙四肢骨

实验十四 鸡（*Gallus*）[或鸽（*Columba livia domestica*）]的外形及其内部解剖观察

一、实验目的

1. 通过对鸡（家鸽）外形、羽毛及内部结构的解剖观察，了解鸟类适应于飞翔生活的主要特征。

2. 学会鸟类的解剖方法。

二、实验内容

1. 鸡（家鸽）的外形及羽毛的结构观察。
2. 鸡（家鸽）的内部结构和解剖。

三、实验材料与仪器

1. 材料

鸡（家鸽）、家鸽骨骼标本。

2. 仪器

解剖盘、解剖器、骨剪、解剖镜、显微镜、盖玻片、载玻片、纱布、塑料桶、麻醉剂。

四、实验步骤与观察

1. 外形的观察

鸡体形略呈流线形，家鸽体呈纺锤形，身体分为头、颈、躯干和尾等部分。

头部：圆形，头前延长为强大的喙。家鸽上喙基部皮肤隆起裸露，称为蜡膜。外鼻孔位上喙基部，为斜裂孔状。头前有一对圆形的眼，眼具上、下眼睑，在下眼睑内侧上方具半透明的瞬膜，仔细观察闭眼时瞬膜的活动。耳孔位于眼的稍后方，掀起后部附近羽毛，很容易观察。外耳道就在耳孔内方。头背方及下喙两侧有肉冠和肉垂。

颈：长而灵活，便于转动和弯曲。鸡（家鸽）颈椎由14枚马鞍形锥体组成，第一对为寰椎，第二对为枢椎，使转动更灵活。

躯干：略呈卵圆形，上部，前半部为背，其后为腰，下部为胸和腹（鸡具7块胸椎，家鸽为5块）。脊椎和腰荐愈合为一整块，称综荐骨，故鸟的躯干部不能活动。

尾：极短，上着生尾羽毛（鸽尾羽为12枚），尾羽数目为分类根据之一。尾羽的上、下部分别还有尾上覆羽和尾下覆羽。尾的背部还有一裸出的尾脂腺突起，稍作挤压可见有脂肪液从开口流出。

翼：鸡（家鸽）的前肢演化为翼，展开一侧翼，区分出着生于腕、掌、指骨上的飞羽为初级飞羽；（桡腕骨、尺腕骨、腕掌骨、第2～4指骨）。着生在尺桡骨的飞羽为次级飞羽（二级飞羽）；着生在肱骨上的为三级飞羽；着生在第二指骨上的小型羽毛为小翼羽。翼之背面还依次着生，初级覆羽、长的中覆羽和最长的大覆羽。

后肢：鸡的后肢强大，跗跖部无羽，前侧有楯状鳞片，后侧有网状鳞片。具四趾，三趾向前，一趾向后。后者为第一趾，三趾中，内侧者为第二趾，中间最长者为第三趾，各趾端具爪。

2. 家鸡的羽毛

外形观察之后，将鸡（家鸽）放入钟形罩中，并放入浸有乙醚的棉球，使其麻醉致死，或由左手紧握其胁部，右手拇指和食指掐住鼻孔，中指紧控下颏，使其窒息而死（或左手攥住双翅根部，并用拇指与食指掐住肉冠，割断颈动脉致死）。而后拔取一根飞羽、绒羽和颈部纤羽观察。

羽毛有三种：正羽又称翻羽、绒羽和纤羽三种。

正羽（翻羽）是典型的羽毛，中央有一硬轴，尖端逐渐变细，称为羽轴，两边生有羽瓣（羽片）部分，称羽干，下部无羽瓣部分称羽根。羽瓣又称甲羽，较宽的一侧称为内甲羽，较窄的一侧称为外甲羽，甲羽由许多平行排列的羽枝组成。用镊子和剪刀剪下一小块羽枝，再用镊子进行分离，制成临时装片，置于显微镜下观察，可见羽枝两侧斜生出许多平行的羽小枝。两侧羽小枝结构不同，一侧羽小枝又分生出许多钩状突起，称为羽小钩，另一侧羽小枝则生锯齿状突起，称为羽小齿。相邻的羽小钩和羽小齿钩结在一起称为甲羽的羽面。羽根（羽翮）下端伸入皮肤的端部有一小孔称为下脐；在羽干与羽根交界处的腹面也有一小孔（凹陷）称为上脐，在其上有一丛短毛称为副羽，鸸鹋的副羽最发达，与主羽等大。

绒羽：拔出一部分正羽，在其下为绒毛状羽毛即为绒羽。绒羽的羽枝集中在羽轴的顶端，羽枝柔软，具羽小枝，但无羽小钩。家鸭或鹅绒羽发达。

纤羽：纤细且长，呈细发状羽毛，仅羽轴而已，可有极小的羽片，拔下正羽和绒羽可见颈部较多。

刚毛：在喙、眼和鼻孔周围有变形的硬羽。

3. 内部结构的解剖与观察

外形和羽毛观察后，用桶盛 80～90℃开水，浸 10 min 后，拔去羽毛，置于解剖盘中，在皮肤上可见生长羽毛的部分称羽区，不生羽毛的部位称裸区，在羽区留下许多羽毛的痕迹称为羽迹。

（1）胸肌：用解剖刀沿龙骨突起纵行剖开皮肤，然后用剪刀向前及两侧剪开至颈部，在颈基部有嗉囊要十分小心，在胸腹部两块最大的肌肉是胸大肌和胸小肌（在胸大肌下方），它们均起于龙骨突，紧靠龙骨突左侧切开胸肌，并翻向左侧，区分出胸大肌与胸小肌。

胸大肌：位于龙骨突起两侧的表层，顺肌纤维向左找到其终点，其肌腱止于肱骨头的腹面。收缩时使翼下掣。

胸小肌：位于胸大肌浅层，是小型肌肉，其肌腱穿过肩臼，止于肱骨头的背方。当其收缩时使翼上举。

（2）呼吸系统：沿着胸骨与肋骨相连的稍下方，用骨剪将两侧肋骨剪断，并将两侧乌喙骨与叉骨联接处剪断。将胸骨及乌喙骨揭去，即可看到内脏器官的自然位置。剪开两喙角，打开口腔。

外鼻孔：开口于上喙基部，前面已观察（家鸽位于蜡膜的前下方）。

内鼻孔：在口腔顶部中央的纵行沟内。内鼻孔开口于此。

喉门：拉出舌头，舌端呈箭头状角质鞘，在舌根之后，有一纵缝状的喉门。

气管：多与颈等长，少数鸟类超过颈长，内有环状软骨支持。左、右支气管与气管汇合处有一膨大的鸣管，是鸟类特有的发声器官。

肺：左右两叶。位于胸腔的背方。呈淡红色海绵状，紧靠脊柱两侧。

气囊：是与肺相连接的数对膜状囊结构（有颈气囊，一对；锁间气囊，一个；前胸气囊，后胸气囊和腹气囊各一对），用饮料吸管插入喉门或气管向肺内吹气可见各气囊。

（3）循环系统

心脏：心脏位于胸腔前方，两肺中央，心脏较大，外被很薄的心包膜，用镊子夹起心包膜，小心纵行剪开心包膜，可见心脏被脂肪带分隔成前后两部分。前面褐红色扩大部分为心房，后面颜色较浅的为心室。

动脉：将靠近心脏基部的心包膜、结缔组织和脂肪去除，可见从左心室发出并向右弯曲的体动脉弓（鸡无左体动脉弓）。由此向前分出两支灰白色血管，即无名动脉。无名动脉又依次分出颈动脉、锁骨下动脉、肱动脉和胸动脉，分别进入颈部、前肢和胸部（锁骨下动脉为无名动脉的延伸）。用镊子沿右侧无名动脉提起，将心脏往下拉，可见右体动脉弓走向背侧后，变为背大动脉后行，沿途发出多条血管至内脏和后肢各器官。将左右无名动脉稍提起，可见下面的肺动脉分成2支通入左、右肺脏。

静脉：在左右心房的前方可见到两条粗大的静脉干，为前大静脉。前大静脉由颈静脉、肱静脉和胸静脉汇合而成。这些静脉很容易观察。将心脏由后向前翻，可看到1条粗大的血管由肝脏的右叶前缘通到右心房，这条血管即为后大静脉。

实验最后把心脏取下观察，鸟的心脏较大，完全分化为两心房、两心室。静脉窦退化。体动脉弓仅存右支。因而动、静脉血完全分开，完善了双循环。

（4）消化系统

口腔：鸡（家鸽）喙外均有角质鞘，无牙齿，舌位于口腔内，前端呈箭头状，口腔后部为咽，具唾液腺。

食道：位于气管的背面，沿左侧下行，在颈基部膨大成嗉囊，贮存食物。

嗉囊：从颈基部剥离皮肤，沿食道分离，用钝头镊子小心分离，家鸽的嗉囊可分泌鸽乳以哺育雏鸽。

腺胃：又称前胃，上端与嗉囊相接，呈长纺锤形。内壁有丰富的消化腺。

肌胃：紧接前胃，位于肝脏右叶的后缘，为一扁圆形的肌肉囊。肌胃内壁覆有厚而韧硬的角质膜。胃壁有呈辐射状排列的肌纤维。肌胃用以磨碎坚硬食物。

十二指肠：位于腺胃和肌胃的交界处，呈U形弯曲，此弯曲处有胰腺。胆管和胰管进入十二指肠。

小肠：由空肠和回肠组成，空肠与回肠无明显界限，可将以回盲系膜和二盲肠相连的一段小肠称为回肠，其余大部分为空肠。

盲肠：位于小肠与大肠（即回肠与直肠）的交界处，鸡盲肠较发达，为一对盲管，家鸽的不发达，仅为一对小囊。鸡的盲肠起端有一枣核状回盲扁桃体，是一重要的淋巴器官。

直肠（大肠）：很短，内壁呈纵皱状，不存粪便，末端开孔于泄殖腔。

肝脏：鸡的肝脏分两叶，右叶通常比左叶大，左叶发出一条肝管（hepatic duct）直接进入十二指肠，右叶的肝管局部膨大为一个胆囊，再由胆囊管通入十二指肠。家鸽无胆囊。

胰脏：分为背叶、腹叶和脾叶三部分，背叶和脾叶界限不清，胰腺有三条胰管通入十二指肠。

（5）排泄系统

肾脏：一对，紧贴于体腔后部的背面，红棕色，长扁形，分为三叶。从肾的内侧有一条输尿管向后行，通至泄殖腔中部（两条不汇合）。鸟类不具膀胱。

泄殖腔：将泄殖腔沿腹中线纵行剪开，可见腔内有2个横褶，将腔分为3室：前面最大的是粪道，直肠即开口于此；中间为泄殖道，输精管（输卵管）和尿道开孔于此，输尿管紧靠粪道，其下为射精管口；最后为肛道。

腔上囊：在泄殖腔的背方有一个淡黄色圆形囊状腺体，成鸡变得很小或无，是淋巴器官，具有免疫功能。

（6）生殖系统

雄性：雄性在肾脏前方有一对白色长椭圆形睾丸（精巢）。有弯曲的输精管与输尿管平行后行，通至泄殖腔。

雌性：右侧卵巢退化，仅左侧卵巢与输卵管发育。在肾脏前方偏左处，黄白色块状，性成熟者可见发育不同的卵泡。左输卵管发达，前端开孔形成喇叭口，后端变宽，通至泄殖腔。后端弯曲处的内壁富有腺体，能分泌蛋白和卵壳。

（7）骨骼系统：观察家鸽的骨骼标本

头骨：薄而坚硬并充有气体，相互愈合，骨缝多不明显。枕骨大孔位于腹面，单枕髁。头骨两侧有一对巨大眼窝，其下外侧有一对细长颧骨。

颌骨：上颌由前颌骨、上颌骨构成，其后面的颧骨与方骨相连，形成颞下弓。方骨发达与脑颅形成可动关节。下颌属自连型，前方有发达的齿骨、隅骨及夹板骨，成体骨片完全愈合。

颈椎：第一颈椎为寰椎，无横突，与头骨以单髁相连。第二颈椎为枢椎，前面有一齿突伸入寰椎中。家鸡有颈椎 14 块（与家鸽相同），椎体马鞍型，连接牢固且灵活。

胸椎：胸椎部较短，鸡为 7 块（家鸽为 5 块），第二至第五胸椎愈合，一、六胸椎游离。第七块与六块腰椎，二块荐椎和七块尾椎愈合。家鸽一至三块愈合，第四块游离，第五块参与综荐骨结构。鸽腰椎六块，荐椎二块，尾椎六块。每一胸椎的横突与肋骨相连接，每一肋骨可分为椎肋和胸肋两部。两部间有关节，椎肋后缘具钩状突，压附在后一肋骨的外侧，以增强胸廓的牢固。

胸骨：胸骨特别发达，中间有一龙骨突以固着强大的飞翔肌群，胸骨两侧通过肋骨连接胸椎形成胸廓。

综荐骨：鸡，1 块胸椎、6 块腰椎、2 块荐椎和约 7 块尾椎愈合而成，两侧与骨盆相接，增强对翼和后肢的支撑作用。

尾综骨：由 6 块尾椎和 1 块侧扁上翘的尾综骨。

前肢和肩带：

肩胛骨：细长，呈刀状，位于胸廓的背面，与脊柱平行。

乌喙骨：粗壮，位于肩胛骨前端的腹方，另一端与胸骨相连。

锁骨：细长，在乌喙骨的前方，左右锁骨在腹面正中愈合为 1 个"V"字形的叉骨。上端与乌喙骨相连，下端以韧带与胸骨相连。叉骨与鸟类飞翔有何功能？

肩臼：由肩胛骨和乌喙骨形成的关节凹，与肱骨相关连。

前肢：前面已叙述，由肱骨（一块）、尺骨、桡骨（各一块）、腕骨、掌骨、指骨组成。

腰带：由髂骨（靠近脊椎）、耻骨和坐骨愈合构成无名骨。髂骨构成无名骨的前部，坐骨构成其后部。耻骨细长在坐骨腹缘。开放型骨盆。

后肢：胫骨与跗骨合并成胫跗骨。跗骨（一部分）与跖骨合并成跗跖骨。两骨间的关节为跗间关节。从上端依次为：股骨、胫跗骨、跗跖骨、趾骨（少第 5 趾）。

五、示范观察

1. 鸡（家鸽）的神经系统

大脑：鸽的大脑发达，但不是皮层发达，皮层仅属原脑皮，而是纹状体高度发达，是"智慧"的中枢，嗅叶退化。

间脑：背面被大脑所掩盖，间脑由上丘脑（视丘上部 epithalamus）、丘脑（视丘 thalamus）和下丘脑（视丘下部 hypothalamus）三部构成。

中脑：位于大脑半球的后下方，中脑背部形成一对很发达的视叶，与视觉发达有关。

小脑：特别发达，分化为三部，中间部为蚓状体，表面看有许多横沟，两侧有小脑鬈，与飞翔相关。

延脑：与脊髓直接相连，是呼吸和心跳中枢。

2. 内分泌腺

（1）脑下垂体：鸡的脑垂体位于间脑的腹面，视神经交叉之后，由漏斗与间脑相连，可分为前、后两叶，前叶来源口腔上皮，后叶来源神经垂体。

（2）甲状腺（thyroid gland）：一对，暗红色椭圆形，位于胸腔入口处气管两侧，颈动脉旁。

（3）甲状旁腺（parathyroid gland）：位于甲状腺的后端，呈暗褐色，成年大小两叶包在一囊内。与 Ca、P 代谢有关。

（4）后鳃腺（ultimobranchial body）：鸡有后鳃腺一对，2～3 mm 小腺体，呈血红色或淡红色，位于甲状旁腺的后端，靠近颈动脉和锁骨下动脉发出处。

（5）肾上腺（adrenel gland）：鸡肾上腺一对，位于两腺前叶的前方，黄褐色或淡紫色的小腺体。雄鸡与副睾相连。雌鸡左侧的与卵巢相连。

（6）胰岛（islets of langerhans）：与胰腺在一起，为胰脏内散布的一些细胞团，解剖不易看到。

六、实验报告

1. 根据鸡（家鸽）的外形及内部主要结构，总结鸟类适于飞行的主要特征。
2. 简述羽毛的种类和结构。

思考题

1. 鸟类骨骼哪些结构特征是为了适应飞翔的？
2. 鸟肺是如何进行气体交换的？从气管向肺充气会有什么现象产生？

附录：鸡的内部器官

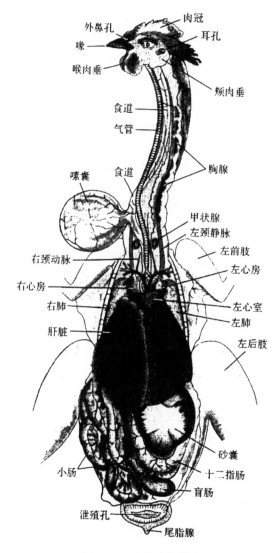

图 2-14　鸡的内部器官

实验十五　家兔（Coniglio）的形态结构观察

一、实验目的

1. 通过对家兔形态结构的解剖和观察，了解哺乳类动物的主要特征。
2. 掌握解剖哺乳动物的基本技术。

二、实验内容

1. 家兔的处死方法。
2. 兔的外形与内部结构。

三、实验材料与仪器

1. 材料

活体家兔（或大白鼠）。

2. 仪器

解剖器、解剖盘、骨剪、10 mL 注射器及针头、脱脂棉等。

四、实验操作与观察

1. 处死实验家兔（大白鼠）

将家兔放在兔台上，固定好头颈、四肢。用拇指和食指按住兔耳根后静脉。用注射器吸入 10 mL 空气，从耳缘静脉远端向兔体方向刺入静脉，不可刺穿静脉，并沿脉管插入针头，见回血立刻把空气注入，并按住针孔处，注入后 2～3 min 便抽搐而死。如注射失败换另侧耳缘，并查看针孔是否堵塞。另一致死方法是用乙醚麻醉致死，可把浸有乙醚的棉球，放入纸杯迅速扣在兔嘴上，立刻致死。第三种方法是提起兔的双耳，用木棒猛击延脑部，立即致死。

2. 外形的观察

家兔全身被毛，用镊子分开毛被，可见到三种类型，即针毛、绒毛和触毛。针毛稀而粗长，具有毛向，主要起保护作用。绒毛在针毛之下，细而短，没有毛向，主要起保暖作用。触毛或称须，着生在口周边，长而硬，有触觉作用。兔的身体分为头、颈、躯干、尾和四肢等几部分。

（1）哺乳动物脑颅较大，其头部可分两个区域：眼以前为颜面区，眼以后为头颅区。口周是肌肉质的唇，上唇中央有一纵裂。口周有刚毛状的触须。眼具上下眼睑及退化的瞬膜。瞬膜位于内眼角的下方，可用镊子从眼角拉出。眼后有 1 对长的外耳壳。颜面部前方背面有一对裂缝状的鼻孔。颈部位于头后，颈短而灵活。

（2）躯干部和尾：兔的躯干部可分为背部、胸部和腹部。在背部有明显的腰弯曲。胸、腹部的界限是最后一对肋骨和剑突骨的后缘。雌兔腹部有 4～5 对乳头，第一对与前肢在同一横切面上，最后一对在腹股沟前方。在靠近尾部有肛门。雄性肛门腹面有 1 对阴囊，和外生殖器，阴茎。雌性为泄殖孔（阴门）。兔的尾很短，位于肛门后方。

（3）四肢：兔的前肢 5 指，后肢 4 趾，指（趾）端具爪，爪由爪体和爪下体构成，背面一片称爪体，腹面的为爪下体。观察兔的前足与后足，判断其属于哪种趾的着地类型：跖行型（熊）；趾行型（狼）；蹄行型（鹿、马）。

3. 内部结构的观察

把已经死亡的家兔腹面朝上，平放在解剖盘中或解剖台上。四肢向左右分开，露出腹部皮肤，用解剖刀自颌下至腹部生殖孔稍前方处切开皮肤。然后再从颈部将皮肤向左右横向剪至耳廓基部，以左手持镊子夹起颈部剪开的皮肤边缘，右手用解剖刀小心清除皮下结缔组织。再用解剖刀和手剥离胸腹部皮肤和皮下肌肉。把皮肤展开，用镊子夹起腹部后方肌肉，另手持剪刀沿腹中线向前剪开体壁，剪至胸部，用骨剪剪断两侧肋骨和横膈，使内脏完全暴露以便观察。（另外还可把躯干部皮肤剥下再观察，即在颈部、膝关节、肘关节皮肤做一环切，再从腹中线切口处从四肢内侧至环切处做一切口，然后把皮全部剥下。）

（1）唾液腺：兔有四对唾液腺，以左手持镊子夹起颈部剪开的皮肤边缘。右手用解剖刀小心清除皮下组织。

腮腺（耳下腺）：位于耳壳基部的腹前方，剥开皮肤就可见到。不规则的淡红色腺体，即为腮腺。

颌下腺：位于下颌后部的腹面两侧，靠近咬肌的后缘，为一对卵圆形腺体。

舌下腺：接近下颌骨联合缝的后方，在寻找颌下腺导管时可见到，舌下腺其腺体较小，呈扁平长条形，由腺体内侧伸出一对舌下腺管，不易找到。

眶下腺：位于眼窝前下方，呈粉红色。

唾液腺均由导管通入口腔，如颌下腺管向前伸至舌下部，至下颌骨联合处，开口于口腔。

（2）口腔：沿口角将颊部剪开，清除左侧咀嚼肌，并用骨剪剪断该侧下颌骨与头骨的关节，即可将口腔全部露出。

口腔的前壁为上下唇，两侧为颊部，上壁是腭，下壁为口腔底。口腔前面牙齿与唇之间为前庭。位于最前方的 2 对长而呈凿状的牙为门齿，后面各有 3 对短而宽的前臼齿和臼齿，兔的齿式为：$2\left(I\dfrac{2}{1}\,c\dfrac{0}{0}\,pm\dfrac{3}{2}\,M\dfrac{3}{3}\right)=28$。在口腔顶壁的前端，可用手摸到硬腭，其后是软腭。硬腭与软腭构成鼻的通路，口腔底部前端有发达的肌肉质舌，舌的前部腹面有系带将舌连在口腔底部。舌的表面有许多小乳头，其上具有味蕾，舌的基部有一单个的轮廓乳头。

（3）咽：位于软腭后方的背面。由软腭自由缘构成的孔为咽峡。沿软腭中线剪开，露出的腔为鼻咽腔，是咽的一部分。鼻咽腔的前端是内鼻孔，在鼻咽腔的侧壁上有一对斜行裂缝为耳咽管开口。此管通入中耳腔，咽的后部渐细，连接食道。食道的前方为呼吸道的入口，此处有一块叶状突出称会厌（位于舌的基部），会厌可防止食物进入呼吸道。

（4）喉及呼吸器官

喉头：首先将颈部腹面肌肉除去，可见喉头为一软骨构成的骨腔。顶端有一个很大的开口即声门。其背面有会厌，会厌背面为食道开口。喉头腹面有一个很大的盾形软骨为甲状软骨。其后方为围绕喉部的环状软骨。环状软骨的背面较宽，其上有一对小的勺状软骨。喉头内腔壁上有呈褶状的声带。

气管：位于颈部的腹面，通入胸腔后约在第四至第五胸椎的腹侧，分成左右支气管，通入左右肺。管壁由许多环状软骨支持，软骨环背侧不完整，缺口朝向背侧，即与食道相接的一面。在环状软骨的两侧各有一扁平椭圆形的腺体为甲状腺。

肺：气管进入胸腔后分成左右两支，进入左右肺，每支与肺的基部相连，肺为海绵状器官，位于心脏的两侧。

（5）消化管

食管（道）：位于气管背方，由咽部后行穿过胸腔、横膈膜进入腹腔与胃相连。

胃：为一扩大的囊，一部分被肝脏所遮盖，食管（道）开口于胃中部。相接处为胃的贲门部，后部与十二指肠相接处为幽门。胃体分为两部分：左侧胃壁薄而透明，呈灰白色，黏膜上有粘液腺，此部称为胃底，其余为胃体。右侧胃壁肌肉较厚，且血管较多，故呈红灰色。黏膜上有纵行的棱和能分泌胃液的腺体。在胃的左下方有一个深红色带状腺体，为脾脏。胃底部（左侧部位）称为胃大弯，而相对的一侧为胃小弯。

肠：胃下端紧接着的是细而弯曲的小肠。小肠分化为三部分，依次是十二指肠，空肠和回肠。十二指肠是胃后呈"U"形弯曲的一段，它又分为升支和降支。由胃向后延伸的一段为升支，折向前方一段为降支。在十二指肠弯曲部中间的肠系膜上散布似脂肪颜色的是胰脏，胰管开口于十二指肠升支开始处稍前部位。空肠和回肠没有明显界限。回肠紧接大肠，在相接处有盲肠，草食性动物盲肠较发达，肉食性则退化。兔的盲肠游离端变细称为蚓突。在回肠与盲肠交界处，膨大形成一厚壁的圆囊，这是兔特有的圆小囊。大肠又分为结肠和直肠，结肠的肠管上有纵行的肌肉纤维形成的结肠带，肠管紧缩呈环节状，故称结肠。结肠又分为三部分，依次是升结肠、横结肠和降结肠。降结肠后端连接很短的直肠，其内常存有粪便。直肠开口于肛门。

（6）消化腺：前面观察的唾液腺也是消化腺，哺乳类消化腺还有肝脏和胰脏，它们都有管道通入十二指肠。

肝脏：为体内最大的消化腺，位于腹腔前部偏右侧，兔肝脏呈深红色，分为六叶（左外叶、左中叶、右外叶、右中叶、方形叶和尾形叶）。在尾形叶与右外叶之间有动、静脉、神经和淋巴管的通路，成为肝门。兔的胆囊位于右中叶的背侧，从胆囊出发的胆管和来自各叶的肝管汇合成胆总管，通入紧靠胃幽门处的十二指肠。

胰脏：位于U形十二指肠的弯曲处，是一种多分支的脂肪状腺体。胰管开口于十二指肠（前面已介绍）。

（7）排泄系统

肾脏：为紫红色，豆状结构。位于腹腔腰部背面，以系膜紧紧联结在体壁上。由白色输尿管连接于膀胱。左右肾的内侧前方，背大动脉与肾动脉夹角处，各有一个黄色小体，为肾上腺。

膀胱：为一薄壁囊，位于腹腔后部，膀胱向后通入尿道。尿道开口待与生殖系统一起观察。

（8）生殖系统

①雄性生殖系统：包括睾丸、附睾、输精管、副性腺及阴茎。睾丸位于阴囊内或体内，若位于阴囊内，首先将阴囊剪开，在每一睾丸背侧和前后端有一带状隆起，即为附睾。由每一附睾的后端连一弯曲的白色细管即为输精管。输精管经腹股沟上升入腹腔。用解剖刀剖开骨盆合缝之间的连接。用双手各持兔双腿，用力折向背方，使骨盆打开，除去骨盆内的肌肉及结缔组织。用镊子将膀胱拉向腹面，并分离输精管与膀胱的联系，可见输精管与同侧的输尿管相交叉，在膀胱背侧绕过输尿管折而向后，在膀胱基部形成输精管膨大，后端通入尿道。副性腺位于尿道背侧，副性腺包括：精囊与精囊腺、前列腺、旁前列腺和尿道球腺。精囊与精囊腺位于膀胱基部和输精管膨大的背面，为一扁平囊状腺体。前列腺位于精囊腺后方，为半球状腺体。尿道球腺在前列腺后方，分两叶，腺体表面被海绵体肌所覆盖。尿道经阴茎开口于阴茎头，为尿液和精液的共同通道。

②雌性生殖系统：包括卵巢、输卵管、子宫、阴道和外生殖器等。

卵巢：卵巢颇小，呈不规则扁圆形（在肾脏上方），为紫黄色带有颗粒状突起的腺体。

输卵管：卵巢外侧各有一条细而曲折的小管，即为输卵管，前端扩大形成喇叭口，朝向卵巢，下端膨大形成子宫。

子宫：兔左右输卵管后端膨大形成子宫。左右子宫（双子宫）汇合通入阴道。兔阴道较长，位于直肠的腹面，膀胱的背面，阴道向后延伸为阴道前庭。从阴门向子宫方向剪开外生殖器，可见尿道开口于阴道前庭的腹壁上，因此阴道前庭也是尿液排出通道。外生殖器官包括阴门、阴唇及阴蒂等部。

五、示范观察

1. 兔的循环系统

（1）静脉系统

前大静脉：锁骨下静脉；总颈静脉（外颈静脉、内颈静脉）；奇静脉。

后大静脉：肝静脉；肾静脉；腰静脉；生殖静脉；髂腰静脉；总髂静脉。

肝门静脉：（收集胰、脾、胃、肠系、小肠、结肠及十二指肠等血液）

（2）动脉系统

无名动脉：右锁骨下动脉、右总颈动脉、左总颈动脉。

左锁骨下动脉；肋间动脉；腹腔动脉。

前肠系膜动脉；肾动脉；后肠系膜动脉；生殖动脉；腰动脉；总髂动脉；尾动脉。

（3）心脏与其相连的大血管

大动脉弓（左体动脉弓），肺动脉，肺静脉，左右前大静脉。

2. 兔的中枢神经系统

（1）脑：嗅球、大脑（端脑）、间脑（丘脑）、中脑、小脑、延脑。

（2）脑神经：嗅神经（Ⅰ）、视神经（Ⅱ）、动眼神经（Ⅲ）、滑车神经（Ⅳ）、三叉神经（Ⅴ）、外展神经（Ⅵ）、面神经（Ⅶ）、听神经（Ⅷ）、舌咽神经（Ⅸ）、迷走神经（Ⅹ）、副神经（Ⅺ）、舌下神经（Ⅻ）。

六、实验报告

1. 叙述家兔解剖方法及口腔、咽、消化系统的结构。
2. 简述家兔的生殖系统。
3. 填出家兔解剖后各部位名称。

思考题

1. 家兔有哪些形态特征是为适应陆地生活的？
2. 家兔的泻殖系统有哪些特征？
3. 家兔消化系统和呼吸系统较爬行类有哪些不同的结构特征？

附录：家兔的内脏图

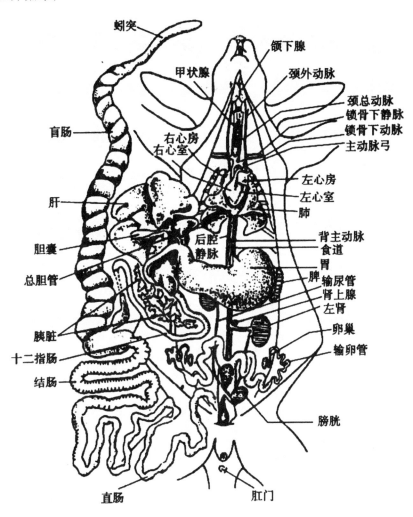

图 2-15 家兔的内脏图

第二篇
环境生物学实验技术

第三章　环境生物学实验基本知识

一、环境生物学实验课的目的与基本要求

1. 环境生物学实验课的性质与目的

环境生物学，是生物学与环境科学紧密结合、内容广泛的新兴学科。在研究环境污染的生物效应的基础上，研究环境污染的生物监测与生物学评价；在研究生物对污染物的自然净化、降解和去除作用机理的基础上，了解和应用生物的净化功能；在研究自然生态保护理论的基础上，合理地利用自然资源和被破坏的生态环境应用科学有效的生物方法使之得以修复。

为了从实际操作中掌握环境生物学的基本理论与方法，环境生物学实验技术就显得格外重要。因此，通过现场采样与室内实验相结合、生物样品处理与化学分析相结合、正常生物样品与毒害污染样品对照实验相结合、现场宏观了解与室内小型模拟实验相结合，正是本实验课的特点。

通过环境生物学实验课，使学生学习和掌握利用生物技术去分析和处置环境污染问题，或与其他理化学科和工程学科密切结合，去解决环境中的实际问题。

2. 环境生物学实验课的基本要求

（1）学生进实验室一定要注意个人防护，必须穿实验服、长裤以及覆盖脚面的平底鞋，严禁穿短袖、短裤、拖鞋进实验室。有必要时需要配戴护目镜以及防护口罩。

（2）学生进入实验室后需先对实验室的各个水、电、气的阀门进行熟悉，并了解消防器材的安放位置，使用方法以及安全出口的位置，以便发生火灾时，可作应急处理。

（3）保持实验室的安静与整洁。严禁在实验室大声喧哗、打闹，更不可在实验室吃东西、抽烟、随地吐痰以及乱扔弃物等。

（4）实验前仔细清点本次实验所用器材，如发现缺失或损坏的情况及时向老师报告。如实验过程中出现仪器的损坏，应及时向老师报告，并视具体情况酌情进行处理。未经许可不得动用与本次实验无关的仪器设备，如违反并造成仪器损坏者，要写出书面检查，并照价进行赔偿。

（5）实验前要进行认真预习，做好充分准备。

①仔细阅读实验讲义的内容，抓住实验内容的重点、难点，如有不理解的地方可以记录下来，以便在课上可以及时进行提问。如果有必要的话，可以写预习报告。

②准备好铅笔、橡皮、坐标纸以及实验记录本等，以便实验过程中绘图及记录数据。

（6）实验时，首先要认真倾听老师对本次实验操作以及注意事项的讲解，并根据自己的预习，有针对性的提出问题，直到理解、掌握全部实验内容为止。然后进行实验操作，实验过程中要做到胆大、心细，按步骤进行操作，对仪器的使用要严格按照操作规程进行。并对实验结果进行认真记录，在实验过程中，如有特殊现象发生时，也要进行详细记录。

（7）实验完毕后，首先整理好实验仪器，然后将培养皿、试管等器皿刷洗干净，最好对桌面进行清理以保持桌面的整洁、干净。每次实验后，值日生都要打扫卫生，对现场进行清理并对实验室进行检查，关闭水、电、气阀门，切断电源，并经实验室教师确认后方可离开。

（8）每次实验完成后，学生都要写实验报告。实验报告的实验目的、材料、仪器和药品，尤其是实验原理可以简要写，突出重点，说明问题即可。实验步骤根据自己做实验的实际过程写，要将实验程序写清楚。实验结果与讨论部分要重点写，尤其是讨论部分。要结合自己的实验结果以及他人的研究成果进行讨论。如果实验过程中有特殊现象发生时，要针对此情况进行具体的讨论与分析。如果发生实验失败的情况，则需分析实验失败的原因，并总结经验。

二、环境生物学实验技术要求

1. 玻璃器皿的洗涤、灭菌和干燥

（1）玻璃器皿的洗涤

洗涤仪器是实验前必须做的准备工作，是一项技术性工作。干净合格的玻璃仪器，是获得可靠准确实验数据的前提。要根据分析任务的不同要求、污染物的性质以及污染程度等选择适当的玻璃器皿洗涤方法，但至少都应达到玻璃器皿内壁能被水均匀润湿，并且倾去水后器皿内壁上不挂水珠的程度。

①新购买的玻璃器皿，内外表面都会附着游离碱，要先在稀盐酸（2%）中浸泡 12 h，然后用自来水涮洗干净，最后用蒸馏水润洗 3 次。

②对于一般只沾染了可溶污物、其他不溶性杂质以及尘土的玻璃器皿，可用自来水冲洗后，再用毛刷仔细刷净器皿内外表面，尤其要注意器皿的磨砂部分，然后再用自来水冲洗残留的污物，最后用蒸馏水润洗 3 次。

③对于沾有油污、有机物的玻璃器皿，可先用自来水冲洗，然后用毛刷蘸取去污粉或热肥皂水仔细刷净内外表面，刷洗时注意把器皿内残留的水倒掉，以免影响去污粉或热肥皂水的清洁能力。刷洗干净后再用自来水冲洗，去除残留物（污物、去污粉或热肥皂水）。最后用蒸馏水润洗 3 次。

④对于含有油脂的玻璃器皿，应先去脂，再洗涤。首先进行高压灭菌，然后趁热将油脂倒出，再置于烘箱中于 100℃条件下烘烤半小时，之后置于碳酸氢钠水溶液（5%）中煮沸，达到去脂的目的。再用毛刷蘸取去污粉或热肥皂水仔细刷净玻璃器皿内外表面，进行常规洗涤。

⑤对于培养过细菌的玻璃器皿，要先进行高压蒸气灭菌，然后趁热将培养基倒出，之后再用毛刷蘸取去污粉或热肥皂水刷洗，再用自来水冲洗，去除残留物，最后用蒸馏水润洗 3 次。

⑥对于不易清洗的移液管、滴定管、滴管等细长的玻璃器皿，或是沾有难清洗污物的玻璃器皿，可用铬酸洗液进行清洗。

洗液的配制：准确称取 20 g 重铬酸钾放入大烧杯中，然后缓缓加入 40 mL 蒸馏水，加热使其溶解。冷却后，将 360 mL 浓硫酸缓慢加入，边加边搅拌。冷却后转入棕色试剂瓶中备用。注意：试液的加入顺序，千万不可将重铬酸钾溶液加入浓硫酸中；如试液呈绿色，可再加入浓硫酸将三价铬氧化后继续使用。

洗涤：先用自来水冲洗，再用毛刷刷洗器皿内外表面，之后倒掉器皿内残留的水以保证洗液的清洁能力。在器皿内倒入适量洗液，通过缓慢转动玻璃器皿的方法使器皿内壁完全被洗液浸润，然后将洗液倒回试剂瓶以备再用。必要时可用洗液将玻璃器皿进行浸泡，去污。用自来水冲洗干净玻璃器皿上残留的洗液以及污物。最后用蒸馏水润洗 3 次即可。

（2）玻璃器皿的灭菌

①用灭菌锅进行的高压蒸气灭菌是最常用的灭菌方式，在操作过程中首先要保证灭菌锅内有适量的水，再有灭菌锅内不能塞得过紧，以保证锅内温度的均匀。灭菌过程中，要不时进行查看，以便及时发现问题并解决。灭菌完毕后，必须待灭菌锅压力降至足够低的数值时，方可打开灭菌锅盖取出灭菌器皿，以免发生危险。

②干热灭菌是另外一种常用的灭菌方式，将玻璃器皿均匀摆放在烘箱内，关闭箱门，然后在 160℃条件下，烘烤 2 h，即可达到灭菌效果。灭菌 2 h 后，关闭电源，进行降温，温度降至 50℃以下时即可开门取物。

（3）玻璃器皿的干燥

①通常情况下，可对玻璃器皿进行自然晾干。在白搪瓷盘内铺两层干净的滤纸，然后将洗净的器皿倒置在滤纸上，对倒置后不稳定的器皿可放在仪器架上晾干。

②对于急于使用的玻璃器皿，可用吹风机进行吹干，可以用冷风或热风，还可以选用不同的风速。

③干热灭菌既是一种玻璃器皿灭菌方式，同时也是一种玻璃器皿的干燥方式。

2. 显微镜的构造和使用

（1）显微镜的构造

显微镜的构造分为两大部分：机械部分和光学部分。

①机械部分

镜座：为显微镜的底座，起支持稳定整个镜体的作用，多为马蹄形。

镜柱：是与镜座相垂直的铁柱部分，上端连有镜臂和载物台，下端连接有镜座。

镜臂：供把握显微镜时使用的弯曲部分，上方连有镜筒，下方连有镜柱。

物镜转换器（旋转器）：是位于镜筒下方的可以转动的圆盘，圆盘上通常有 3～4 个圆孔，装有 3～4 个不同放大倍数的物镜，通过转动转换器，即可调换不同倍数的物镜。当在转动过程中听到碰叩声时，说明光路接通，才可进行观察。

载物台：位于物镜转换器的下方，是方形或圆形的平台，用来放置玻片标本。其中央有一通光孔，通光孔两旁有一对金属弹簧夹，用来夹持玻片标本。通光孔后侧装有玻片标本推进器（推片器），在镜台下装有推进器调节轮，可使玻片标本作前后左右方向的移动。

调节螺旋：是安装在镜柱上的一对粗、细调节螺旋，当对其进行调节时可使镜台作上、下方向上的移动。

粗调节螺旋：大的为粗调节螺旋，移动时可使镜台较大幅度的升降，能迅速调节物镜与标本之间的距离，找到合适的焦距，使物像呈现于视野之中。通常情况下在使用低倍镜时，要先用粗调节螺旋找到物像。

细调节螺旋：小的为细调节螺旋，移动时可使镜台做较小幅度地升降。通常在运用高倍镜时使用，以找到清晰的物像，从而可以观察标本的不同层次、深度的结构。

②光学部分

目镜：由两块透镜组成，安装在镜筒的上端，通常备有 3 个不同放大倍数的目镜，上面刻有 5×、10×、15×符号表示其放大倍数，可以根据需要更换使用，通常使用的是 10×的目镜。

物镜：由数组透镜组成，安装在镜筒下端的旋转器上，通常有 3～4 个物镜，通常把放大倍数在 10 以下的物镜称为低倍镜；放大倍数为 20 倍的称为中倍镜；放大倍数为 40～65 的称为高倍镜；放大倍数为 90～100 的称为油镜。此外，通常会在高倍镜以及油镜上加一圈不同颜色的线，来加以区别。

目镜与物镜都是用来扩大物像的，物镜会对标本进行第一次放大，目镜会将第一次放大的物像进行第二次放大，显微镜的放大倍数是物镜放大倍数与目镜放大倍数的乘积，例如物镜放大倍数为 10×，目镜放大倍数为 10×，则其放大倍数就为 10×10=100 倍。

镜筒：连在镜臂的前上方，镜筒上端装有目镜，下端装有物镜转换器。其主要作用是安放目镜和保持物像的光亮度。

反光镜：安装在镜座上，有平、凹两面，可以翻转，其作用是将光源的光线反射到聚光器上，凹面镜聚光力较强，多在光线较弱的时候使用，平面镜聚光力较弱，多在光线较强的时候使用。

聚光器：位于载物台下方的集光器架上，由聚光镜、光圈两部分组成，可以把光线集中到观察的标本上。其中聚光镜由几片透镜组成，起聚光的作用，能加强对标本的照明。在聚光镜下方附有虹彩光圈，由若干张金属薄片组成，其外侧有一操纵杆，移动它可以调节光线的强弱。

（2）显微镜的使用

①显微镜的取放：从柜中取出显微镜时，要右手紧握镜臂，左手托住镜座，将显微镜轻轻放置在自己左前方的实验台上，并使其距桌边 3～4 cm，便于操作。

②对光：用显微镜进行观察时，要先在低倍镜下找到物像。用拇指和中指转动物镜转换器，当听到碰叩声时，说明物镜的低倍镜已对准镜台的通光孔。将反光镜转向光源，并打开光圈，上升聚光器，用左眼在目镜上观察，观察时要保证右眼睁开，同时转动反光镜直到整个视野均匀明亮为止。

③放置玻片标本：将制作好的玻片标本放在载物台上，用推进器弹簧夹固定，然后将所要观察的标本调到通光孔的正中。

④调节低倍镜焦距：以左手转动粗调节螺旋，使物镜距标本片约 5 mm，在此过程中，一定要从右侧进行观察，避免造成镜头或标本片的损坏。然后，一边用眼在目镜上进行观察，一边缓慢向上转动粗调节螺旋，直至能看清物像为止。

⑤把需进行观察的部分调到视野中心，并把物像调节到最清晰的程度。

⑥转动物镜转换器，调换上高倍镜，转换时速度要慢，并且要从侧面进行观察，使物镜几乎与玻片相接，但不能碰到玻片，如发生物镜与玻片碰撞的情况，则说明低倍镜的焦距没有调好，应重新调节低倍镜下的焦距。

⑦调节高倍镜焦距：转换到高倍镜后，一般都能见到一个不太清楚的物像，此时切勿使用粗调节螺旋，可转动细调节螺旋获得清晰的物像。

3. 测微尺

测微尺分为目镜测微尺和镜台测微尺两种。

目镜测微尺系中央刻有一条 5 mm 或 10 mm 长标尺的圆形玻片，标尺等分为 50 个或 100 个小格，用时将目镜测微尺装入目镜中。

镜台测微尺是一片载玻片，中央刻有一条 1 mm 长的标尺，共分为 100 个小格，每小格的长度为 10 μm（0.01 mm）。用时，将镜台测微尺放置于载物台上。

目镜测微尺和镜台测微尺配合使用，先在低倍镜下找到镜台测微尺的刻度，然后调节显微镜至所需的放大倍数。在所需的放大倍数下，转动目镜使目镜测微尺的刻度与镜台测微尺的刻度平行。然后使二尺的部分刻度线重合，即可按下式计算出目镜测微尺上每一格的长度。目镜测微尺每一格的长度为已知，即可测定出显微镜视野中物体的大小。

$$目镜测微尺每格长度（mm）=\frac{部分重合时镜台测微尺的格数×0.01}{部分重合时目镜测微尺的格数}$$

4. 血球计数板的构造和使用

（1）血球计数板的构造

血球计数板是一块特制的厚载玻片。载玻片上有四道沟槽，构成了三个平台。中间较宽的平台，由一短横槽均匀分成两半，其上各刻有一个小方格网。每个小方格网又被分为九个方格，位于中央较大的方格用来计数，称为计数区。计数区的刻度通常有两种规格，一种是将计数区分为16大格，每大格又分成25小格；另一种是先将计数区分成25大格，每大格又分成16小格。但是不管哪种规格，总数都是400个小格。计数区的边长为1 mm，则每个小格的边长为0.05 mm，其面积为0.0025 mm^2。当盖上盖玻片后，计数区的高度为0.1 mm，所以每个小格的容积为0.00025 mm^3，即1/4000 L或1/4000000 mL。

在进行计数时，需要先计数每个小方格中微生物的数量，然后再换算成每毫升菌液中微生物的数量。

（2）血球计数板的使用

①取洁净干燥的血球计数板一块，在计数区加盖一块盖玻片以盖住网格和两边的槽。

②若待测菌悬液浓度过高，可加无菌水进行适当稀释，稀释到每小格的菌数可数时即可，以5～10个为宜。先将菌悬液进行充分摇匀，然后用吸管吸取少许，由计数板中央平台两侧的槽内或盖玻片边缘加入计数板。待菌悬液由于液体的表面张力充满计数区后，即用吸水纸吸去沟槽中流出的多余菌悬液。最后加盖盖玻片，并对其进行来回推压，使其贴紧计数板，注意此过程中要防止气泡的产生。

③静置5～10 min，待菌体细胞不再漂移，而是已沉降到计数板上。将血球计数板置于载物台上夹稳。在低倍镜下找到计数区后，再转高倍镜进行观察、计数。在计数时要上、下调动细调节螺旋，以观察到小室内不同深度的菌体。

④计数时，若计数区的刻度为25×16，则计数左上、左下、右上、右下四角的4个大方格（即100小格）的菌数。如使用计数区刻度为16×25的计数板，则除计数上述四角的4个大方格外，还需计数中央1个大方格的菌数（即80小格）。

⑤在计数时，为了避免重复计数和漏计，位于格线上的菌体，只数两条边上的，如数上线不数下线，数左线不数右线。其余两边的不做计数。对于酵母菌等出芽的菌体，当芽体等于或大于母细胞大小的一半时，就可作为两个菌体计数。

⑥每个样品需要重复计数2～3次，取平均值，然后按公式计算出每毫升菌悬液中所含的菌数。

$$菌体数（个/mL）=每个小格内的平均菌数×4000000×稀释倍数$$

⑦计数完毕，先将盖玻片取下，然后用水将血球计数板冲洗干净。晾干后放入盒内保存，以备下次使用。

5. 吸光度的测量

（1）分光光度计的基本原理

吸光度的测量使用 722N 分光光度计进行，其基本原理是待测溶液中的物质在光的照射激发下，会产生对光的吸收效应，而每种物质对光的吸收都是具有选择性的。不同物质具有各自的吸收光谱，因而当某单色光通过溶液时，光能量就会被吸收而减弱，光能量的减弱程度与物质浓度呈一定的比例关系，也即符合朗伯—比尔定律：

$$A = KCL$$

式中，A 是吸光度；K 是吸收系数；C 是溶液的浓度；L 是溶液的光径长度。

由上式可见，当吸收系数 K、溶液的光径长度 L 不变时，吸光度 A 是随着溶液的浓度而变化的。

（2）分光光度计的使用

①使用前先开机预热 30 min，使仪器达到稳定状态。将选择开关置于"T"旋钮。

②打开样品室盖，调节透光率"0% T"旋钮至"00.0"。

③对波长进行设置，调节波长选择钮至需要的波长。

④将装有空白对照的比色杯插入比色槽的正确位置，保证比色杯的透明面正对光路。空白对照应含有除待测物以外的所有其他成分。

⑤盖上样品室盖，调节透光率"100% T"旋钮至"100.0 T"。

⑥仪器调透光率 T 为"00.0"和"100.0"后，即可对样品的吸光度 A 进行分析，首先将选择开关置于"A"旋钮，将吸光值调节至".000"，然后放入待测溶液，此时仪器的显示值即为样品的吸光度值。

⑦测定完毕后，首先打开样品室盖，将比色杯取出，再关闭仪器电源开关，最后切断电源。对比色杯要进行彻底的清洗，并晾干后，再进行保存。

6. 低温高速冷冻离心机的使用

低温高速冷冻离心机属于实验室的大型仪器，每次使用前都需征得管理员同意，并对仪器的使用情况进行登记。如发现异常情况应及时停止操作，并向管理员报告。

（1）接通仪器的电源开关，打开离心机顶盖，然后根据所用的离心管型号选择相匹配的转子，如需更换转子时，首先将原有的转子旋下，安全保存，然后将更换的转子用扳手固定在离心机的正确位置上。

（2）在控制面板上，对一系列离心参数，如转速、离心温度以及离心时间等进行设置，并保存。

（3）将离心管对称放入转子内，要保证对称位置的离心管质量是相等的，同时离心管内样品不能装的太满，样品平面要与离心管管口有一定距离，并保持离心管外壁清洁、干燥。

（4）盖上转子盖，并将其旋紧。最后盖上离心机顶盖。然后查看一下参数设置，确认无误后，按"START"键开始离心。

（5）离心机达到设定的转速后，至少平稳运行 5 min，使用者才可以离开。并且在离心过程中，使用者需定期进行察看，以确认仪器运转是否正常。

（6）离心结束，待转子停止运转后，方可打开离心机顶盖，然后旋松转子盖，将离心管取出，放入低温下保存备用。

（7）关闭电源，并对离心机的内、外部分别进行清理，如离心过程中发生漏液情况，必须仔细擦拭干净，并擦净腔体内的冷凝水，待腔体温度与室温相同时将离心机顶盖关闭，并盖上专用的离心机遮布。

7. 人工气候箱的使用

人工气候箱由位于箱内的微电脑系统来控制加热、制冷以及雾化过程，从而达到所需温湿度。并由光照度控制器来控制光照量，来达到所需光照度。并据此达到恒温、恒湿及所需光照的目的。

（1）将超声雾化器取下，往水槽中加入纯净水，切不可用自来水，然后将超声雾化器安装在原位，并将气雾连接管插在超声雾化器的出口处。最后将超声雾化器的电源插在加湿器控制插座上，使其与主机连接。

（2）打开电源开关，稳定一段时间后，进行温度、湿度以及光照时间的设定。

①温度设定：按 SET 键，进入 SV 设置状态，之后下面显示窗中的温度数字开始闪动，但其中的末位数字是不闪动的，然后按＜或＞键，将不闪动数字移至需要设定的位数上，再按∨或∧键改变温度至所需温度，最后按 SET 键存储设定值。此时上面的显示窗显示实际的温度，而下面的显示窗则显示设定温度。

②湿度设定：按 SET 键，进入 SV 设置状态，之后下面显示窗中的湿度数字开始闪动，但其中的末位数字是不闪动的，然后按＜或＞键，将不闪动数字移至需要设定的位数上，再按∨或∧键改变湿度至所需数值，最后按 SET 键存储设定值。此时上面显示窗显示实际湿度值，下面显示窗则显示设定的湿度值。

③光照定时设定：按 SET 键，即进入定时设置状态，此时上面显示窗中的时间数字开始闪动，然后按＜或＞键，将闪动数位移至所需的位置，再按∨或∧键改变时间至所需数值，分别将开和关的时间设置好，最后按 SET 键存储设定值。

仪表下面显示光照强度，按∨或∧键对光照强度进行调节。

8. 溶解氧的测量

（1）碘量法

①原理

碘量法的基础是水中溶解氧所具有的氧化性。在水样中加入硫酸锰和碱性碘化钾溶液，如水中溶解氧充足，水中的溶解氧会将低价的锰氧化成高价的锰，生成四价锰的氢氧化物沉淀，此沉淀为棕色。当加酸后，四价锰的氢氧化物沉淀溶解产生的高价锰，又可与碘离子反应而释放出与溶解氧等当量的游离碘。以淀粉作为指示剂，用硫代硫酸钠标准溶液滴定释放出的游离碘，再根据滴定溶液的消耗量即可计算出溶解氧的含量。

②仪器及试剂

A. 仪器：碘量瓶（250～300 mL）、滴定管、移液管、量筒、三角瓶。

B. 试剂

硫酸锰溶液：准确称取 480 g 硫酸锰（$MnSO_4 \cdot 4H_2O$）先溶于少量水中，再加水稀释定容至 1000 mL。对此溶液的要求为：将其加至酸化过的碘化钾溶液中后，遇淀粉不得变蓝。

碱性碘化钾溶液：准确称取 500 g 氢氧化钠，并将其溶解于 300～400 mL 蒸馏水中。再称取 150 g 碘化钾，并将其溶解于 200 mL 蒸馏水中。等到氢氧化钠溶液冷却后，将上述两种溶液混合，摇匀，再加蒸馏水稀释至 1000 mL。如果所配制的溶液有沉淀生成的话，则需要放置过夜后，将上层清液倾出，然后贮于棕色瓶中备用。对此溶液的要求为：此溶液酸化后，遇淀粉不得变蓝。

1:5 硫酸溶液：量取 100 mL 浓硫酸，然后将其徐徐加入 500 mL 蒸馏水中，并混合均匀。

1%（w/V）淀粉溶液：准确称取 1 g 可溶性淀粉，先加入少量蒸馏水调成糊状，再加入刚煮沸的蒸馏水冲稀至 100 mL。待淀粉溶液冷却后加入 0.4 g 氯化锌进行防腐。

浓硫酸。

0.0250 mol/L（$1/6K_2Cr_2O_7$）重铬酸钾标准溶液：先将适量重铬酸钾置于 105～110 ℃ 条件下烘干 2 h，然后准确称取冷却的重铬酸钾 1.2258 g，并将其溶于少量水中，再将其转移入 1000 mL 容量瓶中定容，并摇匀。

硫代硫酸钠溶液：准确称取 6.2 g 硫代硫酸钠（$Na_2S_2O_3·5H_2O$）溶于煮沸并冷却的蒸馏水中，再加入 0.2 g 无水碳酸钠，之后转移至 1000 mL 容量瓶中定容，并摇匀。然后将溶液贮存于棕色瓶中，使用前用 0.0250 mol/L 的重铬酸钾标准溶液进行标定。标定方法如下：

量取 100 mL 水，并称取 1 g 碘化钾加入 250 mL 碘量瓶中，再加入 10 mL 0.0250 mol/L 的重铬酸钾标准溶液，以及 5 mL 1:5 的硫酸溶液，闭塞并充分摇匀后，置于暗处静置 5 min。然后用待标定的硫代硫酸钠溶液进行滴定，滴定至溶液呈淡黄色时，再加入 1 mL 淀粉，然后继续滴定至蓝色刚褪去为止，记录下用量。然后按下式即可计算出硫代硫酸钠的当量浓度：

$$硫代硫酸钠当量浓度 = \frac{0.0250 \times 10.00}{滴定时所用的硫代硫酸钠溶液的体积}$$

③测定

A. 用虹吸法将待测的水样注满碘量瓶，然后立即将瓶塞盖紧，注意在采集水样的过程中要尽量避免曝气充氧，并严防瓶中进入气泡。

B. 一般在取样现场即进行溶解氧的固定。具体步骤如下：打开瓶塞，用移液管插入液面下，加入 1.0 mL 硫酸锰溶液以及 2.0 mL 碱性碘化钾溶液。小心盖好瓶塞，防止产生气泡。然后将瓶颠倒混合摇匀数次后，静置。待棕色沉淀物下降至瓶内一半时，再进行一次颠倒混匀，使溶解氧得到固定。

C. 待棕色沉淀物下降到瓶底后，打开瓶塞，并立即用移液管插入液面下加入 2.0 mL 浓硫酸。然后盖好瓶塞，将瓶颠倒混合摇匀，至沉淀全部溶解为止，最后将其放置于暗处静置 5 min。此时为黄色或棕色的澄清溶液。

D. 用移液管吸取两份 100 mL 上述溶液，放置于 250 mL 三角瓶中，然后用硫代硫酸钠标准溶液滴定至溶液呈淡黄色时，再加入 1 mL 淀粉溶液，然后继续滴定至蓝色刚褪去为止，记录下硫代硫酸钠标准溶液的用量。

④计算：

$$溶解氧（O_2, mg/L） = \frac{C \times V \times 8 \times 1000}{100}$$

式中：C 为硫代硫酸钠标准溶液的当量浓度，mol/L；V 为滴定时，硫代硫酸钠标准溶液的用量，mL。

⑤注意事项

A. 如水样中含有过量的 Fe^{3+}（浓度达到或超过 100～200 mg/L），可通过加入 1 mL 40% 氟化钾溶液的方式来消除干扰。

B. 如水样中含有亚硝酸盐也会对测定产生干扰，可以预先将叠氮化钠加入碱性碘化钾溶液中，通过此方式分解水样中的亚硝酸盐而消除干扰。

C. 如水样的酸性或碱性过强时，可先加入氢氧化钠或硫酸对溶液的 pH 进行调整，调至中性后再进行测定。

D. 如水样中氧化性物质的含量较高，如游离氯的浓度高于 0.1 mg/L 时，可以通过预先加入硫代硫酸钠溶液的方式进行去除。

先取一瓶水样，向其中加入 5 mL 1:5 硫酸和 1 g 碘化钾，摇匀，此时有游离碘析出，然后用硫代硫酸钠标准溶液进行滴定，滴定至淡黄色后，再加入 1 mL 淀粉溶液，继续滴定至蓝色刚刚褪去为止，记录下用量。在待测的另一瓶水样中，加入同样量的硫代硫酸钠标准溶液，摇匀后，按操作步骤测定溶解氧。

（2）溶氧仪法

溶氧仪方便用户携带到现场进行操作。用 JPB-607 型便携式溶氧仪测定溶解氧的具体步骤如下：

①首先将电极插头插入"电极插口"内，并将仪器的"测量/调零电源开关"调至"测量"档，"溶氧/温度测量选择开关"调至"溶氧"档，"盐度校准旋钮"向左旋至最低（0 g·L⁻¹）。

②打开仪器，并预热 5 min 后，将电极放入新鲜配制的 5% 亚硫酸钠溶液中浸泡 5 min，等到读数稳定后，调节"调零旋钮"使仪器显示为零。

③将电极从溶液中取出，用蒸馏水冲洗干净，之后用滤纸吸干电极薄膜表面的水分，然后在空气中待读数稳定后，调节"跨度校准旋钮"，将读数指示值调至纯水在此温度下的饱和溶解氧值。

④重复上述②～③的操作。

⑤然后将电极浸入待测水样中，此时仪器显示的读数即为待测水样的溶解氧值。

⑥如果待测水样含有一定盐度，测量时应进行盐度校准，按②～③的操作校准好仪器后，将待测水样的盐度换算成用 g/L 单位表示，将"盐度校准旋钮"旋至相应位置，盐度校准完成后，即可测量水样的溶解氧值。此时，仪器的显示值即为水样在该盐度下的溶解氧值。

溶氧仪校准方法有空气校准法、化学法、空气饱和水校准法。

①空气校准法

当水体中的溶解氧达到饱和时，液相中的氧分压等于液相上面气体的氧分压，也就是，当达到平衡状态时，由液面上空气进入水中氧的速率，与水中逸回到空气中氧的速率是相等的。氧电极是氧分压敏感元件，因此电极浸入水相或水相上面的空气中，都会产生相等的电流，此即空气校准技术的原理。

②化学法

先用化学法取样分析水样的溶解氧含量，然后将电极浸入水样中，并以化学法测得的值为标准对仪器的读数进行校准。

③空气饱和水校准法

当气压和温度一定时，水体中的饱和溶解氧也为一定值，据此，可用经过空气饱和的水对仪器进行校准。用空气泵连续向盛有蒸馏水的容器中鼓气一小时以上，在鼓气过程中将电极放入，并不断用机械搅拌水体。测定水温，按各温度下的饱和溶解氧值来校准仪器。

9. pH 的测量

（1）pH 试纸法

用 pH 试纸测定 pH 是采用"纸上滴液，比色定值"的方式。首先，取一块干净且干燥的玻璃板，在玻璃板上铺一张白纸以使显色更加明显，然后放一片干燥的 pH 试纸，用玻璃棒蘸取待测液滴加到试纸上，待试纸变色后，把试纸显示的颜色与标准比色卡进行对照，即可得出待测液的 pH。

表 3-1 不同温度和氯化物浓度水中的饱和溶解氧含量值

$T/℃$	C_s/mg/L^{-1}	ΔC_s/mg/L^{-1}	$T/℃$	C_s/mg/L^{-1}	ΔC_s/mg/L^{-1}
0	14.64	0.0925	20	9.08	0.0481
1	14.22	0.0890	21	8.90	0.0467
2	13.82	0.0857	22	8.73	0.0453
3	13.44	0.0827	23	8.57	0.0440
4	13.09	0.0798	24	8.41	0.0427
5	12.74	0.0771	25	8.25	0.0415
6	12.42	0.0745	26	8.11	0.0404
7	12.11	0.0720	27	7.96	0.0393
8	11.81	0.0697	28	7.82	0.0382
9	11.53	0.0675	29	7.69	0.0372
10	11.26	0.0653	30	7.56	0.0302
11	11.01	0.0633	31	7.43	
12	10.77	0.0614	32	7.30	
13	10.53	0.0595	33	7.18	
14	10.30	0.0577	34	7.07	
15	10.08	0.0559	35	6.95	
16	9.86	0.0543	36	6.84	
17	9.66	0.0527	37	6.73	
18	9.46	0.0511	38	6.63	
19	9.27	0.0496	39	6.53	

表中，T 为温度；C_s 为饱和溶解氧值；ΔC_s 为进行校准时，每升每克盐浓度要减去的数值。

（2）pH 计法

用 PHSJ-3F 型 pH 计测定 pH 的具体步骤如下：

①在进行测量前，应首先将待测溶液进行充分搅拌，然后使溶液静置，准备测定。

②对 pH 计进行校准

一点校准法：即只采用一种 pH 标准缓冲溶液对 pH 计进行校准，此方法适用于测量精度要求不高的情况下，来简化操作。具体步骤如下：

A. 将 pH 电极和温度传感器分别插入测量电极插座和温度传感器插座内，然后将该电极用蒸馏水清洗干净，吸干粘附的水，并放入 pH 标准缓冲溶液 A 中（规定的五种标准缓冲溶液中的任一种）。

B. 在仪器处于任何工作状态下，按"校准"键，仪器即进行校准工作状态，此时仪器会显示当前的 pH 值和温度值。

C. 当显示屏上的 pH 读数稳定后，按"确认"键，仪器校准完毕。

二点校准法：即选用两种 pH 标准缓冲溶液对 pH 计进行校准，以保证 pH 测量的精度，具体操作步骤如下：

A. 在完成一点校准后，将电极取出，然后用蒸馏水清洗干净，吸干粘附的水，放入 pH 标准缓冲溶液 B 中。

B. 再按"校准"键，仪器进入二点校准工作状态，仪器会显示当前的 pH 值和温度值。

C. 当显示屏上的 pH 读数稳定后，按"确认"键，仪器完成二点校准。

③pH 测量

校准完成后，按"pH"键，使仪器进入测定 pH 的工作状态。然后将电极取出，用蒸馏水清洗干净，吸干黏附的水，放入待测溶液中，此时仪器会显示待测溶液的 pH 值和温度值。待读数稳定后，读取 pH 值。

在每次 pH 值测定前、后，都要对电极进行彻底清洗，以防测定溶液中的物质黏附在电极上，影响 pH 值测定的准确性。

测定完毕后，先将电极冲洗干净，然后套上电极保护套，电极套内放入少量 3 mol/L 的 KCl 外参比补充液，以保持电极球泡的湿润，千万不能将其浸泡在蒸馏水中。

④pH 标准缓冲溶液的配制

pH 1.68 的标准缓冲溶液：准确称取 GR 草酸氢钾 12.61 g，然后溶于 1000 mL 重蒸水中。

pH 4.00 的标准缓冲溶液：准确称取 GR 邻苯二甲酸氢钾 10.12 g，然后溶于 1000 mL 重蒸水中。

pH 6.86 的标准缓冲溶液：准确称取 GR 磷酸二氢钾 3.387 g、GR 磷酸氢二钠 3.533 g，然后溶于 1000 mL 重蒸水中。

pH 9.18 的标准缓冲溶液：准确称取 GR 四硼酸钠 3.80 g，然后溶于 1000 mL 重蒸水中。

pH 12.46 的标准缓冲溶液：将过量的氢氧化钙粉末（大于 2 g）加入盛有（约 5～10 g/L）重蒸水的聚乙烯瓶中，剧烈振荡 30 min，然后取上清液即为 pH 12.46 的标准缓冲溶液。

10. 浮游生物的定量采集

（1）定量浮游生物网采集

如需采集较浅水体的浮游生物时可用定量浮游生物网。定量浮游生物网由不同孔径的筛绢制成，呈圆锥形，口径为 20 cm，网长为 70 cm。网口用铜环或铝环支撑，网底套有玻璃或金属的盛水器，以用来采集浮游生物。网前端装有一帆布附加套，用以减少浮游生物于网口的损失。采样时间可根据浮游生物的量而定，通常为 10～30 min。采集完成后将网缓缓提起，使水滤出，当所采的浮游生物都聚集于盛水器时，可用玻璃瓶接好，然后打开活塞使采集的标本进入瓶中，备用。若采集水域的水层过浅而不能用网时，可使用容器舀水，然后倒入网中过滤。浮游生物网，在每次用完后都要用清水反复的进行冲洗，待清洗干净后悬挂于阴凉处晾干，然后保存以备下次使用。

（2）采水器采集

如需采集较深水体的浮游生物时，可用采水器。最为简便的为瓶底附有铅块的广口瓶。广口瓶的体积是固定的，可以为 1000 mL、2000 mL、3000 mL、5000 mL 等各种容量。以便于做定量分析。广口瓶瓶口加橡皮塞，并用一细绳牢牢拴在橡皮塞中间。同时，广口瓶瓶身上系有粗线绳，线绳上有尺度标记。当采水器沉入水中采样时，可将橡皮塞轻轻拉出，水样即进行入瓶中，当瓶中盛满水样后，立即提起采样瓶，然后将采集的水样倒入玻璃瓶中，备用。

将采水器沉入水体哪一深度即可采集哪一水层的水样。具体采水深度及方法可视具体情况而定。

表 3-2　不同深度水体的采水方法

采样水体深度/m	采样方法
<2	0.5 m 处采水
2～3	分别于 0.5 m 处、底层采水
>3	据具体情况，分层采水

11. 底栖生物的采集

（1）定性样品采集

对于一般的浅水域，水深在 50 cm 以内时，可直接用手取出石块、水草等，然后用镊子取下标本。如需采取泥样时，可用铁铲采取或用手抄网直接捞取，然后进行标本检出。如果水深超过 50 cm 时，可用三角拖网进行采集，将三角拖网在水体中拖拉一段距离后，将采集的样本经过 40 目分样筛，挑出标本固定。

（2）定量样品采集

定量采样可较为客观地反映水体底部底栖动物的种类组成及数量，是以每平方米作为单位进行统计。

①自然基质采样

直接从自然基质采集底栖动物样品可用多种采样器进行，目前国内比较常用的为 1/16 彼得生采泥器。通常每个采样点采样 2～3 次，以减少因采样点底质的不同，而造成的生物种类和密度上的差异。每次采样的面积为 1/16m^2。采样时，先打开采泥器，并将提钩挂好，将采泥器缓慢放入水底，之后抖脱提钩，先将采泥器缓缓上提约 20 cm，待采泥器的两页闭合之后，慢慢将其拉出。打开两页，将其中的内容样品倾入桶中。然后过 40 目分样筛后，将含标本的筛内剩余物装入干净塑料袋，带回实验室进行标本的检出及固定。

②人工基质采样

直接从自然基质采样会受到一定限制，所以为了统一标准，可采用人工基质法进行采样。将人工基质采样器放入水中，为大型无脊椎动物群落提供栖息场所，栖息于人工基质上的生物多为流水带来的甲壳类、软体动物、腔肠动物、水生昆虫幼虫以及苔藓虫类等。目前较为常用的人工基质采样器为篮式采样器。篮式采样器的结构和形状都是具有一定标准的，最为常用的是直径 18 cm，高 20 cm 的圆柱形铁笼，铁笼用 8 和 14 号的铁丝编织而成，小孔为 4～6 cm。采样时，首先在笼底铺一层 40 目的尼龙筛绢，然后装入 7～9 cm 长的卵石。通常每个采样点放两个铁笼，并用棉腊绳固定。经过两周后取出，将笼内卵石倒入装有少量水的桶内，并用毛刷刷下所有的底栖动物，过 40 目分样筛后，倒入白磁盘中，然后用肉眼检出可见的标本并进行固定。由于所用的卵石等人工基质也采自水体，同水体天然的基质是相同的，再加上较长时间的收集，较能反映底栖动物的群落组成。

第四章　环境生物学实验内容与操作

实验一　蚕豆根尖微核实验

一、实验目的

1. 掌握微核实验技术，并在显微镜下对细胞有丝分裂相的不同时期进行观察和区分。

2. 了解环境污染物对生物遗传物质的影响，并掌握蚕豆根尖微核法监测环境污染的具体方法。

二、实验原理

通常情况下，细胞中的染色体在复制过程中会发生一些断裂，这些断裂通常能自己修复，恢复原状。细胞受到外界辐射或其他诱变因子的干扰，引起的染色体断裂很难愈合。断裂下来的染色体断片，由于缺少了着丝点，不能随纺锤丝移动到两极，而停留在细胞质中。在间期细胞核形成时，这些片断就形成大小不等的圆形结构，叫做微核。微核是常用的遗传毒理学指标，可用微核出现的频率来评价环境污染的程度或污染物致突变性的强弱。

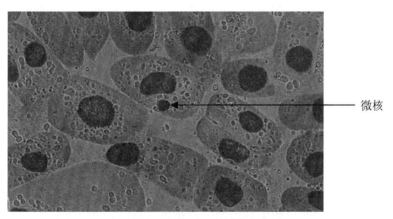

图 4-1　蚕豆根尖细胞典型微核

由于蚕豆（*Vicia faba*）根尖细胞染色体大，数量少，DNA 含量多，并且细胞周期中的大部分时间对诱变剂非常敏感，适于遗传毒性检测实验。在 1986 年中国环保局将蚕豆根尖微核试验列为一种环境生物测试的规范方法。

目前，蚕豆根尖微核试验在多种污染物的致突变性检测方面都得到了广泛应用。采用微核检测技术可以对环境污染物的生物潜在危害进行预测和评价。

三、实验材料、仪器与药品

1. 材料

蚕豆种子。

2. 仪器

光照培养箱、显微镜、盖玻片、载玻片、血球计数器、镊子、刀片、解剖针、水浴锅、试管、试管架、小玻璃瓶、吸水纸、纱布、脱脂棉、白瓷盘、绘图铅笔、洗瓶。

3. 药品

氯化镉、盐酸、乙醇、碱性品红、苯酚、冰醋酸、甲醛、山梨醇。

改良苯酚——品红染液配制：取碱性品红 3 g，溶于 100 mL 70% 乙醇中，然后以 1:9 的比例将其与 5% 苯酚溶液混合。取 45 mL 该溶液，再加入 6 mL 冰醋酸，6 mL 37% 甲醛混合均匀。取 20 mL 苯酚——品红染液加入 180 mL 45% 乙酸以及 3.6 g 山梨醇混合均匀，静置两周后使用。

卡诺氏固定液：由乙醇 3 份和冰醋酸 1 份混合而成。

四、实验步骤

1. 浸种催芽

蚕豆干种子，在蒸馏水中浸泡 24 h，至种子完全膨胀。然后将浸泡后的种子用纱布轻轻包裹保持湿度置于瓷盘中，在 25℃ 的光照培养箱中培养 1～2d，待初生根长出 2～3 mm 时，再选取发育较好的种子，放入铺有湿脱脂棉的瓷盘中继续培养，36～48 h 后大部分种子初生根长到 1.5～3.0 cm 长时，切除初生根以保证侧根的生长发育。

2. 染毒、修复培养

待侧根露白后，将种子放入盛有重金属溶液的培养皿中进行染毒，注意要浸没根尖，6 h 后取出用蒸馏水冲洗 3 次，并移至蒸馏水中修复培养 24 h。对照组仅用蒸馏水处理。

3. 材料固定与解离

修复培养结束后，自根尖切取幼根 0.5～1 cm，放入盛有卡诺氏固定液的小瓶中，固定 12～14 h。将固定后的根尖用蒸馏水冲洗后，用吸水纸吸干水分，然后转入盛有 0.1 mol/L 盐酸的试管中，在 60℃ 恒温水浴中解离 15～20 min。

4. 染色、制片

将解离后的根尖取出，用蒸馏水冲洗数次，之后置于载玻片上，从根冠起切取根尖 1 mm 左右舍去，再切下 1 mm 左右，用解剖针捣碎，加 1～2 滴染液，染色 10～15 min。盖上盖玻片后，用铅笔轻轻敲打，使细胞分散开。最后用吸水纸吸去多余的染液。

5. 镜检

首先在低倍镜下找到分生区细胞分散均匀、背景清晰且分裂相较多的部位，再转高倍镜观察。在 400 倍显微镜下，凡小于主核 1/3 以上并与主核分离，且染色效果与主核相当的圆形、椭圆形或其他类似形状的染色物质都算作微核。

6. 观察计数与计算

（1）每一处理组至少观察 3 张片子，每张片子计数 1000 个细胞。每 1000 个细胞中出现微核的细胞数，称为微核细胞千分率。每1000个细胞中出现的微核数称为微核千分率。观测微核细胞数与微核出现率，将结果进行记录。

表 4-1　蚕豆根尖微核记录表

处理	片号	微核细胞数	微核细胞率（‰）	微核数	微核率（‰）
染毒浓度 （mg/L）	1				
	2				
	3				

（2）计算：

$$微核细胞率（‰）=\frac{微核细胞数}{观察计数细胞总数}\times1000$$

$$微核率（‰）=\frac{微核数}{观察计数细胞总数}\times1000$$

五、结果与讨论

实验结果统计整理后，比较处理组与对照组蚕豆根尖的微核千分率，然后对试验结果进行分析讨论。

思考题

试分析微核产生的实质，并说明随着染毒浓度的升高，微核千分率如何变化，污染物浓度与微核千分率之间有无剂量—效应关系？

实验二　种子发芽及根伸长毒性实验

一、实验目的

1. 掌握小麦种子发芽及根伸长毒性试验的具体方法。

2. 通过对小麦种子根长、芽长以及发芽率、发芽势的测定，监测和评价污染物的生态毒性和危害。

二、实验原理

高等植物是生态系统的基本组成部分，在污染胁迫下其生长状况可反映生态系统的健康水平，因此高等植物生态毒理实验成为测试污染物生态毒性的典型方法。目前已建立的高等植物毒理实验的3种方法分别为种子发芽实验、根伸长实验和早期植物幼苗生长实验。

种子的萌发与生根对植物具有非常重要的意义。种子的萌发、生根过程，既是一个相当活跃的植物胚胎生长发育过程，又是一个种子的生理生化变化过程。

种子在适宜的条件下，会吸水膨胀萌发，有多种酶会参与到这一过程中，在这些酶的催化作用下，会发生一系列的生理、生化反应，而当种子暴露于污染物或有害环境时，一些酶的活性会受到抑制，从而使种子萌发受到影响，表现为发芽率低、根长短。种子发芽和根伸长毒性实验就是根据这一特点，将种子放在含一定浓度受试物的基质中，使其萌发，并测定种子的发芽率、发芽势以及芽生长和根伸长的抑制率。最终评价受试物对植物胚胎发育的影响。

三、实验材料、仪器与药品

1. 材料

小麦种子（发育正常、无霉、无虫蛀、完整无损伤，购自种子专供部门）。

2. 仪器

生化培养箱、玻璃培养皿（90 mm）、无灰定性滤纸、移液管、镊子、洗耳球、直尺、温度计。

3. 药品

氯化汞。

四、实验步骤

1. 配制三种不同浓度（Ⅰ、Ⅱ、Ⅲ）的氯化汞溶液进行试验，每个浓度设 3 个平行实验，以去离子水做空白对照。

2. 用洗液刷洗除去玻璃培养皿表面污物，并用自来水冲干净、晾干，进行高温灭菌，待冷却后在皿侧面贴上标签，注明浓度编号、实验日期及实验组别。

3. 挑选大小均匀、籽粒饱满的小麦种子，用 2% H_2O_2 浸泡消毒 15 min，然后用自来水、蒸馏水分别冲洗 3 次。

4. 在培养皿内铺两层滤纸做发芽床，然后加入 10 mL 相应浓度的供试污染物溶液，加入时避免滤纸下面产生气泡。发芽床的湿润程度对种子发芽过程有着很大影响，若水分过多会妨碍空气进入种子，而水分不足又会使发芽床较干，影响试验结果。每皿 15 粒种子均匀摆放在滤纸上，放置时保持种子胚根末端和生长方向成一直线，种子腹沟（种子腹面凹陷处）朝下，粒与粒之间的距离要均匀，要避免相互接触，防止个别发霉种子感染健康的种子。培养皿加盖后置于（25±1）℃恒温培养箱培养。为了保证种子发芽的适宜条件，在实验期间需每天对种子的发芽情况以及发芽床的湿润情况进行观察。

5. 本实验的观察计数分三期进行。第一期，实验进行 2 天后观察计数小麦种子的主根长及芽长，计算抑制率；第二期，实验进行 3 天后观察计数种子的发芽势；第三期，实验进行 7 天后观察计数种子的发芽率。观察时应注意，对小麦这一禾谷类作物而言，在种子正常发育的幼根中，主根的长度≥种子的长度，并且幼芽的长度≥种子长度的二分之一时，说明该种子具有发芽能力。以此标准进行观察、计数，对于不正常的和感染发霉的种子一定要及时去除。

6. 计算

$$芽长抑制率（\%）=\left(1-\frac{规定天数内浓度组芽的长度}{对照组芽的长度}\right)×100$$

$$根长抑制率（\%）=\left(1-\frac{规定天数内浓度组根的长度}{对照组根的长度}\right)×100$$

$$发芽势（\%）=\frac{规定天数内已发芽的种子粒数}{供作发芽的种子总粒数}\times100$$

$$发芽率（\%）=\frac{全部发芽的种子粒数}{供作发芽的种子总粒数}\times100$$

五、结果与讨论

将浓度组及对照组的芽长、根长抑制率、发芽势和发芽率统计计算出来，通过对试验结果的分析讨论，评价重金属污染物汞的生态毒性。

思考题

1. 随着染毒浓度的升高，所观测的四个指标均如何变化，说明什么问题？
2. 影响小麦发芽和根伸长的主要因素有哪些？

实验三 小麦叶片叶绿素 a 的测定

一、实验目的

1. 掌握分光光度法对小麦叶片中叶绿素 a 含量的测定与计算的具体方法。
2. 通过测定叶绿素 a 浓度的变化，对污染物的毒性进行进一步评价。

二、实验原理

植物叶绿体色素是吸收太阳光能、进行光合作用的重要物质，主要由叶绿素 a、叶绿素 b、胡萝卜素和叶黄素组成。当植物受到污染时，光合作用会受到影响，从而使叶片中叶绿素的含量降低，其中主要是叶绿素 a 受到影响，因此利用叶绿素变化可以做为监测评价环境的一项指标。

叶绿素 a、叶绿素 b 在可见光谱中具有不同的特征吸收峰。应用分光光度计在特定波长下所测定的吸光度，根据经验公式即可计算出各色素的浓度。叶绿素 a、叶绿素 b 的最大吸收峰分别位于 663 nm 和 645 nm，同时二者在该波长的比吸光系数为已知，根据朗勃—比尔定律可列出浓度与吸光度之间的关系式如下：

$$A_{663}=82.04\,C_a+9.27\,C_b \tag{1}$$
$$A_{645}=16.75\,C_a+45.6\,C_b \tag{2}$$

式（1）、式（2）中的 A_{663}、A_{645} 为叶绿素溶液在波长 663 nm 和 645 nm 下的吸光度；C_a、C_b 为叶绿素 a、叶绿素 b 的浓度，单位为 mg/L；82.04、9.27 为叶绿素 a、叶绿素 b 在波长 663 nm 时的吸光系数；16.75、45.6 为叶绿素 a、叶绿素 b 在波长 645 nm 时的吸光系数。

解方程（1）、（2）则得

$$C_a=12.7A_{663}-2.69A_{645} \tag{3}$$
$$C_b=22.9A_{645}-4.68A_{663} \tag{4}$$

再依据所使用的单位植物组织，即可求算出植物叶片中叶绿素的含量。

三、实验材料、仪器与药品

1. 材料

前一实验的小麦叶片。

2. 仪器

剪刀、天平、研钵、滴管、棕色容量瓶、离心管、离心机、紫外分光光度计、擦镜纸。

3. 药品

石英砂、碳酸钙粉、丙酮（80%，需配制）。

四、实验步骤

1. 样品提取

（1）从植株上选取有代表性的新鲜小麦叶片，擦净组织表面污物，剔去主叶脉，剪碎，混匀。

（2）称取剪碎的新鲜样品 0.5 g 放入研钵中，加少量石英砂和碳酸钙粉及 2～3 mL 80% 丙酮，仔细研成匀浆，再加 80% 丙酮 5 mL，继续研磨，直至组织变白为提取液。为了防止叶绿素分解，在操作时应在弱光下进行，并且研磨的时间要尽量短些。

（3）将上述提取液转移到 25 mL 棕色容量瓶中，用少量 80% 丙酮冲洗研钵、研棒及残渣数次后连同残渣一起倒入容量瓶中。最后用 80% 丙酮，定容至 25 mL，摇匀，离心，绿色上清液（即色素提取液）用于测定。

2. 测定

将上述色素提取液倒入光径为 1 cm 的比色杯内。以 80% 丙酮做空白对照，在波长 663 nm、645 nm 下测定吸光度。

3. 计算

先计算出叶绿素 a 的浓度（mg/L）：

$$C_a = 12.7A_{663} - 2.69A_{645}$$

再按下式求出植物组织中单位鲜重叶绿素 a 的含量（mg/g）：

$$叶绿素 a 的含量 = \frac{色素的浓度 \times 提取液体积 \times 稀释倍数}{样品鲜重}$$

五、结果与讨论

将实验组及对照组（见实验二对照组）的叶绿素含量统计计算出来，对试验结果进行分析讨论，结合种子发芽及根伸长毒性实验的结论，对重金属污染物汞的生态毒性进行进一步评价。

思考题

1. 叶绿素 a、叶绿素 b 在红光、蓝光区都有吸收峰，为何不在蓝光区进行二者的定量分析？

2. 在叶绿素的提取过程中，加入碳酸钙有何作用，若加入过多会有何影响？

实验四　蚯蚓急性与亚急性毒性试验

一、实验目的

1. 通过本试验，了解赤子爱胜蚓的培养条件及基本养殖方法，并了解其基本形态特征。
2. 通过本试验，掌握蚯蚓急性毒性试验的基本技术和方法，并掌握全部染毒培养条件。
3. 掌握蚯蚓亚急性毒性试验的所有技术以及乙酰胆碱酯酶（AChE）的测定方法。
4. 通过污染物对蚯蚓的半致死浓度 LC_{50} 值，对污染物的生态毒理效应进行评价，并根据 AChE 的活性对污染物的生态毒性进行深入评价。

二、实验原理

赤子爱胜蚓（*Eisenia foetida*）生存于有机质丰富的土壤中，它与典型的土壤生物种相比，对污染物的敏感性类似。并有生命周期比短，繁殖快，易于培养的特点。赤子爱胜蚓可以在多种有机废料上生存，比较理想的培养基是牲畜的粪便与泥炭以 1:1 的比例混合的混合物。该类蚯蚓分为环节上具有典型横条或横带和不具有的两种，均可作为实验动物。

兽用镇静剂药物氯丙嗪，又名冬眠灵，对赤子爱胜蚓会产生毒性反应。反应原理是破坏动物体内乙酰胆碱酯酶（AChE）活性，因而通过药物的致死实验和体内乙酰胆碱酯酶活性的测定，即可了解氯丙嗪对实验动物的半致死浓度和对酶活性的影响程度。

乙酰胆碱酯酶是生物神经传导过程中的一种关键酶，它能降解神经传导过程中产生的乙酰胆碱生成乙酸和胆碱，从而终止神经递质对突触后膜的刺激，以保证生物体内神经信号的正常传导。在污染物的作用下，生物体内 AChE 对乙酰胆碱的降解过程受到抑制，致使乙酰胆碱与乙酰胆碱受体的作用无法正常终止，干扰了神经系统的正常传导，造成生物体神经系统长期处于兴奋状态，严重时会导致死亡。

动物体内的乙酰胆碱酯酶与定量的乙酰胆碱作用，之后剩余的乙酰胆碱与碱性羟胺作用生成异羟肟酸，异羟肟酸在三氯化铁的作用下生成深褐色的异羟肟酸铁络合物。根据络合物颜色的深浅，可用分光光度法间接测出乙酰胆碱酯酶的活性。

三、实验材料、仪器与药品

1. 材料

赤子爱胜蚓，购自芦台蚯蚓养殖场，带回实验室后置于 50 cm × 50 cm × 15 cm 的木质培养箱中，盖好盖子后置于 20℃ 条件下进行培养，培养基仍然选用蚯蚓养殖场的有机培养基，pH 值保持在 7 左右，离子电导率低于 6 mΩ，并未含有过多的氨或动物尿液。培养时 20 kg 培养基中放置 1 kg 蚯蚓，以保证每只蚯蚓至少占用 1 g 培养基。以此方法培养 6 周内即可生产 1000 条蚯蚓。

实验前选择体重在 300～600 mg 之间的成熟健康个体。先将其置于潮湿滤纸上，放置 3 h，然后用去离子水冲洗干净，再用滤纸将水分擦干。最后将蚯蚓放入实验用试管。

2. 仪器

平底玻璃试管（管长 8 cm，底部直径为 3 cm）、滤纸（2 mm 厚 85 g/m²，中号）、人工气候箱、移液管、试管、通风橱、保鲜膜、玻璃匀浆器、低温高速冷冻离心机、紫外分光光度计、镊子、解剖刀、恒温水浴锅。

3. 药品

盐酸氯丙嗪、盐酸羟胺、牛血清白蛋白、考马斯亮蓝、丙酮、去离子水、氢氧化钠、盐酸、三氯化铁、醋酸钠溶液、乙酰胆碱、$Na_2HPO_4·2H_2O$、$NaH_2PO_4·H_2O$。

4. 试剂

（1）碱性羟胺溶液：先称取 13.9 g 盐酸羟胺，然后置于 100 mL 容量瓶中，用蒸馏水定容到刻度线，即得 2 mol/L 盐酸羟胺溶液。取 14.0 g 氢氧化钠，溶解在 100 mL 蒸馏水中，即得 14% 氢氧化钠溶液。用前 20 min，将上述两种溶液以 1:1 的比例混合即成。

（2）0.37 mol/L 三氯化铁溶液：称取 10 g 三氯化铁，置于 100 mL 棕色容量瓶中，用 0.1 N 盐酸（用蒸馏水将 0.84 mL 浓盐酸稀释至 100 mL）定容到刻度线。

（3）4 mmol/L 氯化乙酰胆碱标准溶液：

先将 0.073 g 氯化乙酰胆碱，溶于 10 mL 0.001N 醋酸钠溶液（称取 0.136 g 醋酸钠溶解于 100 mL 蒸馏水）中，然后将此溶液以 1:10 的比例用 0.001 N 醋酸钠溶液进行稀释得到的。

（4）1:2 盐酸：一份浓盐酸加两份蒸馏水稀释而成。

（5）蛋白溶液：1 mg/mL 牛血清白蛋白。

（6）染色液：0.01%（w/V）考马斯亮蓝 G-250、4.7%（w/V）乙醇和 8.5%（w/V）磷酸。可保存数月。

（7）pH 7.2 磷酸盐缓冲溶液：

母液 A：0.2M Na_2HPO_4 溶液：称取 $Na_2HPO_4·2H_2O$ 35.61 g 置于小烧杯中，用少量蒸馏水溶解，然后转移到 1000 mL 的大容量瓶中，最后加蒸馏水稀释至 1000 mL，即得。

母液 B：0.2M NaH_2PO_4 溶液：称取 $NaH_2PO_4·H_2O$ 27.6 g 置于小烧杯中，先用少量蒸馏水溶解，然后转移到 1000 mL 的大容量瓶中，最后加蒸馏水稀释至 1000 mL，即得。

然后分别取 72 mL A、28 mL B 混匀后，稀释至 200 mL 即成 pH 7.2 磷酸盐缓冲溶液。

四、实验步骤

1. 急性毒性试验

（1）预备实验

通过大范围浓度筛选的预实验，找到全部致死和无死亡效应的浓度范围，然后根据最大耐受浓度和全部致死的浓度阈值设置各污染物正式滤纸染毒剂量。在正式实验中，盐酸氯丙嗪污染物染毒剂量设定 4 个浓度水平。预实验的方法与培养条件和正式实验相同。

（2）正式实验

将滤纸无重叠的放入平底玻璃试管中，然后取 1 mL 预先溶解各供试浓度污染物的丙酮溶液，滴加至玻璃试管中的滤纸上，使溶液均匀分布于滤纸上。然后将染毒后的玻璃试管放入通风橱中，待滤纸上的丙酮溶剂挥发完全后，再滴加 1 mL 去离子水润湿滤纸。为了防止供试污染物的挥发，可用附有小孔的薄膜封住管口。最后将试管置于人工气候箱在温度（20 ± 1）℃，湿度 75 %，光周期白天:夜间=12 h:12 h 的条件下培养。设置去离子水空白对照和溶剂丙酮对照。每支试管中放置一条供试蚯蚓，处理及对照各设置 20 个重复。每隔 6 h

观察一次蚯蚓的存活状况，将死亡的蚯蚓及时移除，以避免其对正常蚯蚓造成的不良影响。在染毒暴露 24 h 后记录蚯蚓的存活情况，如蚯蚓对机械刺激等无反应则定义为死亡，有大量黄色体腔液渗出、炎症及出血等生理症状则定义为蚯蚓生命迹象衰弱，无明显症状的蚯蚓定义为正常。对照组的死亡率不得超过 10%。

2. 亚急性毒性试验

（1）染毒培养：根据急性毒性试验的结果，用梯度稀释法配制 4 个浓度水平的盐酸氯丙嗪丙酮溶液，然后按照急性毒性试验的方法及培养条件进行染毒，7 天后结束试验，进行酶活性的测定。

（2）粗酶液制备：将蚯蚓从玻璃试管中取出，迅速用解剖刀切下头部，用水冲洗干净，用滤纸吸干水分，然后称取 30 mg 置于玻璃匀浆器中，加入 2 mL 预冷的磷酸盐缓冲溶液（pH 7.2），于冰浴中匀浆，在此过程中，边匀浆边慢慢再加入磷酸盐缓冲液 13 mL。将匀浆液于 4℃、10000 r/min 条件下离心 10 min，离心所得上清液，即为粗酶提取液，低温保存备用。

（3）AChE 活性测定

①标准曲线制备

分别取 4 mmol/L 的氯化乙酰胆碱标准溶液 0、0.2、0.4、0.6、0.8、1.0 mL 置于试管中，然后分别补加磷酸缓冲溶液至 2 mL，摇匀后，各试管中依次加入 4 mL 碱性羟胺溶液、2 mL 盐酸溶液、2 mL 三氯化铁溶液，第一个试管即空白管中先加入 2 mL 盐酸溶液，再加入 4 mL 碱性羟胺溶液。每次加入溶液后都要进行充分振摇，摇匀后静置 10 min。

然后于 525 nm 波长下测定各溶液的吸光度，以空白管溶液调零。最后根据测定结果绘制出乙酰胆碱标准曲线。

②样品酶活性测定

先在试管中放入 1 mL 4 mmol/L 的氯化乙酰胆碱标准溶液，再加入 1 mL 粗酶提取液，立即放入 37℃ 恒温水浴中。20 min 后将试管取出，并立即依次加入 4 mL 碱性羟胺溶液、2 mL 盐酸溶液、2 mL 三氯化铁溶液，每次加入溶液后都要进行充分振摇。摇匀后将溶液倒入比色皿中，于 525 nm 波长下测定样品吸光度。

（4）蛋白含量测定

取 6 支试管（12×100 mm），依次加入 0、0.02、0.04、0.06、0.08、0.10 mL 1 mg/mL 牛血清白蛋白溶液。体积不足 0.1 mL 的用缓冲溶液加至 0.1 mL。接着加入 5.0 mL 染色液，摇匀后，静置 5 min，5 min 后倒入比色皿内于 595 nm 处测定吸光度。同时测定试剂空白（即为第一管，仅加入 0.1 mL 缓冲液和 5 mL 染色液）。最后，以蛋白质含量为横坐标，吸光度为纵坐标做出标准曲线。样品取 0.1 mL 同上测定。

3. 计算

AChE 活性计算公式：

$$AChE[\mu mol \cdot (mg \cdot h)^{-1}] = \frac{乙酰胆碱标准溶液的微摩尔数 - 样品剩余的乙酰胆碱微摩尔数}{（培养时间（20min）/60）×样品中的蛋白含量（mg）}$$

注：上式中所说的量均指 1 mL 溶液中所含的量。

五、结果与讨论

1. 通过实验结果统计计算出氯丙嗪对蚯蚓的半致死浓度 LC_{50} 值，然后对这种兽药污染物的生态毒性进行分析评价。

2. 根据实验结果统计计算出 AChE 的活性，并分析 AChE 的活性随污染物的浓度如何变化，二者间有无剂量—效应关系，由此对污染物的生态毒性进行进一步的分析评价。

思考题

1. 为什么可以选择赤子爱胜蚓作为监测土壤环境污染的受试生物，还有哪些指示生物可用于土壤污染的监测评价？

2. 选择乙酰胆碱酯酶作为污染物在生化水平上的评价指标，有何重要意义，乙酰胆碱酯酶的活性被干扰，对生物体来说意味着什么？

3. 除了本试验的方法外，试通过查阅文献，制定出测定乙酰胆碱酯酶活性的其他方法，并分析其原理。

实验五 有机污染物对土壤脱氢酶活性的影响

一、实验目的

1. 通过本实验要求掌握土壤脱氢酶活性测定的具体方法及实验技术。

2. 学习应用测定土壤脱氢酶活性的方法，对污染物在土壤环境中的毒性进行监测、评价。

二、实验原理

土壤生物酶在土壤中物质的转化与循环中起着非常重要的作用，主要来自于微生物细胞或生物残体，包括游离的酶以及固定在细胞中的酶。土壤生物酶的类型多样，包括氧化还原酶、转移酶等，脱氢酶就是一种典型的氧化还原酶。

脱氢酶能在一定的基质中脱出氢而进行氧化作用。一部分脱氢酶能将氢直接传递给分子态的氧，而另一部分则是将氢传递给受体。如果脱氢酶活化的氢被人为受氢体接受，就可以通过对人为受氢体浓度的测定，来测定脱氢酶的活性。从而了解土壤中微生物对有机物污染物氧化分解的能力。

以无色的氯化三苯基四氮唑（TTC, 2, 3, 5-triphenyl tetrazolium chloride），俗称红四唑，作为受氢体。在土壤脱氢酶的作用下，TTC 受氢后，转化为红色的三苯基甲臜（TF, triphenyl formazan），根据产生的红色深浅在 485 nm 下进行比色分析，计算出 TF 的生成量，从而求出脱氢酶的活性。上述还原过程可用下式表示：

（无色的 TTC）　　　　　　　　　　　（红色的 TF）

三、实验材料、仪器与药品

1. 材料

土壤，风干后过 2 mm 筛。取一部分土壤于 170℃下进行干热灭菌。再取一部分土壤加入 0.1 mL 1000 mg/L 的乐果混匀，最后取一部分土壤加入 1 mL 1000 mg/L 的乐果混匀，然后将染毒土壤晾干备用。

2. 仪器

紫外分光光度计、比色管、恒温水浴锅、振荡机、容量瓶、离心管、吸耳球、比色皿、坐标纸。

3. 药品

乐果、三（羟甲基）氨基甲烷（Tris）、HCl、丙酮、甲醛、无水亚硫酸钠（Na_2SO_3）、连二亚硫酸钠（$Na_2S_2O_4$）。

4. 试剂

0.5 mol/L Tris-HCl 缓冲溶液：取 2 mol/L Tris 溶液 50 mL，再加入 1 mol/L HCl 75 mL 混合均匀，最后用蒸馏水定容，至 200 mL 即可，pH 为 7.6。

0.4% TTC 溶液：称取 TTC 0.4g 溶于 0.5 mol/L Tris-HCl 缓冲溶液中，最后用缓冲溶液定容，至 100 mL。

四、实验步骤

1. 标准曲线的绘制

（1）不同浓度的 TTC 系列溶液的配置：取 6 支 50 mL 比色管，依次快速加入 Tris-HCl 缓冲溶液 7.5 mL，0.36% Na_2SO_3 溶液 2.5 mL，再分别加入 0.4% TTC 溶液 0、0.1、0.2、0.3、0.4、0.5 mL，用蒸馏水定容至 50 mL。

（2）每支比色管中各加入 5 mg $Na_2S_2O_4$ 摇匀，然后在 30℃水浴条件下培养 10 min，使 TTC 全部还原为红色的 TF。培养 10 min 后先加入 5 mL 甲醛，摇匀，再加入 5 mL 丙酮，摇匀，最后再次在 30℃水浴条件下培养 10 min。取各比色管中溶液于 485 nm 波长处测定吸光度。然后以 TTC 浓度为横坐标，吸光度值为纵坐标，绘制出标准曲线。

2. 样品中脱氢酶活性的测定

（1）称取 5 g 土样加入 50 mL 离心管中，再加入 0.4% TTC 溶液 5 mL，塞上塞子，充分混匀。除了染毒样品外，另做一组干净土样，并以灭菌土为空白对照。每个土样设置 2～3 个重复。

（2）所有离心管均在避光条件下，于 30℃水浴中保温培养 8 h。

（3）培养 8 h 后，于振荡机上，垂直方向振荡 20 min，然后向每个离心管中分别加入 5 mL 甲醛混匀，再加入 5 mL 丙酮混匀，最后于 30℃保温 10 min。

（4）3000 r/min 离心 5 min 后，取上清液于 485 nm 波长处测定吸光度。然后根据标准曲线查出样品对应的 TTC 浓度。

3. 计算

$$脱氢酶活性\left(\frac{\mu g}{mL}h\right)=样品TTC浓度\times\frac{培养时间表}{60}\times稀释倍数$$

比色时，样品吸光度应保持在 0.8 以下，若吸光度大于 0.8，则要适当稀释。

五、结果与讨论

根据实验结果，统计计算出样品脱氢酶的活性，并分析脱氢酶的活性随染毒浓度的增大有无变化，如果有，如何变化，试进行分析？

思考题

1. 脱氢酶广泛存在于微生物细胞以及动植物组织内，试设计动植物组织内脱氢酶活性的测定方案。

2. 实验过程中，应注意哪些问题以减小误差？

实验六　草虾回避实验

一、实验目的

1. 掌握回避实验的具体操作方法与实验技术，并了解回避装置的结构。

2. 了解草虾回避反应的机制，掌握应用草虾回避实验对污染物的实际毒性进行分析监测的方法。

二、实验原理

自然条件下，水污染的成分非常复杂，水污染的程度难以用单一的理化指标表示。但回避试验能够在一定程度上反映出水体的混合污染状况以及混合污染的综合毒性。回避反应是水生生物对外界环境刺激的一种保护性反应。这种反应往往很敏感，能够反映污染物的行为毒性大小，从而间接说明污染物对生物神经系统的影响。半数致死浓度等标准的实施，基本上排除了污染物致死浓度水平的排放，但是水生生物仍可以在亚致死水平的环境中生存。虽然短期内不会死亡，但长期的慢性毒性作用仍可危及生物生存。回避试验对污染物亚致死水平的毒性评价提供了一种途径。

当环境变化时，生物的感官系统会有所感知，当这种信息传递到中枢神经时，生物即会作出反应。能产生回避反应的水生动物主要是一些游泳能力强的品种，比如鱼、虾、蟹，还有一些水生昆虫。本实验选用草虾。

水生动物回避行为的研究始于 20 世纪初，随着水污染问题日益严重，这种方法越来越受到大家的重视。回避试验主要的研究内容是，水生动物对污染物是否产生回避以及产生回避反应的最低污染物浓度。人为设计包含污染区、清水区和混合污染区的摸拟装置，来观察草虾的回避情况。

三、实验材料、仪器与药品

1. 材料

体长约 3 cm 的健康草虾，试验前在实验室内驯养两周，然后挑选活泼的个体进行试验，在驯养期间投以饵料，试验前 24 h 停止喂食。

实验用水：回避试验所用清水以及污染物稀释水，均为曝气 24 h 的自来水，实验进行前，先对水的溶氧值、电导率和 pH 等参数进行测定，对水质状况有一大致了解。

2. 仪器

直型回避槽装置、液体流量计、烧杯、恒温培养箱、水族箱、溶氧仪、电导仪、酸度计。

直型回避槽装置：由透明有机玻璃制成。槽全长 98 cm、宽 22.5 cm、高 13 cm，由前端、中部、尾端三部分组成。前端分成左、右两个回避槽，长度均为 43 cm，并分别有一进水孔，进水孔由阀门控制；中部是溶液混合区；尾端是圆形排液区，中央有一高 10 cm 的溢水管，由圆形玻璃管制成，可保持 10 cm 的液面。试验液和清水流量保持在 400 mL/min。

附属物：进水管和出水管处均装有带小孔的栅板，既可以防止试验用水生动物游入进水孔和溢水管，又可以保持左、右两槽内水的流速能够均匀。

3. 药品

$ZnSO_4 \cdot 7H_2O$。

四、实验步骤

1. 预备实验

预实验的浓度范围要大些，实验容器为 200 mL 烧杯，每个烧杯中加 100 mL 试验液，再放入 10 只草虾进行培养。培养温度为（25±0.1）℃，培养 96 h 后结束试验。每个浓度设 3 个平行，同时设空白对照。统计结果并计算 96 h 的 LC_{50} 值。用于回避试验的 Zn^{2+} 浓度分别为 1/2、1/5、1/10 的 96 h LC_{50} 值，另设清洁水作空白对照。

2. 正式实验

先在槽中全部注入清水，然后放入草虾（10 只）适应 20～30 min。停止供排水之后将草虾全部赶进混合区。在两槽内分别注入清水、重金属溶液，开始供排水并打开隔栅。每 30s 观察记录一次草虾在清水区与污染区中的游动状况及数目，每次实验 20 min，每一试验浓度重复四次。然后更换重金属溶液的浓度，重复上述操作，重金属溶液的浓度按由低到高的顺序进行。

3. 结果记录与计算

（1）结果记录

表 4-2　草虾回避试验结果记录表

处理	实验号	清水区草虾数	污水区草虾数	回避指数
Zn^{2+} 浓度（mg/L）	1			
	2			
	3			
	4			

（2）计算

$$回避指数（\%）=\frac{清水区中动物数-污水区中动物数}{实验动物总尾数}\times100$$

五、结果与讨论

1. 将实验结果进行统计分析，然后说明草虾对重金属污染物 Zn^{2+} 的回避能力如何。

2. 草虾的回避反应强度与重金属污染物 Zn^{2+} 的浓度有无对应关系，试对此进行分析讨论。

思考题

1. 在进行水生动物回避实验时，所选污染物的浓度可否超过 96 h 的半数致死浓度值，原因何在？

2. 水生动物回避实验在评价污染物毒性，防治水污染方面有何应用价值，试进行简要描述？

实验七 草履虫的急性毒性试验

一、实验目的

1. 了解草履虫的采集、培养方法，并掌握其形态特征。
2. 通过试验，了解并掌握草履虫急性中毒试验的基本技术和方法。

二、实验原理

原生动物是组成水生环境食物链的广阔基础之一。草履虫（*Paramecium caudatum*），是原生动物门、纤毛纲的代表动物，分布非常广泛，在水生态系统中的调节细菌种群、自净作用以及营养再生方面均起着重要作用。对环境污染的反应非常灵敏，较低浓度的污染物就会导致其行为、形态、结构等的迅速变化，是一种比较理想的环境质量评价生物。

草履虫通常生活在一些污染比较严重有机质丰富的水体中。易于采集培养，并且草履虫繁殖速度快，观察方便。通过重金属污染环境中，草履虫的反应可以对重金属污染物的毒性以及生态安全性作出评价。

三、实验材料、仪器与药品

1. 材料
（1）采集：在有枯草腐烂的水域，对草履虫进行舀水采集，放入容器中带回实验室。
（2）培养：将稻草水煮沸，然后放置 24 h 备用。从采集回的样品中分离出单个草履虫，然后放入稻草水中进行培养。
2. 仪器
恒温培养箱、显微镜、单凹载玻片、离心机、离心管、吸管、试管、烧杯、纱布、容量瓶。
3. 药品
$CuSO_4·5H_2O$、$Ca(NO_3)_2$、$MgSO_4$、K_2HPO_4、$NaCl$、$FeSO_4$。
草履虫培养液：先称取 10 g 当年的干稻草放入大烧杯中，然后加入 1000 mL 蒸馏水，煮沸 15 min，待冷却后用纱布将沉渣过滤除去。
染毒硫酸铜溶液：由分析纯硫酸铜配成一系列浓度的溶液。

人工等渗水：将药品按下列配比制成溶液，充分混匀即得。

Ca (NO₃)₂ 100 mg；MgSO₄ 20 mg；K₂HPO₄ 20 mg；NaCl 20 mg；FeSO₄ 微量；蒸馏水 1000 mL。

四、实验步骤

1. 草履虫形态结构观察

（1）从草履虫培养液中吸取一滴，置于单凹载玻片的凹槽内，先用肉眼进行观察。

（2）在载玻片的培养液上放几丝棉纤维，然后盖上盖玻片，找到一只运动缓慢的草履虫进行观察。取对数生长期的草履虫在 1000～1500 r/min 的低速下，离心约 1 min，去掉上清液，然后加入人工等渗水进行清洗，清洗完毕后再次进行离心，去掉上清液，再加入人工等渗水进行清洗。

2. 预备实验

为了确定正式实验的浓度范围，要先进行预实验。预实验浓度间距要尽量大一些，以找到全部致死和无死亡效应的浓度范围，从而确定出正式实验的浓度。预实验的方法与培养条件与正式实验相同。

3. 正式实验

在正式实验中，按几何级数在最大耐受浓度和全部致死的浓度范围之间设置 5 个浓度。浓度的选择可按表 4-3 及 4-4 进行。表中数值可用百分体积或 mg/L 表示。

表 4-3　根据等对数间距选择试验浓度

一	二	三	四	五
10.0	—	—	—	—
—	—	—	—	8.7
—	—	—	7.5	—
—	—	—	—	6.5
—	—	5.6	—	—
—	—	—	—	4.9
—	—	—	4.2	—
—	—	—	—	3.7
—	3.2	—	—	—
—	—	—	—	2.8
—	—	—	2.4	—
—	—	—	—	2.1
—	—	1.8	—	—
—	—	—	—	1.55
—	—	—	1.35	—
—	—	—	—	1.15
1.0	—	—	—	—

表 4-3 中前三纵行，即 10.0、5.6、3.2、1.8、1.0 最为常用，为提高精确度也可添加第四纵行的中间浓度，第五纵行是应用比较少的。

表 4-4　根据 0.1 对数间距选择试验浓度

| 浓度 | | 浓度对数 |
一	二	
10.0	—	1.0
—	7.9	0.9
6.3	—	0.8
—	5.0	0.7
6.0	—	0.6
—	3.15	0.5
2.5	—	0.4
—	2.0	0.3
1.6	—	0.2
—	1.25	0.1
1.0	—	0.0

表 4-4 中第一纵行最为常用，浓度选好后，每个浓度设 3 个平行，同时以人工等渗水作空白对照。

实验容器为 5 mL 试管，每支试管中加入 1 mL 的试验液，再加入 30 只虫体，在（26±0.5）℃的恒温条件下培养 1 h。然后在显微镜下进行观察，记录各处理组中草履虫的死亡数，并统计各组死亡率。死亡判定标准：当草履虫由于毒物影响，而停止活动之后，则可判断为死亡。

4　记录及计算

（1）实验结果记录

表 4-5　草履虫急性毒性试验结果记录表

处理	试管号	对数浓度（lg$C$）	死亡个数	死亡率（%）
染毒浓度（mg/L）	1			
	2			
	3			

（2）LC$_{50}$ 值的计算

LC$_{50}$ 值的计算采用直线内插法。在半对数坐标纸上，以污染物的对数浓度为纵坐标，以草履虫的死亡率为横坐标，将试验中各点标在对数纸上，将各点连成直线，在图上找出 50% 死亡率所对应的点，并向纵坐标引出一垂线，交点所标示的浓度即 LC$_{50}$ 值。

五、注意事项

在对草履虫进行分离时，首先要认清草履虫的形态特征，以免与其他微型动物混淆，再者一定要按操作规程进行，并且动作要迅速。

六、结果与讨论

1. 通过实验结果统计，计算出 Cu^{2+} 对草履虫的半致死浓度 LC$_{50}$ 值，然后对重金属污染物 Cu^{2+} 的生态毒性进行分析评价。

2. 通过草履虫的反应以及 LC$_{50}$ 值，评价草履虫对重金属离子是否灵敏，能否直观地反映重金属的毒性。

思考题

在分离草履虫的过程中，要掌握哪些原则；在实验染毒过程中又有哪些注意事项？

实验八　污染物对鱼体内超氧化物歧化酶的影响

一、实验目的

1. 掌握本实验的操作技术。

2. 通过对超氧化物歧化酶（SOD）活性与污染物之间相关性的测定，认识酶分析法在环境生物学研究中的应用意义，并对污染物的生态毒性进行评价。

二、实验原理

鱼类是一种重要的水生经济动物，也是水环境中食物链的重要环节。因此，鱼类成为水污染以及水环境质量研究中常用的模式生物。

当生物的防御系统不能清除所有的活性氧自由基（ROS）时为氧化胁迫，氧化胁迫会导致脂肪、蛋白质以及 DNA 的损伤。为了抵御和修复 ROS 造成的损伤，生物演化出了多种多样的保护机制，抗氧化防御系统就是其中之一。这一系统包括一系列的酶，这些酶在保持细胞平衡以及抗氧化防御方面起到了重要作用，SOD 就是抗氧化防御系统的典型酶。它可催化由两个 $O_2^{\cdot-}$ 转化成 H_2O_2 和 O_2 的歧化反应：

$$O_2^{\cdot-} + O_2^{\cdot-} + 2H^+ \longrightarrow H_2O_2 + O_2$$

在甲硫氨酸和核黄素存在的条件下，氮蓝四唑（NBT）光照后会发生光化还原反应生成蓝色甲腙，蓝色甲腙在 560 nm 处有最大光吸收。而 SOD 能抑制 NBT 的光化还原，并且其抑制强度与酶活性在一定范围内成正比，据此即可测定出 SOD 的活性。

三、实验材料、仪器与药品

1. 材料

实验鱼选用健康鲫鱼（*Carassius auratus*），鱼鳍舒展、行动活泼、逆水性强并且食欲好，购自花鸟鱼虫市场。

鱼龄为 6 个月、体长为（6.0±0.5）cm，体重为（8.0±0.1）g。

运回实验室后置于大型鱼缸中进行驯养，驯养时间为 2 周，驯养期间每天喂食一次，实验前 24 h 停止喂食。并且实验期间不喂食，以免鱼的代谢或饵料残渣的污染对实验结果造成影响。驯养开始 48 h 后开始记录死亡率，若 7 天内死亡率低于 5.0%，则可用于实验；如死亡率在 5.0%～10.0%之间，应继续驯养 7 天，如果这 7 天内死亡率低于 5.0%，也可用于实验；如果这 7 天内死亡率高于 10.0%，则该组鱼不符合实验要求，不可用。

实验用水为除氯的自来水，将自来水通过人工曝气 48 h 的方式去除余氯。水的 pH 应在 6.0～8.5 之间，总硬度在 10～250 mg/L（以 $CaCO_3$ 计）之间。

试验条件：实验温度保持在（20±2）℃；光照条件：12 h 光照：12 h 黑暗。

2. 仪器

恒温培养箱、低温高速冷冻离心机、紫外分光光度计、玻璃匀浆器、移液管、鱼缸、解剖剪、试管、胶头滴管。

3. 药品、试剂

农药 DDT、氯化硝基四氮唑蓝（NBT）、核黄素、甲硫氨酸、牛血清白蛋白、考马斯亮蓝、磷酸、磷酸氢二钠（Na_2HPO_4）、磷酸二氢钠（NaH_2PO_4）。

L-甲硫氨酸溶液：13 μM，称取甲硫氨酸 0.34 g，先用 pH 7.8 的磷酸缓冲溶液（PBS）溶解，然后定容至 150 mL（现配现用）。

NBT 溶液：63mM，称取 NBT 3 mg，然后用 pH7.8 PBS 溶解成 5 mL（现配现用）。

核黄素溶液：13 μM，称取 2.936 mg 核黄素，用 pH7.8 PBS 溶解定容至 200 mL（遮光保存）。

蛋白溶液：1 mg/mL 牛血清白蛋白。

染色液：0.01%（w/V）考马斯亮蓝 G-250、4.7%（w/V）乙醇和 8.5%（w/V）磷酸。可保存数月。

四、实验步骤

1. 通过梯度稀释法配制浓度为 0.25、0.5 和 1.0 mg/L 的 DDT 水溶液，在鱼缸中加入不同浓度的染毒溶液 10 L，每个鱼缸放入 3 条鱼，每 12 h 换 1 次水，每个浓度 3 次重复。培养 96 h 后将鲫鱼活体解剖，迅速取肝，置于冰生理盐水中清洗血液，备用。同时设定空白对照。

2. 酶匀浆液的制备

将取出的鲫鱼肝脏用滤纸吸干水分后，迅速称取 0.05 g 置于冰浴中。然后以 1:10 的比例加入预冷的磷酸缓冲溶液，在玻璃匀浆器中于冰浴条件下进行匀浆，然后将匀浆液于 4℃、10000 r/min 条件下低温离心 10 min，上清液即为酶提取液，低温保存备用。

3. SOD 酶活性的测定

反应系统总体积 3.0 mL，其中含甲硫氨酸 13 μM（2.5 mL），NBT 63 mM（0.25 mL），核黄素 13 μM（0.15 mL），50 mM 磷酸缓冲液 pH 7.8（0.05 mL），酶液（0.05 mL），以不加酶液（用缓冲液代替）的试管为最大光化还原管，用缓冲液作空白管（用缓冲液代替 NBT），然后将各管放在 4000 L× 光照培养箱或日光灯下照光约 20 min，测定反应液 560 nm 的吸光度。以每单位时间内抑制光化还原 50% 的 NBT 为 1 个酶活力单位。

4. 蛋白含量测定

取 6 支试管（12 mm×100 mm），依次加入 0、0.02、0.04、0.06、0.08、0.10 mL 蛋白溶液。体积不足 0.1 mL 的用缓冲溶液加至 0.1 mL。随后加入 5.0 mL 染色液，摇匀。倒在 1 cm 比色皿内，5 min 后于 595 nm 处测定光吸收值（A）。同时测定试剂空白（0.1 mL 缓冲液和 5 mL 染色液）。最后，以蛋白质含量为纵坐标，吸光度为横坐标做出标准曲线。样品取 0.1 mL 同上测定。

5. 计算

酶活力单位（U）：以抑制 NBT 光化还原 50%所需的酶量为 1 个酶活单位 U。

$$U = \frac{A_{max} - A_{560}}{A_{max} / 2}$$

式中的 A_{max}、A_{560} 分别为空白及样品的酶提液在波长 560 nm 下的吸光度。

酶活性（U/mg 蛋白）：

$$酶活性 = \frac{U}{样品中蛋白含量}$$

五、结果与讨论

1. 将鲫鱼体内 SOD 酶活性，随染毒溶液浓度的变化作图表示出来，并根据实验结果进行讨论。

2. 针对影响实验准确性的因素进行讨论。

思考题

1. 在计算 SOD 活性时，要用蛋白质的含量进行校正的原因？

2. 制备酶匀浆液的过程，为何要求要快速操作，并且温度要控制在 1～4℃ 的范围内？

实验九　水中病原菌的检验与治疗药物的筛选

一、实验目的

1. 了解水中病原微生物的特征及其危害。

2. 通过科学诊断，对鱼病进行病因分析，并找到有效治疗药物的具体方法。

二、实验原理

由于水资源的减少和污染，养殖密度过大和生态系统的不稳定等因素，使鱼类的抵抗力下降，导致鱼病逐年增加，甚至引起鱼病的流行。有些鱼病是水质恶化直接产生的。鱼病的病原菌种类繁多，包括细菌、真菌、水霉及鳃霉等。

烂尾蛀鳍病是一种传染性鱼病。病鱼的鳍条边缘呈乳白色，腐烂、残缺不全。严重时鳍条间的结缔组织裂开，使鱼鳍呈破扫帚状，甚至整个烂掉。从幼小鱼到产卵亲鱼都可能传染此病，但是成年鱼比较常见。一年四季都会发病，以夏季尤为严重。在患病鱼的鳍条上，采集病原菌并进行分离、鉴定以找到烂尾蛀鳍病的病原。通过药敏实验筛选出有效的治疗药物。

三、实验材料、仪器与药品

1. 材料

选取病症典型且较严重的病鱼：选择 10～15 cm 长的鲤鱼，主要症状为鳍条和鳞片边缘带有白色絮状物。

2. 仪器

接种环、培养皿、移液管、试管、三角瓶、玻璃珠、灭菌锅、超净工作台、打孔器、恒温培养箱、接种箱、水族箱、显微镜、载玻片、盖玻片、滤纸。

3. 药品

牛肉浸汁、蛋白胨、氯化钠、琼脂、灭菌脱脂羊血、庆大霉素、环丙沙星、红霉素、青霉素、四环素。

革兰氏染液制备：

草酸铵结晶紫染液：先将 2 g 结晶紫，溶于 20 mL 95% 的乙醇。再称取草酸铵 0.8 g 溶于 80 mL 蒸馏水，然后将两种溶液混合，静置过滤。

蕃红染液：称取蕃红 2.5 g 溶于 100 mL 95% 的乙醇中，使用前以 1:4 的比例加入蒸馏水进行稀释。

鲁古氏典液：称取碘化钾 2 g 溶于少量蒸馏水中，再加入 1 g 结晶碘，待碘全溶后，用蒸馏水稀释至 300 mL。

丙酮—酒精液：丙酮与 95% 酒精等体积混匀。

四、实验步骤

1. 无菌脱纤羊血的制备

取三角瓶再加入数十粒玻璃珠，进行高压灭菌。用无菌方法抽取羊血后，立即沿三角瓶壁注入，振荡 15 min 后取出脱纤羊血备用。

2. 培养基的制备

取牛肉浸汁 1000 mL，蛋白胨 10 g，氯化钠 5 g，琼脂 15 g 加热混匀，将 pH 校正到 7.2～7.4 之间。然后于灭菌锅内高压灭菌 20 min，待混合液冷却至 50℃时，在超净工作台中加入准备好的无菌脱纤羊血 50 mL，充分摇匀后倾注于直径 70 mm 的培养皿内。

3. 取 10 mL 的试管，加入三分之一管 0.7%的生理盐水，高压灭菌后备用。

4. 药敏纸片的制备

用打孔器把厚滤纸打成圆形纸片，然后修整边缘。置于培养皿内高压干热灭菌后备用。待滤纸片完全冷却后，把准备好的药液倒入培养皿内，让纸片对药液进行充分吸收。然后放入无菌干燥器内进行干燥，干燥后放入无菌小瓶内保存、备用。

纸片含药量（参考值）：庆大霉素 10 μg；环丙沙星 5 μg；红霉素 15 μg；青霉素 G10U；四环素：30 μg。

5. 细菌的采集及分离培养

在无菌操作下，用接种环刮取鱼鳍边缘的白色絮状物接种于灭菌后的 0.7% 生理盐水中，摇匀后，用接种环蘸取菌液在羊血平板培养基上划线分离（如图 4-2）。

图 4-2　第一次划线分离示意图

每尾鱼的被检材料分别接种双份，然后于 30℃恒温培养条件下，培养 24 h。观察细菌的生长状况及菌落特征，挑选单个典型菌株，再次接种到羊血平板上，此次与前次划线方法不同（如图 4-3）。第二次接种后将生长出的纯菌株送出做鉴定，同时将被检材料制成涂片标本，经革兰氏染色后镜检细菌形态特征。另取一株做药敏试验。

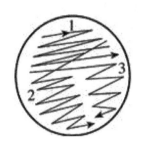

图 4-3　第二次划线分离示意图

6. 抗菌药物的筛选

将准备好的羊血平板从冰箱内取出，放置至室温，取分离好的细菌纯培养物，在接种箱内用接种环挑取单个生长好的菌株，接种于 0.8 mL 0.7%的生理盐水中，充分摇匀后，倒在羊血平板上并涂布均匀。然后于 30℃恒温培养条件下，培养 10 h，菌落即开始均匀生长。此时，在无菌操作下将 3 片药敏片（同一种或三种不同）紧贴在培养基上。盖好培养皿后，再继续培养 24 h，培养结束时测量抑菌圈的直径、观察抑菌圈的形状、并拍照。

在培养皿内进行细菌培养的同时，放有抑制细菌生长的含药纸片。经一定时间培养后，细菌普遍生长的同时，而含药纸片的四周形成没有细菌生长的圆圈，称为抑菌圈。通常用游标尺测量其直径，根据直径的大小即可判断药物的抑菌效果。

五、结果与讨论

1. 实验结果需附细菌分离菌落照片以及药敏抑菌效果照片。
2. 通过分离、鉴定找到烂尾蛙鳍病的病原，并对其进行描述。
3. 通过筛选描述哪种抗菌药对鱼类的烂尾蛙鳍病最有效果。

思考题

1. 病原菌的检验与治疗药物的筛选，对水产养殖业而言有何重要意义，试简述你对这一问题的理解？
2. 实验操作过程中应注意哪些问题？

实验十　初级生产力的 ^{14}C 测定法——湖泊富营养化的监测方法

一、实验目的

1. 掌握 ^{14}C 法测定水体初级生产力的具体方法与基本实验技术。
2. 通过对水体初级生产力的测定，监测、评价被测水体富营养化的水平，并了解被测水体生态系统的特征。

二、实验原理

初级生产力，即自养生物通过光合作用或化学合成制造有机物的速率。既是食物链中最基础的环节，也是反映生态系统生产潜力的基本参数。对于水体生态系统来说，初级生产力不仅会决定系统的溶解氧状况，还会直接或间接地影响生物的生存以及水体的生物—化学过程。

植物在进行光合作用的过程中所固定的碳，有一部分会同时被呼吸作用所消耗。用 ^{14}C 法测定的是光合作用过程中固定的，再扣除呼吸作用消耗以后的碳量，即净初级生产力。

此法是基于藻类对碳元素的固定速率，因而可排除呼吸作用的干扰。另外，此方法较为灵敏，对低产水域的监测更具有特殊意义。此法是将已知剂量的 ^{14}C 加入水样中。并在培养前对水样的 $^{12}CO_2$ 总量进行测定，从而得到 ^{12}C 与 ^{14}C 之比。然后对水样进行培养，培养一定时间后，测定藻类通过光合作用摄取的 ^{14}C 的量，按照 ^{12}C 与 ^{14}C 之比就能求出藻类在培养期间所摄取的实际碳量，此值即可表示浮游植物的生产量，即净初级生产力。

三、实验仪器与药品

1. 仪器

U-7 型多项水质监测仪、Beckman 9800 型液体闪烁计数仪、采水器、滤器及滤膜、微型注射器、干燥器（带浓盐酸）、酸式滴定管、青霉素瓶、溶解氧瓶（300 mL，4 个）、塑料计数瓶若干、膜式泵、三角瓶（250 mL，2 个）

2. 药品

$Na_2{}^{14}CO_3$ 储备液、闪烁液（EP 及 PPO 甲苯溶液）、浓盐酸（HCl）、1 N 盐酸、氯化钠（NaCl）、氢氧化钠（NaOH）。

3. 试剂

碱液：先配制 5%（w/V）的 NaCl 溶液，然后每升此溶液加入 0.3 g 无水 Na_2CO_3 及 0.2 g NaOH 即可。

四、实验步骤

1. 同位素工作液的配制

取 1 mL 储备液于青霉素瓶中，再加入 1 mL 碱液，用 1 N HCl 将 pH 调至 6，使之成为 $NaH^{14}CO_3$ 溶液，此即工作液。为防止溶液撒漏而造成放射性污染，储备液及工作液的瓶口都用橡皮膏封严，置于冰箱中-20℃条件下保存，备用。

2. 水样的培养

于早上 9 点采集水体 0.5 m 深处的水样，装入预先用酸处理过的 300 mL 溶解氧瓶（一黑一白），用微型注射器各加入 500 μL 工作液，摇匀后取出 1 mL 放入计数瓶内，以备计数，测定初始放射性强度。然后立即将溶解氧瓶放入水中的取水深度，培养 24 h 后，取出进行放射性测定。培养前另取 300 mL 水样，用以测定水体中 CO_2 的含量。

3. 培养后水样的处理

培养 24 h 后取出溶解氧瓶，将其中白瓶内的水立即转入一个黑瓶，以防止光合作用的继续进行。取 25 mL 培养后的水，用孔径为 0.45 μL 的微孔滤膜进行抽滤（抽滤时滤器也需要用黑布套上），以将浮游植物从水中分离出来。将此滤膜转移到放有浓 HCl 的干燥器内，熏半小时以除去附着在藻体上未被吸收的 $NaH^{14}CO_3$。取出后，将膜放入计数瓶内，以备计数。

在培养过程中，藻类细胞的代谢产物以及破碎的藻类细胞，都可能向水中释放出含有 ^{14}C 的有机物质。这部分 ^{14}C 也是经光合作用而被藻类固定的，也是初级生产量的一部分，在测定时不容忽视。测定这部分被固定的 ^{14}C 的方法是，在培养水内加入一滴浓 HCl，调 pH 至 3，再通入空气将未被利用的无机 ^{14}C 除掉，取 1 mL 计数。

4. 放射性测定

对于固体被测物（滤膜），加入 10 mL PPO—甲苯闪烁液，而液体样品则加入 10 mL EP 闪烁液，摇匀。12 h 后一并放入 Beckman 9800 型液体闪烁计数仪进行计数。计数时间为 1 nin，重复计数 3 次，计数单位为 dpm。

5. 水体中 CO_2 浓度的测定及初级生产量的计算

将取来的 300 mL 水样，先用 pH 计测定其 pH，然后用滴定法测其总碱度。总碱度的测定方法是，取 100 mL 培养前的水样，放入 250 mL 三角瓶内，加入 3 滴酚酞，用 0.1 N HCl 滴定至终点，记下 HCl 用量为 P，再加入 3 滴甲基橙，继续滴定至终点，记下 HCl 用量为 M。$P+M=T$。

$$总碱度（mg/L）= \frac{T \times N \times 1000}{V}$$

式中，N 为标准 HCl 的浓度（经 Na_2CO_3 标定）；V 为水样体积。

由测得的 pH 及总碱度，即可通过下式计算得出水样所含 CO_2 的浓度：

$$CO_2（mg/L）= 9.7 \times 10^{-pH} \times \frac{\frac{总碱度}{50000} + 10^{-pH} - \frac{10^{-14}}{10^{-pH}}}{1 + \frac{11.22 \times 10^{-11}}{10^{-pH}}}$$

再由下式计算出水体的初级生产力 PP：

$$PP（mgC/m^3h）= \frac{(R_a - R_b) \times w \times 1.05}{R_s \times H}$$

式中，R_a 为样品放射性；R_b 为本底值；w 为水样内 CO_2 总含量；1.05 为 ^{14}C 和 ^{12}C 差异的校正因子；R_s 为初始放射性强度；H 为培养时间。

五、结果与讨论

1. 对被测水体的初级生产力进行测定计算，并对结果进行统计，然后分析评价被测水体的富营养化水平、污染状况。

2. 通过对实验结果的分析，评价被测水体生态系统的特征。

思考题

测定水体初级生产力的方法除了本实验方法外，还有哪些？试列举几种，并对方法、原理及具体步骤作简要说明。

实验十一　淡水藻类的分类与观察

一、实验目的

1. 掌握藻类的采集处理及分类计数的具体方法。
2. 通过浮游植物种类的鉴定以及数量的统计，对河流的污染现状进行初步的调查。

二、实验原理

近年来我国淡水资源逐渐减少，并且水污染日趋严重。工业废水的超标排放以及大量生活污水未经处理即排放，致使我国江河、湖泊受到普遍污染。

水污染指示生物，是指对环境质量的变化反应敏感而被用于评价水体污染状况的水生生物，如浮游植物、浮游动物、水生微生物、大型无脊椎动物等。其中浮游植物，又称浮游藻类，指在水体中营浮游生活的小型植物，是水生态系统的重要组成部分。藻类能通过在种类、数量以及形态结构方面的变化，对水质的改变作出较大的反应。正是由于藻类具有的这种典型敏感性，并且分布范围广，早在 20 世纪初就被作为水体生物监测的指示植物，用于评价水体的水质状况。根据河流中藻类种类和数量的分布，可以对水体污染程度做出综合判断。

三、实验材料、仪器与药品

1. 材料

藻类固定标本及装片标本。

蓝藻门：篮球藻、蓝纤维藻、颤藻、螺旋藻、微囊藻、平裂藻、席藻

绿藻门：衣藻、素衣藻、团藻、新月藻、小球藻、实球藻、双星藻、盘星藻、栅藻、柯氏藻、十字藻。

裸藻门：裸藻、扁裸藻。

硅藻门：小环藻、月形藻、舟形藻、直链藻、针杆藻、桥穹藻。

甲藻门：多甲藻、角藻、隐藻、小隐藻。

黄藻门：黄思藻、蛇胞藻、顶刺藻。

金藻门：金藻、三毛金藻、黄团藻、合尾藻。

2. 仪器

浮游生物网（定量，240 目，Φ 20 cm×70 cm）、试剂瓶、分液漏斗（1000 mL）、容量瓶、滴管、移液管、显微镜、测微尺、浮游生物计数板（0.1 mL×100）、盖玻片、载玻片、吸水纸、擦镜纸、二甲苯

3. 药品

鲍恩氏固定液：在 100 mL 的蒸馏水中加入苦味酸，边加边摇直至制成苦味酸的饱和溶液，取 75 mL，再加入 25 mL 福尔马林以及 3 mL 冰醋酸。此液对生物组织保存效果好，但苦味酸容易爆炸，应特别注意。

四、实验步骤

1. 样品的采集

（1）布置采样点

污染区不同，藻类的分布情况也是不同的，采样之前先对调查河流进行现场勘查，对污染情况进行了解，然后在河流的不同污染段以及排污口的上下游布点，河流布点采用断面布设法，污染断面设置于污水与河水充分混匀的流域，观察断面设置于调查的污染流域的下端，同时要在河流的非污染区排污口的上方设置对照断面。每个断面的采样点数目根据河流的宽度进行布设，河宽 50 m 内时布一个采样点，50～100 m 布两到三个采样点。

（2）采样、固定

用定量浮游生物网进行采样。将生物网口直径进行定量（20 cm），即可求出网口面积。再乘以网在水中的拖拽距离，就可求出滤水容积，从而推算出一定容积内的浮游植物的数量。采样时，采样人员站在岸边，将网系在木棍前端插入水体 0.5 m 深处来回拖动采集 1 L 的水样即可。

当采集的样品全部落入网头时，将采集瓶固定在网端，最后样品均落入采集瓶内，带回实验室，放入分液漏斗中，加 50 mL 鲍恩氏固定液，固定 24 h，然后轻轻吸去上清液，余下20～25 mL 沉淀物，转入 30 mL 容量瓶中，再用少许上清液冲洗分液漏斗，冲洗液一并转入容量瓶中，以使生物全部转移到容量瓶中，然后定量至 30 mL，待分类鉴定。

2. 藻类的定性观察

（1）藻类的定性即分类观察是定量计数的基础。在进行样品观察前，先对标本片进行观察，以对各种藻类有明确的认识。

（2）用滴管吸取少量采集处理的样品，置于载玻片上，覆以盖玻片，制成临时水封片，在低倍镜下进行观察，再换到高倍镜下，逐一进行鉴定，然后将所观察鉴定的种类分门别类地记录下来。

3. 藻类的定量观察

把待检测的样品按左右平移的方式充分摇匀，立即打开瓶塞，用移液管从中心部分吸取0.1 mL 样品，徐徐滴入 0.1 mL 的浮游生物计数框内，盖好盖玻片。操作时避免产生气泡，影响实验结果的准确性。静置 15 min 后，开始计数，放在低倍镜下辨识计数框内的藻类分布是否均匀，计数框共分为 100 个方格，应至少选出 5 个方格进行计数（用分类计数器或手记），记录下 5 个格内各类个体的数目，计数时应注意藻类有单细胞个体，也有单细胞组成的群体，均作为一单位统计。每个样本要计数 2 片，取三个样本的平均值。

4. 计算

$$1L水中的藻类数量 = \frac{1L水浓缩成的标本水量}{计数的标本水量} \times 实际计数得到的生物数量$$

五、结果与讨论

1. 绘制观察到的样品中的藻类各门的主要种类图（不少于 10 种）。
2. 通过污染区与清洁区藻类种类及数量的统计比较，分析河流的污染状况和污染程度。

思考题

1. 在样品采集前，需要先布设采样点，试间述布设采样点的原则，如不按这些原则进行，会对实验结果造成哪些影响？

2. 在藻类的计数过程中有哪些注意事项？

附录：藻类各门的主要特征

1. 蓝藻门（*Cyanophyta*）

植物体有单细胞、群体或丝状体。通常为蓝色或蓝绿色，色素不位于色素体中，均匀分布于原生质体内，含叶绿素 a、藻蓝素等。细胞不具真正的细胞核，但具有原核，分为内外两层，内层由纤维素构成，外层是由果胶质组成的胶质鞘。不具鞭毛，具蓝藻淀粉，假空泡，主要包括：篮球藻目、管胞藻目、多列藻目。

2. 绿藻门（*Chlorophyta*）

种类繁多，有单细胞、群体、丝状体、叶状体、管状多核体等。色素中有叶绿素 a、b、胡萝卜素和叶黄素故植物呈绿色。同化产物为淀粉。生殖方式多样，无性和有性生殖都很普遍，具 2 条顶生等长的鞭毛，少数 4～6 条。体型多样，有球形、椭圆形、肾形、新月形、多角形等。有些小型藻类是鱼的重要饵料。主要包括：团藻目、丝藻目、鞘藻目、绿球藻目、四胞藻目、刚毛藻目、接合藻目。

3. 裸藻门（*Euglenopyta*）

裸藻类大多为具鞭毛游动型的单细胞体，少数具 2～3 条鞭毛，色素与绿藻门相似，藻体大多呈绿色，同化物为副淀粉。具细胞核一个，还有储蓄泡，在贮蓄泡的一侧，具一至数个司排泄作用的伸缩泡。在贮蓄泡的壁上常具一个有感光功能的红色眼点。主要包括：裸藻目和柄裸藻目。

4. 硅藻门（*Bacillaripohyta*）

单细胞或彼此相连成各式群体，主要特征是细胞壁硅质，由上、下两壳套合而成，壳上有辐射对称或者是两侧对称的花纹。繁殖方式主要为细胞分裂。色素主要有叶绿素 a、c，β-胡萝卜素、α-胡萝卜素和叶黄素，藻体多呈黄绿色或黄褐色。同化生成物为油滴。营养细胞没有具有鞭毛的种，主要包括：根管硅藻目、圆筛硅藻目、盒型硅藻目、无壳缝目、短壳缝目以及单壳缝目。

5. 甲藻门（*Pyrrophyta*）

多为单细胞，近球形，具背腹之分，常具两条鞭毛等长或不等长侧生或偏生一侧发出。细胞壁主要由纤维素组成，多数具纵、横沟，核大而明显。色素体中含有叶绿素 a、c，β-胡萝卜素和四种特有的叶黄素（环甲藻素、新甲藻素、甲藻黄素、硅甲藻素），藻体成黄绿色、金褐色至深棕色。同化物为淀粉或脂肪，繁殖以细胞纵裂为主，少数种类能产生孢子。

6. 黄藻门（*Xanthophyta*）

植物体类型为单细胞、群体、多核管状或丝状体。藻体呈黄绿色，主要色素有叶绿素 a、c，β-胡萝卜素及叶黄素。同化产物为白糖素和脂肪。细胞壁由大量果胶组成，有时含有硅质，多数由相等或不相等的 2 节片套合而成。运动个体具 2 条构造不同的鞭毛，极少数具一鞭毛。多数一个细胞核，少数多个，繁殖多以孢子为主。主要包括：异管藻目、根足藻目、异鞭藻目、异丝藻目。

7. 金藻门（*Chrysophyta*）

藻体为单细胞或集成群体，浮游或附着。多具一或二根顶生的鞭毛（三根的少见），鞭毛等长或不等长。有些种类具伪足或没有运动器官，不运动的种类常呈球形、不定形或分支丝状，能游动的种类，无细胞壁。藻体通常呈金黄色，叶绿体 1～2 个，片状侧生，色素主要为叶绿素 a、c，β-胡萝卜素和两种叶黄素（泥黄素、岩黄素，合称金黄素）。同化产物为脂肪和白糖素，繁殖方式多样。

实验十二　底栖动物的采集与观察

一、实验目的

1. 掌握底栖动物的采集、处理及分类观察计数的具体方法与基本实验技术。

2. 通过对底栖动物种类与数量、重量的统计，了解调查水体的有机污染程度并认识底栖动物在环境监测中的作用。

二、实验原理

底栖动物指栖息生活于水体底部的淤泥以及附着在石块、砾石或水生植物等基质上的肉眼可见的无脊椎动物群。一般底栖动物体长大于 0.595 mm，亦称为大型底栖无脊椎动物，包括大型甲壳类、水生昆虫、软体动物、环节动物、扁形动物、圆形动物以及其他水生无脊椎动物。广泛存在于江、河、湖、海和其他小型水体中。正常情况下，底栖动物的群落结构是比较稳定的，种类数会比较多并且每个种类的个体数量适当。在某些特殊水环境中（河口区、急流中），会有少数适应该环境的种类占优势。

水体受到污染后，底栖动物的群落结构会发生变化，并且底栖动物会稳定地反应这种变化。有机物以及重金属等无机物的污染都会造成底栖动物群落结构模式的变化。当水体有机污染严重时，水中溶解氧的含量大幅下降，使敏感种和不耐缺氧环境的种类消失，却使耐污种得到发展。同时，污水中的有毒化学物质会消灭无脊椎动物，从而影响底栖动物的的区系组成。

应用底栖动物的群落结构变化状况对污染水体进行监测和评价，在国内外均广泛应用。通过污染区与清洁对照区群落结构（种类、数量、多样性等）的比较，即可分析出水体污染状况。并且，底栖动物还可对污染物进行富集，因此通过底栖动物体内污染物含量的分析测定，也有助于了解水体的污染史。

三、实验仪器与药品

1. 仪器

彼得生氏采泥器（采样面积为 1/16）、底层温度计、溶氧仪、pH 计、塑料水桶、分样筛（40 目及 60 目）、白瓷盘、胶头滴管、移液管、试剂瓶、量筒、广口瓶、解剖器（刀、剪、解剖针、镊子）、显微镜、测微尺、天平、培养皿、盖玻片、载玻片、吸水纸、擦镜纸。

2. 药品

二甲苯、乙醇（50%、70%）、福尔马林溶液（5%）、甲基绿染色液（1%）。

四、实验步骤

1. 样品的采集

（1）布置采样点

底栖动物的采样点与实验十中藻类的采样点相同。

（2）采样

用彼得生氏采泥器进行采样。采样前先测定水温、水深、pH、溶解氧（DO）等参数，然后开始采样。采样时，将采泥器完全张开，然后口朝下沉入水底，当采泥器碰到水底后，因自身重量而插入底泥中，此时，立即向上将采泥器提起。提起时采泥器会自行闭合。每个采样点采样 2～3 次，以减少底质不同造成的生物种类、密度差异的影响。将采上来的泥样倒入塑料水桶内，带回实验室，用分样筛进行筛选，冲洗去掉污泥，然后将筛内的沉渣倒入白瓷盘中，加少许清水，仔细用肉眼检出所有底栖动物。

（3）固定

将底栖动物进行分别处理固定。

①螺、蚌、虾以及介形类等具有钙质外壳或外骨骼的动物，需用 70% 乙醇固定。

②涡虫、颤蚓等易收缩或脱肢的种类，必须先进行麻醉使虫体舒展，然后用 5% 福尔马林与 70% 乙醇混合液固定。

③昆虫、幼虫等，可用 50% 乙醇固定。

2. 底栖动物的种类鉴定与定量计数

（1）种类鉴定

参考有关专著，对经固定的标本进行种类鉴定。应尽可能的作详细的分类单位鉴定，尤其是对水环境质量具有指示作用的类群（像摇蚊类、颤蚓类等）。较小的底栖动物可做成装片置于显微镜下观察鉴定，较大的底栖动物可用肉眼直接鉴定即可。

①对水生昆虫而言，在低倍镜下鉴定到目、科，在高倍镜下鉴定到属。

②对大型底栖无脊椎动物（如软体动物、水栖寡毛类）而言，对照资料鉴定到种。

③对水生昆虫幼虫（如摇蚊幼虫）而言，可鉴定到科。

（2）定量计数

针对各采样点，在种类鉴定的基础上，进行数量统计。按种类鉴定到的分类单位（种、属或科）进行计数，并按大类统计数量。也可进行重量统计，称量出每个个体、每个分类单位的湿重，然后根据采泥器的面积推算出每平方米中的总种数及各种的个体数或是重量。

3. 底栖动物中微型动物的观察

由于微型动物体形微小，且易变形，因此要想区分各个种类的特征，需在显微镜下进行仔细观察。目前，常用的主要有两种观察方法。

（1）活体观察

用胶头滴管，吸取一滴待观察的标本液，置于载玻片中央，轻轻盖上盖玻片以防气泡的产生。先在低倍镜下找到目标物，再在高倍镜下进行观察。值得注意的是，对于微型动物来说，口的位置和构造是种类鉴定的重要依据，须首先进行观察。为此，可轻压盖玻片，使微型动物的口从虫体中游离出来，以便进行单独观察。

（2）活体染色观察

为了看清微型动物的构造，需要进行染色。微型动物的细胞核在动物体中所在的部位以及细胞核的形状是种类鉴定的又一依据。可用 1% 的甲基绿染色剂对核进行染色。用胶头滴管加一滴染色剂于盖玻片边缘，染色剂慢慢透入虫体内部，将细胞核染成深绿色。然后置于显微镜下进行观察。

4. 底栖动物中微型动物的计数与测量

（1）计数

①计数用胶头滴管一滴水体积的标定

在培养皿中放入 1 mL 水，然后用一洁净的胶头滴管将这 1 mL 水全部吸尽，之后徐徐滴下，记录这 1 mL 水的滴数，重复数次，取平均值。

②在显微镜下进行观察计数

用已标定的胶头滴管吸取一滴待观察的标本液制成装片，在显微镜下进行计数。按照自上而下，从左到右的顺序移动载玻片，对微型动物的数量进行统计。此即，已标定的胶头滴管一滴水中的微型动物数，然后再乘以此滴管 1 mL 水的滴数，即为每毫升的微型动物数。

（2）测量

将染色的标本置于显微镜下，先在低倍镜下找到目标物，然后转到高倍镜下进行观察，最后在油镜下用已校准的目镜测微尺进行测量。先量出微型动物的长和宽占目镜测微尺的格数，然后根据目镜测微尺每格的长度计算出微型动物的长和宽。微型动物的大小以微米计。

五、结果与讨论

1. 绘制在各采样点采集样品中的底栖大型无脊椎动物的主要种类图（不少于 10 种）。

2. 通过统计比较污染区与清洁区底栖动物群落结构（种类及数量、重量）的变化情况，分析水体的污染状况。

思考题

1. 在对底栖动物进行计数时，对一些不完整的虫体应如何计数？

2. 底栖动物中的微型动物有哪些特点，为何要在显微镜下对其进行活体观察，在对其进行观察计数以及测量的过程中应注意哪些问题？

实验十三　污染物对植物气孔影响的比较观察

一、实验目的

1. 通过显微观察比较自然环境中生长植物的气孔密度，认识不同生态类型植物是对环境适应的结果。

2. 观察污染物对不同生态类型植物气孔开度的影响，并了解植物对环境因子变化的适应过程。

3. 掌握本实验的方法与基本技术。

二、实验原理

植物气孔是植物与外界环境进行 CO_2、O_2 和水蒸气交换的主要通道。而这些气体均为植物基本生理活动（光合作用、呼吸作用、蒸腾作用）的原料或产物。植物气孔一般由两个哑铃形或肾形的保卫细胞组成。哑铃形的保卫细胞，两端细胞壁薄，中间细胞壁厚。而肾形的保卫细胞则不同，外侧细胞壁薄，内侧细胞壁厚。除保卫细胞外，有的植物还有一或多个副卫细胞。气孔下方是孔下室，孔下室与叶肉组织的细胞间隙相通，植物通过这一系统即可进行气体交换。因此，气孔的开闭控制着植物的气体交换以及水分的蒸散。

不同环境条件下，植物的生态类型不同，其气孔数目及分布也有差异，并且气孔会随着环境因子的变化灵敏地改变开闭状态。

三、实验材料、仪器与药品

1. 材料

时令的旱生、中生以及湿生植物。

表 4-6　实验所选材料

旱生植物	能够耐受较长时间、较严重的水分亏缺的植物。通常有发达的旱生形态与生理能适应沙漠、岩石、冻土等环境。①肉质植物：仙人掌（*Opuntia dillenii*）、大景天（*Sedum maximum*）；②硬叶植物：羽茅（*Achnatherum sibiricum*）、夹竹桃（*Nerium indicum*）；③软叶旱生植物：天竺葵（*Geranium*）、银灰旋花（*Convolvulus ammannii*）；④小叶或无叶植物：麻黄（*Ephedra sinica*）、霸王（*Zygophyllum dumosum*）
中生植物	适宜在中等湿度和温度的条件下生长，不能够忍受长期的干旱或水涝。种类最多、分布最广、数量最大的陆生植物。小麦（*Triticum aestivum*）、蚕豆（*Vicia faba*）、冬青（*Ilex Purpurea*）
湿生植物	适宜在潮湿环境中生长，不能忍受长期水分缺失的植物。春兰（*Cymbidium goeringii*）、水稻（*Oryza sativa*）、茭白（*Zizania caducifbra*）

2. 仪器

显微镜、显微镜测微尺（目镜测微尺和镜台测微尺）、解剖刀、解剖针、镊子、毛笔、盖玻片、载玻片、滴瓶、纱布、洗瓶、镜头纸。

3. 药品

火棉胶、乙二醇、异丁醇。

四、实验步骤

1. 植物气孔密度的测定

（1）每种植物选定三株，在其中一株植物上选三片健康叶片。对于肉质较厚的叶片，可直接用解剖刀取下叶片透明表皮，注意不要带叶肉。对于较薄的叶片，可用毛笔在叶片的上、下表皮轻轻涂上一层 5% 的火棉胶，数分钟后撕下火棉胶膜。

（2）用镊子和解剖针将叶片透明表皮或火棉胶膜平放在载玻片上，在显微镜下进行观察，计数视野中的气孔数目。每片叶片计数 5 个视野，取其平均值。

（3）视野面积测定：用显微镜目镜测微尺测量出视野的直径（显微镜测微尺的使用，参见第三章），根据公式 $S=\pi\,(d/2)^2$，计算出视野面积。

（4）气孔密度的计算：根据观测数据，按下式求出每种植物上表皮和下表皮气孔的密度。

$$气孔密度（气孔数 / mm^2）= \frac{叶片气孔数平均值}{观测视野的面积}$$

2. 植物气孔开闭情况的观测

（1）直接测量气孔大小

选取植物健康叶片，擦净，每片叶片，在显微镜下用目镜测微尺测定 20 个气孔的最大宽度，然后求其平均值。以三片叶片的气孔大小均值，作为该种植物当时的气孔大小值。

（2）浸润反应测气孔开度

用乙二醇和异丁醇按下表的比例混合得到不同黏度的液体，备用。由于液体表面张力的差异，通常黏度越小，浸润力越强。同时，气孔开度越大，液体也越易浸入叶片。

表 4-7　浸润液配制方法

试剂 ＼ 浸润液编号	I	II	III	IV	V	VI
乙二醇（%）	10	20	30	40	50	60
异丁醇（%）	90	80	70	60	50	40
气孔开度	1	2	3	4	5	6

选择植物健康叶片，擦净。然后按由稀到浓的顺序在叶片表面滴加浸润液，根据叶片表面暗绿色斑点出现的程度对气孔开度进行判断。

往叶子表面滴加 1 滴 I 号液体，如叶片表面出现布满暗绿色小斑点，表示 I 号液体已浸入叶内。然后再滴加 1 滴 II 号液体，如有少许或隐约可见的暗绿色斑点出现，表示 II 号液体稍浸润叶片，则气孔开度值为 1.5。如滴加 II 号液体时，叶片表面没有任何反应，表示液体没有浸入叶内，则气孔开度为 1。其余依次类推。每组至少测定三种植物叶片的气孔开度。

五、结果与讨论

根据气孔密度与开度的结果分析，讨论此方法在监测、评价大气污染程度方面有何应用价值。

思考题

污染物对植物的影响有多个方面，对叶片气孔的影响主要有何表现，为何可用气孔的开闭情况来研究污染物的毒性？

实验十四　植物叶片 SO_2 生物残毒的测定

一、实验目的

1. 掌握植物叶片 SO_2 含量测定的具体方法与实验技术。

2. 通过植物叶片中 SO_2 含量的测定，估测大气污染程度，并对大气环境质量进行生物学评价。

二、实验原理

在正常状态下，生物体内化学成分的含量是一定的，这是生物体长期以来对环境适应的结果。在污染环境中，由于某种污染物含量的显著增加，可导致生物对该污染物的累积。基于生物体与生活环境中化学成分的这种相关性，我们就能以此为依据，通过对生物体内某种化学成分的分析，来测定和判断环境中该污染物的污染程度。

本实验利用熏气装置，模拟 SO_2 污染环境对玉米进行熏气处理，然后分析玉米叶片中 S 的含量水平。植物样品中的硫，分为有机态和无机态两种存在形式。有机硫在催化剂和氧化剂的作用下，会被氧化全部形成硫酸盐，在酸性条件下加入起浊剂，进行比浊测定。通过分析找出大气中 SO_2 浓度与叶片中含 S 量的关系，以具体了解此方法在环境监测中的应用。

三、实验材料、仪器与药品

1. 材料

玉米种子，购自种子专供单位、在 SO_2 污染区与清洁区现场采集的玉米叶片

2. 仪器

光电比色计、研钵、烘箱、通风橱、比色管、电炉、解剖针、镊子、剪刀、滴瓶、洗瓶、移液管、1 mm 筛、容量瓶、三角瓶、塑料薄膜、干燥器。

3. 药品

K_2SO_4、$BaCl_2$、$NaHSO_3$、HNO_3、$HClO_4$、重铬酸钾、偏钒酸铵、冰醋酸、盐酸、磷酸、吐温-20。

母液：先将 K_2SO_4 放入烘箱中，于 105℃ 烘烤 2 h，然后称取 K_2SO_4 1.0868 g，置于小烧杯中先用少量蒸馏水溶解，然后转移至 500 mL 容量瓶中进行定容，即得每毫升含 0.4 mg 硫的母液。

硝化液：

① 先称取 0.85 g 偏钒酸铵置于烧杯中，然后小心加入 525 mL 硝酸，再加入 600 mL 比重为 1.20 的 $HClO_4$，即为 a。

② 称取 3.75 g 重铬酸钾，然后进行加热使其溶解于 125 mL 水中，即为 b。将 b 倒入 a 中，混合均匀即得 1250 mL 的硝化液。

③ 混合酸液：量取冰醋酸 50 mL，盐酸 20 mL 以及磷酸 20 mL，放入 1000 mL 大容量瓶中，用水稀释至刻度线。

④ 标准硫溶液：分别量取 0、5、10、15、20、25 mL 母液，放入 100 mL 容量瓶中，然后加入硝化液 20 mL、混合酸液 50 mL，混匀后加水定容至，刻线，所得硫溶液每毫升分别含 0、20、40、60、80、100 μg S。

⑤ 起浊剂的配制：称取 $BaCl_2$ 100 g，放入烧杯中，然后加入 500 mL 水加热溶解，再加入吐温-20 50 mL，混匀后转移入 1000 mL 容量瓶中，加水定容至刻线，混匀后进行过滤，静置 24 h 后备用。

四、实验步骤

1. 现场采集

在 SO₂ 污染区与清洁区现场分别采集相同部位的玉米叶片，采回后先用蒸馏水洗净表面灰尘，然后晾干并放入烘箱中于 80℃ 条件下烘烤 4 h。取出后，将其粉碎并过 1 mm 筛，最后装瓶放入干燥器内。

2. 熏气

（1）在培养皿内铺两层滤纸做发芽床，然后加入适量蒸馏水。每皿 15 粒种子均匀摆放在滤纸上，放置时保持粒与粒之间的距离要均匀，要避免相互接触。然后置于 25±1℃ 恒温培养箱培养。待玉米生长至 4~5 叶时，分别移入带有 SO₂ 发生装置与不带 SO₂ 发生装置的干燥器内，然后用塑料薄膜将干燥器密封，培养 24 h 后取出幼苗，分析叶片中 S 的含量。叶片处理同现场采集叶片。

（2）熏气装置

先在称量瓶内放入适量 NaHSO₃，放入量的多少由所需制备的 SO₂ 的浓度来定，若想制取的 SO₂ 浓度高些，放入量就高些，若想制取低浓度的 SO₂，放入量就低些。然后将称量瓶放入干燥器内。

用塑料薄膜将干燥器密封后，用解剖针在称量瓶正上方的薄膜上扎一个小孔。然后用滴管将 1% HCl 通过薄膜上的小孔滴入称量瓶内。HCl 与 NaHSO₃ 接触后立即反应生成 SO₂。

3. 叶片中 SO₂ 的分析

（1）标准曲线的绘制

分别吸取 1 mL 不同浓度的标准硫溶液于具塞比色管中，然后加 19 mL 水，再加入 5 mL 起浊剂，摇匀，15 min 后在光电比色计上进行比浊测定。最后，以 S 含量为横坐标，光密度为纵坐标做出标准曲线。

在不同室温下进行的实验结果表明，以室温 22~27℃ 状况下绘制的标准曲线最为理想。

（2）样品的测定

取 100 mL 三角瓶，放入 0.20 g 左右的干叶粉，然后将三角瓶放入通风橱中，加入硝化液 5 mL 后开始加热升温，待冒出白烟，且溶液出现暗红色沉淀时，表示硝化完全。加入 10 mL 混合酸液混匀后进行过滤，滤液转入 25 mL 瓶后定容至刻度线。吸取上述溶液 1.0 mL 于比色管中，其余测定步骤同标准曲线。

（3）结果计算

$$S含量(\mu g/g) = \frac{标曲查得S含量 \times 25}{植物样品干重}$$

五、结果与讨论

1. 统计计算出实验数据，并分析野外采集及实验室熏气的污染样品与空白对照样品的 S 含量，有无差异，若有差异是否显著。

2. 通过结果分析找出环境中 SO₂ 浓度与叶片中含 S 量之间的关系。

思考题

在大气环境中 SO₂ 污染非常严重的情况下，植物叶片中的硫含量可能会非常高，在此情况下，测定时应如何操作？

实验十五　五日生物化学需氧量（BOD$_5$）的测定

一、实验目的

1. 理解五日生物化学需氧量（BOD$_5$）的基本含义，以及标准稀释法测定 BOD$_5$ 的基本原理。

2. 掌握标准稀释法测定 BOD$_5$ 的基本方法与技术要领。

3. 掌握制备稀释水与选择稀释比的基本方法。

二、实验原理

生化需氧量是指规定条件下，好氧微生物在分解水中有机物的生物化学过程中所消耗的溶解氧量。可以间接表示水体被有机物污染的程度，同时也是研究生化法处理污水的工艺设计、动力学以及处理效果的重要参数。

生化需氧量的测定方法很多，经典方法是标准稀释法，此方法测定的是 BOD$_5$，分别测定水样培养前和在 20℃条件下培养 5 天后的溶解氧含量，两者的差即为五日生化过程所消耗的氧量，以 mg/L 表示。其实，微生物氧化分解有机物的过程是很漫长的，要经历炭化阶段和硝化阶段，在 20℃培养时需要 100 多天才能完成此过程。

在实际测定中除少数溶解氧含量高的地表水可直接测定外，对大多数污水来说，由于污染严重都需要进行适当稀释，以降低有机物的浓度和保证整个生化过程在有充足溶解氧的条件下进行。稀释水中应含有一定的营养盐和缓冲物质（磷酸盐，钙、镁、铁盐等）以保证微生物的生长，还应含有接近饱和的溶解氧，通常要给稀释水进行曝气充氧。

对一些微生物含量少的污水（酸性、碱性、高温或经氯化处理），需进行接种引入能分解污水中有机物的微生物菌种。对于含有难降解的有机物或剧毒物质的特殊污水，则需要引入驯化后的微生物菌种进行接种。

三、实验仪器与药品

1. 仪器

采样瓶、恒温培养箱、充氧器、玻璃瓶、量筒、溶解氧瓶、虹吸管、移液管、玻璃搅棒（玻棒长度略高于量筒，底端固定一直径略小于量筒并带有孔洞的橡皮板）

2. 药品

磷酸二氢钾（KH$_2$PO$_4$）、磷酸氢二钾（K$_2$HPO$_4$）、磷酸氢二钠（Na$_2$HPO$_4$·7H$_2$O）、氯化铵（NH$_4$Cl）、硫酸镁（MgSO$_4$·7H$_2$O）、氯化钙（CaCl$_2$）、氯化铁（FeCl$_3$·6H$_2$O）、盐酸（HCl）、氢氧化钠（NaOH）、亚硫酸钠（Na$_2$SO$_3$）、葡萄糖、谷氨酸

测定溶解氧所需试剂（参见第三章，溶解氧的测量）。

磷酸缓冲溶液：称取 KH$_2$PO$_4$ 8.5 g，K$_2$HPO$_4$ 21.8 g，Na$_2$HPO$_4$·7H$_2$O 33.4 g 以及 NH$_4$Cl 1.7 g 溶于蒸馏水中，稀释至 1000 mL。溶液的 pH 即为 7.2，无需进一步调节。

硫酸镁溶液：称取 22.5 g MgSO$_4$·7H$_2$O，溶于蒸馏水中并稀释至 1000 mL。

氯化钙溶液：称取 27.5 g CaCl$_2$，溶于蒸馏水中并稀释至 1000 mL。

氯化铁溶液：称取 0.25 g FeCl$_3$·6H$_2$O，溶于蒸馏水中并稀释至 1000 mL。

盐酸溶液：量取 40 mL HCl 置于少量蒸馏水中，然后稀释至 1000 mL。

氢氧化钠溶液：称取 20 g NaOH，溶于蒸馏水中并稀释至 1000 mL。

亚硫酸钠溶液（需每天配制）：称取 1.58 g Na$_2$SO$_3$，溶于蒸馏水中并稀释至 1000 mL。

葡萄糖—谷氨酸溶液（随用随配）：分别称取 150 mg 经干燥的葡萄糖和谷氨酸，置于少量蒸馏水中溶解，然后稀释至 1000 mL，并混合均匀。

稀释水：在 20 L 的玻璃瓶中，装入约 18 L 的水，水温保持在 20℃左右。然后用充氧器对稀释水进行充氧，直至水中溶解氧含量达到 8 mg/L 以上。临用前，在每升水中各加入 1 mL 磷酸缓冲溶液、硫酸镁溶液、氯化钙溶液和氯化铁溶液，然后混匀。稀释水的 pH 应为 7.2，BOD$_5$ 小于 0.2 mg/L。

稀释水可用葡萄糖—谷氨酸溶液校核，方法如下，测定稀释度为 2% 的葡萄糖—谷氨酸标准校核液的 BOD$_5$，如果此值超出 163～237 mg/L 的范围，说明稀释水存在问题，不可用。

接种液：通常采用生活污水在室温下放置 24 h 的上清液作为接种液，每升稀释水中加入 1～10 mL 此接种液。或是用表层土壤的浸出液，称取 150 g 植物生长土壤，然后加入 1500 mL 水，混合均匀后静置 10 min，上清液作为接种液。

对于一些难降解或条件特殊的污水，需进行菌种驯化，可在排污口下游 3～8 km 处取水样作为驯化接种液。如无这种污水来源，可取中和后的污水进行连续曝气，然后每天加入少量该种污水，与此同时加入生活污水或表层土壤水，才能使适应该种污水的微生物大量繁殖，一般驯化过程需要 3～8 天。当水中有大量絮状物出现或是化学需氧量的值出现突变时，则表明驯化完成，适用微生物已大量繁殖，可用于接种。

取适量接种液，接种于稀释水中，混合均匀。接种稀释水应现用现配，并且其溶解氧应在 0.6～1.0 mg/L 之间，pH 应为 7.2。

四、实验步骤与方法

1. 水样的采集、保存

采样瓶内应充满污水，并在运回实验室的过程中避免空气进入。样品采回后如不能在 2 h 内进行分析，则需放入冰箱低温保存，并在 24 h 内进行测定。

2. 水样预处理

（1）当所采水样的 pH 不在 6.5～7.5 之间时，要用盐酸或氢氧化钠溶液调节 pH，使 pH 近于 7。所用盐酸或氢氧化钠溶液的浓度依水样的酸、碱度而定，以用量不超过水样体积的 0.5% 为标准。

（2）含有毒物质较多、pH 过高或过低以及经过特殊处理，造成水样微生物活性不足时，都需要加入微生物接种液进行接种。

（3）对于只含少量余氯的水样，通常放置 1～2 h 余氯即可消失。如余氯含量较高，短时间内不能消散，则可用硫代硫酸钠溶液去除。硫代硫酸钠溶液的加入量由以下方法决定。首先取 100 mL 已中和好的水样，接着加入 10 mL 1:1 乙酸溶液以及 1 mL 10% 碘化钾溶液，混匀。然后以淀粉为指示剂，用亚硫酸钠溶液滴定游离的碘，至终点。最后根据亚硫酸钠溶液的消耗量，计算出水样中的加入量。

（4）对于含有饱和溶解氧的水样（水温较低水样或富营养化水样），应迅速升温至20℃，以赶出水样中的过饱和溶解氧。

（5）对于水温较高水样，应迅速冷却至20℃，以免对分析结果造成误差。

3. 稀释比的确定

（1）对于溶解氧含量相对较高、有机物含量相对较少的地表水，无需稀释，可直接测定。

（2）对于其他水样，可根据高锰酸盐指数（I_{Mn}）和重铬酸钾法测得的生化需氧量（COD_{Cr}）来确定。首先参照表4-8列出的比值 R，按照下式估算出 BOD_5 的期望值。

$$BOD_5的期望值 = R \times I_{Mn}(或COD_{Cr})$$

表 4-8　典型的 R 值

水样	R	
	BOD_5 / I_{Mn}	BOD_5 / COD_{Cr}
未处理水样	1.2～1.5	0.35～0.65
经生化处理水样	0.5～1.2	0.20～0.35

然后根据表4-9中不同的 BOD_5 期望值所对应的稀释倍数，来确定稀释比。每一水样选2～3个稀释比。

表 4-9　不同水样的稀释比

BOD_5 期望值（mg/L）	稀释比	水样
6～20	2～5	生化处理生活污水、河水
20～30	10	生化处理生活污水
40～120	20	澄清生活污水、轻度污染工业废水
100～600	50～100	原生活污水、轻度污染工业废水
400～1200	200	原生活污水、重度污染工业废水
1000～6000	500～1000	重度污染工业废水

4. 水样的稀释

根据选定的稀释比，用虹吸法先将一部分备用的稀释水引入1000 mL量筒中，接着加入需要量的均匀水样，然后再加入稀释水（或接种稀释水）至800 mL。再用带橡皮板的玻璃棒上下搅拌均匀，搅拌时注意保持搅拌的橡皮板在液面以下，防止气泡产生。用相同的方法配制另外几个稀释比的水样，备用。

5. 测定

先用少量待测的水样润洗溶解氧瓶，然后用虹吸法将混匀的水样转移入两个有编号的溶解氧瓶内，使溶解氧瓶充满水后溢出少许，盖好瓶塞。瓶内不可有气泡，如发现气泡，须轻敲瓶体，使其逸出。取其中一瓶放置15 min后测定培养前的溶解氧，取另一瓶，先将瓶口进行水封，然后置于培养箱中，于（20±1）℃，黑暗条件下培养5天。培养过程中需每天检查瓶口水封情况，必要时进行适当补充。培养结束后，取出溶解氧瓶，弃去封口水，测定培养后的溶解氧。

另取两个有编号的溶解氧瓶，用虹吸法装满稀释水（或接种稀释水）作为空白对照。按照上述方法测定培养前、后的溶解氧。

6. 计算

（1）不需稀释的水样

$$BOD_5(mg/L) = DO_1 - DO_2$$

式中，DO_1 为水样培养前的溶解氧浓度，mg/L；DO_2 为水样培养后的溶解氧浓度，mg/L。

（2）需经稀释的水样

$$BOD_5(mg/L) = \frac{(DO_1 - DO_2) - (DO_{01} - DO_{02})f_1}{f_2}$$

式中，DO_1 为水样培养前的溶解氧浓度，mg/L；DO_2 为水样培养后的溶解氧浓度，mg/L；DO_{01} 为做空白对照的稀释水（或接种稀释水）在培养前的溶解氧浓度，mg/L；DO_{02} 为做空白对照的稀释水（或接种稀释水）在培养后的溶解氧浓度，mg/L；f_1 为稀释水（或接种稀释水）在混合液中所占比例；f_2 为水样在混合液中所占比例。

五、结果与讨论。

简述你所测定水样 BOD_5 的步骤和结果。

思考题

1. 在测定 BOD_5 的过程中，为什么对一些水样需要进行预先稀释，如何选择稀释倍数？
2. 在水样的培养过程中为何要避光，试分析其原因。

实验十六　典型溴化阻燃剂在植物体内的积累和分布

一、实验目的

1. 了解高效液相色谱—串联质谱法分析测定有机污染物的基本原理，并掌握土壤及植物样品前处理的基本实验技术。

2. 了解典型溴化阻燃剂在土壤—生物系统中的迁移、转化以及在植物体内的积累与分布的一般规律。

3. 通过本次测定，认识分析技术在环境生物学研究中的重要意义，并对溴化阻燃剂的生态毒性进行评价。

二、实验原理

四溴双酚-A（TBBPA）和六溴环十二烷（HBCD）是目前世界上使用最广泛的两类溴化阻燃剂。2001 年，共消耗了 119600 吨 TBBPA 和 16700 吨 HBCD。TBBPA 和 HBCD 的物理化学性质与多溴联苯醚相似。TBBPA 具有很高的脂溶性（lg K_{ow} = 4.5），很低的水溶性（0.72 mg/L）。HBCD 同样具有高脂溶性（lg K_{ow} =5.6）、低水溶性（0.0034 mg/L）以及低蒸气压（4.7×10^{-7} mm Hg）的特性。它们的高使用率以及低水溶性可能会导致二者在环境中的持久以及在生物系统中的蓄积。

目前已有用气相色谱—质谱法（GC-MS）测定 TBBPA 与 HBCD 的报道，但是使用 GC

难于分离 HBCD 的三种异构体，而且温度高于 160 ℃ 以上时三种异构体间会发生热重排，而这一温度在 GC 中是很常用的。当前对 HBCD 异构体的测定普遍采用高效液相色谱—串联质谱（HPLC-MS/MS）方法。

采用索氏萃取来提取土壤以及植物样品中的 TBBPA 和 HBCD 异构体，然后用 HPLC-MS/MS 方法，即可测出其含量，从而了解溴化阻燃剂在植物体内的积累和分布情况。

三、实验材料、条件、仪器与药品

1. 实验材料

（1）植物种子：白菜种子、萝卜种子购自种子专供部门。挑选籽粒饱满的种子用次氯酸钠溶液消毒 5 min，之后用蒸馏水冲洗数次，备用。

（2）土壤：所用土壤样品采自植物园的表层（0～20 cm）土壤（未污染）。新鲜土壤样品经风干后过 2.0 mm 筛备用。先取一小部分土壤与 TBBPA 和 HBCD 混合，拌匀后，放入通风厨进行溶剂蒸发。再将染毒土壤与干净土壤在室温下进行不断搅拌，以保证充分混匀，使土壤样品的 TBBPA 和 HBCD 最终浓度达到 1000 mg/kg。

2. 实验条件

（1）色谱条件

流动相：A 为甲醇，B 为 10 mM 醋酸铵溶液。梯度洗脱，洗脱程序：首先流动相 A 在 4 min 内由 60% 上升到 100%，保持 5 min，之后在 11 min 内又下降到 60%，最后再保持 5 min。流速：0.25 mL/min；柱温：40 ℃；进样体积：15 μL。

（2）质谱条件

电喷雾负离子扫描模式（ESI-）；毛细管电压：3.2 kV；离子源温度：150 ℃；脱溶剂气温度：350 ℃；脱溶剂气流速：300 L/h；反吹气流速：30 L/h；多重反应监测（MRM），监测离子和锥孔电压、碰撞电压见表 4-10。

表 4-10　溴化阻燃剂的锥孔电压，碰撞电压以及母离子与子离子的值

物质	锥孔电压（V）	碰撞电压（eV）	MRM 通道	
			母离子	子离子
TBBPA	31	45	541	79
$^{13}C_{12}$ labeled TBBPA	31	45	555	81
HBCD	22	17	641	81

3. 仪器

高效液相色谱—电喷雾离子源—串联三重四极杆质谱联用仪、C$_{18}$ 反相色谱柱（150 mm×2.1 mm，5μm）、固相萃取硅胶柱（6 mL，500 mg）、旋转蒸发仪、冷冻干燥机、MTN-2800D 氮气吹干仪、花盆、滤纸。

4. 药品

药品：HBCD 混合物（9% α-HBCD、6% β-HBCD 和 85% γ-HBCD）、TBBPA（97%）、醋酸铵。

标准品与试剂：TBBPA 标准样品（97%）；$^{13}C_{12}$-TBBPA 及 α-、β-、γ-HBCD 标准样品（99%）；正己烷、丙酮（农残级）；甲醇（色谱级）；Millipore 去离子水（自制）；其他试剂均为分析纯；高纯氩气、液氮气。

标准溶液的配制：用甲醇配制各标准品的原溶液，于-20℃贮存备用。混合标准溶液由各标准品的原溶液经过适当稀释而成。每次分析运行前，对此混标进行进一步稀释，稀释成的一系列浓度的标准溶液用来制作标准曲线。

四、实验步骤与方法

1. 植物种植

在种植植物的花盆中先铺放两层滤纸，然后再放入 300 g 实验用土。本实验设置 4 个不同的处理组，每个处理组 8 个重复。第一个处理组，什么都不种植，作为空白对照；第二个和第三个处理组，分别种植白菜和萝卜；第四个处理组，同时种植白菜和萝卜，为联合种植。种植单一植物的盆中含 5 株白菜或 2 株萝卜，种植混合植物的盆中含 3 株白菜和 2 株萝卜。温室的温度白天设置在（25±2）℃，晚上设置在 14±2℃。每天给植物浇水，3 周后收获。

2. 样品提取和净化

采集植物时，将植物根部轻轻从土壤中移出，任何余下的植物组织都收集起来，然后将植物分为地上部分和根两部分。每一部分均用蒸馏水冲洗 3 次。先植物和土壤样品进行冷冻干燥，之后碾碎，然后在 4℃条件下保存备用。加入 $^{13}C_{12}$-TBBPA 标准溶液作为内标，以正己烷/丙酮（体积比为 1:1）为溶剂索氏提取 24 h，每小时约回流 4 次。旋转蒸发萃取液至几乎干时，加入 100 mL 正己烷溶解，再用旋转蒸发仪浓缩至 3～5 mL，然后加入 15 mL 浓硫酸，离心 15 min 后上层液体用 5 mL 正己烷清洗，重复两遍，上层回收液经旋转蒸发浓缩至约 2 mL。过预先处理过的硅胶固相萃取柱，依次用 6 mL 正己烷活化，12 mL 正己烷淋洗最后用 6 mL 丙酮洗脱，洗脱液用液氮吹至几乎干后用甲醇定容，漩涡混匀后待测。

3. 仪器操作

首先打开质谱、高效液相色谱和电脑的电源，此时质谱内置的 CPU 会通过网线与电脑主机建立联系，大概需要 1～2 min 时间。

（1）高效液相色谱开机及准备程序

①待高效液相色谱通过自检，进入 Idle 状态后，依照液相色谱操作程序，依次进行操作。首先打开脱气机（Degasser On），接着进行干洗（Dry Prime）1 次，湿灌注（Wet Prime）2 次，然后清洗进样针（Purge Injector）1～2 次，最后是平衡色谱柱。

②点击液相方法图标进入方法编辑界面。

③点击 Inlet 图标设置泵的参数。

④在柱温设定页面，设定柱温箱温度以及液相系统的压力参数。

⑤在 Pump Gradient 页面，设置梯度表。

⑥将待测样品放入棕色进样品后，装入液相色谱自动进样盘。

然后打开氮气钢瓶的阀门，使氮气输出，输出压力为 90 psi。

（2）质谱开机程序

①双击电脑桌面上的 MassLynx 4.0 图标进入质谱软件。如果打开软件时，质谱内置的 CPU 与电脑主机的通讯联系还没有建立，则需稍等片刻再进入软件。

②点击质谱调谐图标（MS Tune），进入质谱调谐窗口。

③选择菜单 Options→Pump，机械泵开始工作，同时分子涡轮泵开始抽真空，此时会有较大噪音出现。等达到真空要求后，状态灯 Vacuum 将变绿。

④点击真空状态图标，查看真空规的状态，确认真空度是否达到要求。

⑤设置源温度（Source Temp）到目标温度，给离子源升温，升温过程会需要一段时间。

⑥在质谱调谐窗口选择要使用的离子模式，Ion Mode→Electrospray。

⑦点击进入 Source 界面，设定 Source 界面里的各项参数。

⑧打开氩气钢瓶，点击气体图标通入氩气，调整氩气流量。

⑨点击操作按钮（Operate），加上质谱电压，此时，操作按钮的颜色会从红变绿。

⑩点击图标，进入 Analyser 界面，设定 Analyser 界面里的各项参数。

待高效液相色谱、质谱都准备好后，将二者相联，并在电脑软件上点击连接图标将二者 CPU 相联。

（3）创建项目

每次测定都需要创建不同的项目（Project），项目的后缀为.pro，以便进行数据管理，所创建的每个项目都有对应的子目录。

（4）创建质谱采集分析方法

在 Masslynx 软件主界面点击质谱方法（MS Method）图标，进入质谱方法编辑界面，然后点击 MRM 图标，打开 MRM 功能编辑器（MRM Function Editor），对各项参数进行设置，建立质谱采集分析方法。

（5）建立一个新的样品表，并对样品表信息进行编辑

确认色谱、质谱都准备好后，点击运行图标，运行样品。在样品测定过程中，需要随时进行检查，以便出现问题后，可以及时处理。

（6）关机

①先点击质谱调谐图标进入调谐窗口。

②点击 Standby 让质谱进入待机状态时，此时状态灯由绿变红。

③点击气体图标关闭氩气，然后关闭氩气钢瓶。

④停止高效液相色谱流速，将液相色谱管路从质谱移开放入废液瓶，冲洗色谱柱 1 h 左右，冲洗液相系统以及进样针 2～3 次。冲洗完毕后，关机。

⑤设置离子源温度到常温，给离子源进行降温，当温度降到常温时，点击气体图标关闭氮气。然后关闭电脑。

⑥关闭质谱，最后关闭质谱、高效液相色谱和电脑的电源。

五、结果与讨论

1. 将溴化阻燃剂 TBBPA 与 HBCD 的三种异构体在土壤以及植物地上、地下部分的含量作图表示出来，并根据实验结果进行讨论。

2. 针对实验结果讨论：植物混合种植对污染物的迁移、转化有无影响，如有，如何影响。

思考题

1. 高效液相色谱的流动相 B 为何要用无机盐溶液，加入少量无机盐能起到什么作用？

2. 在高效液相色谱—质谱联用仪的操作过程中应注意哪些问题，以减少误差？

第三篇
环境微生物学实验技术

第五章　环境微生物学实验的基本知识

一、环境微生物学实验课的性质与目的

环境微生物学实验是环境科学、环境工程等专业中一门重要的专业基础实验课，它是环境科学和微生物学的有机结合，是微生物学在环境科学和环境工程中的运用。目的是使学生了解环境微生物学实验的基本原理，掌握环境微生物学实验的方法与技能。在巩固理论知识的基础上，着重培养学生动手能力、操作技术和解决实际问题的能力。为掌握环境的生物检测方法、探讨有机污染物的生物降解、筛选有利于降解有机污染物的优势菌等科学研究和实际工作打下基础，为学习水处理工程和固体废弃物处理工程等专业课中微生物的应用打下基础。

二、环境微生物实验常用设备简介及使用方法

1. 无菌室

无菌室一般是在微生物实验室内专辟的一个小房间。可以用板材和玻璃建造。面积不宜过大，约 4～5 m² 即可，高 2.5 m 左右。分为内外两个空间，无菌室外的一个空间为一个缓冲间，内间为无菌操作室。缓冲间的门和无菌室的门不要朝向同一方向，以免气流带进杂菌。无菌室和缓冲间都必须密闭。室内装备的换气设备必须有空气过滤装置。无菌室的使用要注意如下方面内容：

（1）无菌室使用前后须用紫外灯照射至少 30 min（紫外灯应保持完好状态）；

（2）无菌室应本着人员最少、物品最少、工作时间最短的原则；

（3）缓冲间是为工作人员换工作服和拖鞋以及摆放实验用品的地方；

（4）无菌操作间至少应每 15 min 彻底消毒手部一次，要求在酒精溶液中浸泡消毒不得低于 30 s；

（5）无菌室内动作幅度要小，走路慢而轻，不得倚靠在墙壁或门上，双手不能乱摸东西（包括身体、面部、墙体等）；

（6）消毒液的配制浓度一定要准确，用于操作者手部消毒、消毒房间时要根据消毒面积更换消毒液；

（7）无菌室清场时要注意先上后下，先物后地，先内后外，之字型或单向擦拭，及时更换消毒液；

（8）灭菌或消毒后物品到使用的存放时限：消毒液 24 h，无菌衣 24 h，瓶盘等直接接触药品的容、器具、管具、设备等 24 h，超过规定时限后应当及时消毒或更换；

（9）所有物品进入无菌区必须严格消毒或灭菌；

（10）无菌室温度应当控制在 20～24℃以内；

（11）无菌室内的丝光毛巾应当区分颜色使用，避免混淆。

2. 超净工作台

超净工作台的原理是在特定的空间内，室内空气经预过滤器初滤，由小型离心风机压入静压箱，再经高效过滤器二级过滤，吹出的洁净气流具有一定的和均匀的断面。风速可以排除工作区原来的空气，将尘埃颗粒和生物颗粒带走，以形成无菌的高洁净的工作环境。

超净工作台根据气流的方向分为垂直流超净工作台（vertical flow clean bench）和水平流超净工作台（horizontal flow clean bench）。垂直流工作台由于风机在顶部，所以噪声较大，多用于医药工程，以保证人的身体健康；水平流工作台噪声比较小，风向由内向外所以多用于电子行业，对身体健康影响不大。

所有的超净工作台，出厂前都经过严格的测试，以保证正常使用。但这并不是说，厂家的测试就能代替操作者使用前做必要的检验和调试。

在调试前应为超静台选定一个较好的环境。将其置于有空气消毒设施的无菌室内最好，如果条件不具备，就应将其安放于人员走动少、较清洁的房间。调整各脚的高度，以保证稳妥和操作面的水平。超净工作台的供电应采用专用电路，以避免电路过载造成空气流速的改变。

紫外线杀菌灯和照明用日光灯是超净工作台的标准配置，鼓风机提供空气流动的动力，这些部件是否正常工作可以一目了然。最困难也是最重要的是检查空气滤板及其密封性，最简单的检查方法是营养琼脂平板法。即处于工作状态时，在操作区的四角及中心位置各放一个打开盖的营养琼脂平板，两小时后盖上盖并置37℃培养箱中培养24 h，计算出菌落数。平均每个平皿菌落数必须少于 0.5 个。

超净工作台使用前，应用紫外灯照射 30～40 min，操作最好在操作区的中心位置进行。

超净工作台是一台较精密的电气设备，对其进行经常性的保养和维护是非常重要的。

首先要保持室内的干燥和清洁，潮湿的空气既会使制造材料锈蚀，还会影响电气电路的正常工作，潮湿空气还有利于细菌、霉菌的生长。清洁的环境还可延长滤板的使用寿命。

另外，定期对设备的清洁是正常使用的重要环节。清洁应包括使用前后的例行清洁和定期的熏蒸处理。熏蒸时，应将所有缝隙完全密封。如操作口设有可移动挡板类型的超净工作台，可用塑料薄膜密封。

超净工作台的滤板和紫外杀菌灯，都有标定的使用年限，应按期更换。

3. 生物安全柜的使用

（1）参考国家标准和相关文献，对所有可能的使用者都介绍生物安全柜的使用方法和局限性。发给工作人员书面的规章、安全手册或操作手册。特别需要明确的是，当出现溢出、破损或不良操作时，安全柜就不再能保护操作者。

（2）生物安全柜运行正常时才能使用。

（3）生物安全柜在使用中不能打开玻璃观察挡板。

（4）安全柜内应尽量少放置器材或标本，不能影响后部压力排风系统的气流循环。

（5）安全柜内不能使用酒精灯，否则燃烧产生的热量会干扰气流并可能损坏过滤器。允许使用微型电加热器，但最好使用一次性无菌接种环。

（6）所有工作必须在工作台面的中后部进行，并能通过玻璃挡板观察。

（7）尽量减少操作者身后的人员活动。

（8）操作者不应反复移出和伸进手臂以免干扰气流。

（9）每次使用后，使用消毒液对生物安全柜的表面进行擦拭。

（10）在安全柜内的工作开始前和结束后，安全柜的风机应至少运行 5 min。

（11）在生物安全柜内操作时，不能进行文字工作。

4. 高压蒸气灭菌锅

高压蒸气灭菌法（autoclaving）可杀灭包括芽胞在内的所有微生物，是灭菌效果最好、应用最广的灭菌方法。是将需灭菌的物品放在高压锅（autoclave）内，加热时蒸气不外溢，高压锅内温度随着蒸气压的增加而升高。在 103.4 kPa（1.05 kg/cm^2）蒸气压下，温度达到 121.3℃，维持 15～20 min。适用于普通培养基、生理盐水、手术器械、玻璃容器及注射器、敷料等物品的灭菌。

高压蒸气灭菌锅有下排式压力蒸气灭菌器和预真空压力蒸气灭菌器两大类。下排式又包括手提式和卧式两种。下排式压力蒸气灭菌器，下部有排气孔，灭菌时利用冷热空气的比重差异，借助容器上部的蒸气压迫使冷空气自底部排气孔排出。灭菌所需的温度、压力和时间根据灭菌器类型、物品性质、包装大小而有所差别。当压力在 102.97～137.30kPa 时，温度可达 121～126℃，15～30 min 可达到灭菌目的。预真空压力蒸气灭菌器，配有真空泵，在通入蒸气前先将内部抽成真空，形成负压，以利蒸气穿透。在压力 105.95 kPa 时，温度达 132℃，4～5 min 即可达到灭菌效果。

注意事项：

（1）灭菌包不宜过大过紧（体积不应大于 30 cm×30 cm×30 cm），灭菌器内物品的放置总量不应超过灭菌器容积的 85%。各包之间留有空隙，以便于蒸气流通、渗入包裹中央，排气时蒸气迅速排出，保持物品干燥。

（2）盛装物品的容器应有孔，若无孔，应将容器盖拧松。

（3）布类物品放在金属、搪瓷类物品之上。

（4）被灭菌物品应待干燥后才能取出备用。

（5）灭菌锅密闭前，应将冷空气充分排空。

（6）随时观察压力及温度情况。

（7）注意安全操作，每次灭菌前，应检查灭菌器是否处于良好的工作状态。

（8）灭菌完毕后减压不要过猛，压力表回归"0"位后才可打开盖或门。

5. 离心机的使用

（1）实验室小型仪器设备机械性能是保障微生物实验安全的前提条件。因此在使用离心时按照操作手册来操作。

（2）离心机放置的高度应使一般身高的工作人员都能够看到离心机内部，以正确放置十字轴和离心桶。

（3）用于离心的试管和标本容器应当始终牢固盖紧（最好使用螺旋盖）。

（4）离心桶的装载、平衡、密封和打开必须在生物安全柜内进行。

（5）离心桶和十字轴应按重量配对，并在装载离心管后正确平衡。

（6）空离心桶用蒸馏水或乙醇（异丙醇，70%）来平衡。不用盐溶液或次氯酸盐溶液，因它们具有腐蚀性。

（7）当使用固定角离心转子时，不能将离心管装得过满，否则会导致漏液。

（8）使用离心机前应检查离心机内转子部位的腔壁是否被污染或弄脏，如污染明显，应采取清洁措施后再使用。

（9）每次使用后，要清除离心桶、转子和离心机腔的污染。

（10）使用后将离心桶倒置存放使平衡液流干。

6. 移液管和移液辅助器的使用

（1）使用移液管或辅助器时，严禁用口吸取液体；

（2）所有移液管应带有棉塞，以减少移液器具的污染；

（3）不能用移液管向含有感染性物质的溶液中吹入气体；

（4）感染性物质不能使用移液管反复吹吸混合；

（5）不能将液体从移液管内用力吹出；

（6）刻度对应（mark-to-mark）移液管不需要排出最后一滴液体；

（7）使用后的移液管应该完全浸泡在盛有消毒液的防碎容器中，移液管应当在消毒剂中浸泡适当时间后再进行处理；

（8）具有固定皮下注射针头的注射器不能够用于移液；

（9）为避免感染性物质从移液管中滴出而扩散，在工作台面上应放置一块浸有消毒液的布或消毒液的纸，使用后将其按感染性废弃物处理。

7. 菌落计数器

菌落计数器是一种数字显示式自动细菌检验仪器。由计数器、探笔、计数池等部分组成，计数器采用 CMOS 集成电路精心设计，LED 数码管显示，字高 13 mm，清晰明亮，配合专用探笔，计数灵敏准确。黑色背景式记数池内，荧光灯照明，菌落对比清楚，便于观察。仪器可减轻实验人员的劳动强度，提高工效和工作质量，广泛用于食品、饮料、药品、生物制品、化妆品、卫生用品、饮用水、生活污水、工业废水、临床标本中细菌数的检验。是各级环境监测站、防疫站、食品卫生监督检验所、医院、生物制品所、药检所、商检局、食品厂、饮料厂、化妆品厂、日化厂及大专院校、科研单位实验室的必备仪器。

使用方法：

（1）将电源插头插入 220 V 电源插座内。将探笔插入仪器上的探笔插孔内。

（2）将电源开关拨向开方向，计数池内灯亮。同时显示窗内明亮，表示允许进行计数。

（3）将待检的培养皿皿底朝上放入计数池内。用探笔在培养皿底面对所有的菌落逐个点数。此时，菌落处被标上颜色，显示窗内数字自动累加。

（4）用放大镜仔细检查，确认点数无遗漏，计数即已完毕。

（5）显示窗内的数字即为该培养皿内的菌落数。

（6）记录数字后取出培养皿，按复位按钮，显示恢复，为另一培养皿的计数做好准备。

三、环境微生物学实验室安全规程

1. 日常防护

（1）只有经批准的人员方可进入实验室；

（2）实验室的门应保持关闭；

（3）禁止儿童进入实验室；

（4）严禁用口吸移液管；

（5）严禁将实验材料置于口内，严禁用舌舔标签。

（6）所有的技术操作要尽量减少气溶胶和微小液滴的形成和扩散；

（7）出现菌悬液溢出或感染性物质暴露时，必须向老师报告，及时加以处置；

（8）在实验室工作时，必须穿着工作服。

（9）在进行可能直接或意外接触到血液、体液以及其他具有潜在感染性的材料或感染性动物的操作时，应戴手套，手套用完摘除后必须洗手；

（10）在处理完感染性实验材料和动物后，以及在离开实验室工作区域前，都必须洗手；

（11）为了防止眼睛或面部受到喷溅物的伤害，必要时应戴安全眼镜、面罩（面具）或其他防护用具；

（12）禁止在实验室进食、饮水、储存食品和饮料。

（13）在实验室内用过的防护服不得和日常服装放在同一柜子内。

2. 废弃物处置

废弃物是指将要丢弃的所有物品。在实验室内，废弃物最终的处理方式与其污染被清除的情况紧密相关。废弃物处理的首要原则是所有感染性材料必须在实验室内高压灭菌。

皮下注射针头用后不可再重复使用，包括不能从注射器上取下、回套针头护套、截断等，应将其完整地置于专用一次性锐器盒中按医院内医疗废物处置规程进行处置。盛放锐器的一次性容器绝对不能丢弃于生活垃圾中；

3. 意外事故应对方案和应急程序

（1）刺伤、切割伤或擦伤

受伤人员应当脱下防护服，使用适当的皮肤消毒剂，清洗双手和受伤部位，必要时进行医学处理。记录受伤原因和相关的微生物，保留完整适当的医疗记录。

（2）容器破碎及感染性物质的溢出

立即用布或纸巾覆盖受感染性物质，然后在上面倒上消毒剂，并使其作用适当时间，最后将布、纸巾以及破碎物品清理掉。

第六章 环境微生物学实验内容与操作

实验一 微生物形态观察

一、实验目的

1. 认识细菌、放线菌、酵母菌和真菌的基本形态特征和特殊结构。
2. 巩固显微镜的使用方法，重点掌握油镜的使用方法。
3. 学习微生物画图法。

二、实验原理

1. 细菌基本形态：细菌是单细胞生物，一个细胞就是一个个体。细菌的基本形态有 3 种：球状、杆状和螺旋状，分别称为球菌、杆菌和螺旋菌。
2. 细菌的特殊结构：荚膜、鞭毛、菌毛、芽孢等。
3. 真菌的特征结构：菌丝和菌丝变态。
4. 放线菌的特征结构：孢子。
5. 微生物菌落：不同微生物的菌落有自己的特征，如大小、表面、透明度、外形、高度、边缘、光泽、乳化、硬度、气味等。

三、实验材料与仪器

1. 材料

8 个细菌装片：金黄色葡萄球菌、八叠球菌、苏云金芽孢杆菌、巨大芽孢杆菌、枯草芽孢杆菌、破伤风梭菌、固氮菌、螺菌。

5 个霉菌装片：黑根霉、黑根霉接合孢子、曲霉、青霉、毛霉。

1 个酵母菌：出芽酵母。

1 个放线菌。

微生物单菌落划线平板：大肠杆菌、酵母菌、枯草芽孢杆菌、金黄色葡萄球菌、泾阳链霉菌、青霉。

2. 仪器

普通光学显微镜、镜油、镜头纸、擦镜液。

四、实验步骤

1. 调节显微镜，熟悉显微镜使用方法，清楚显微镜使用规则。

2. 观察细菌、真菌等装片，手绘 6 幅图，注意选择拍照无法拍出较好效果的装片绘图，另外选择 6 张装片拍照。

五、实验结果

观察菌落平板并记录。

思考题

为什么微生物的菌落形态会存在巨大的差异？

实验二　培养基的配制与灭菌

一、实验目的

1. 了解配制培养基的原理，掌握配制常用培养基的一般方法和步骤。

2. 学习几种常用培养基分装的方式、方法。

3. 了解几种灭菌方法，掌握干热灭菌法和加压蒸气灭菌法的原理及其使用方法。

4. 熟悉分离培养以前的有关准备工作及操作方法。

二、实验原理

1. 培养基

培养基是供微生物生长、繁殖、代谢的混合养料。由于微生物具有不同的营养类型，对营养物质的要求也各不相同，加之实验和研究的目的不同，所以培养基的种类很多，使用的原料也各有差异，但从营养角度分析，培养基中一般含有微生物所必需的碳源、氮源、无机盐、生长素以及水分等。

牛肉膏蛋白胨培养基是一种应用最广泛和最普通的细菌基础培养基，它含有牛肉膏、蛋白胨和 NaCl。其中牛肉膏为微生物提供碳源和能源，磷酸盐、蛋白胨主要提供氮源，而 NaCl 提供无机盐。在配制固体培养基时还要加入一定量琼脂作凝固剂（琼脂是从石花菜等海藻中提取的胶体物质，是应用最广的凝固剂）。琼脂在常用浓度下 96℃时溶化，一般实际应用时，在有营养液的烧杯中加入琼脂，在有石棉网的情况下电炉加热，以免琼脂烧焦。琼脂在 40℃时凝固，通常不被微生物分解利用。由于这种培养基多用于培养细菌，因此，要用稀酸或稀碱将其 pH 调至中性或微碱性，以利于细菌的生长繁殖。马铃薯葡萄糖琼脂（PDA）培养基是分离真菌的常用培养基，由于马铃薯（土豆）中的具体营养成分不清楚所以这种培养基属于天然培养基。

高氏 1 号培养基是分离和培养放线菌的合成培养基，是由可溶性淀粉作碳源，KNO_3 作氮源，NaCl，$K_2HPO_4 \cdot 3H_2O$，$MgSO_4 \cdot 7H_2O$，$FeSO_4 \cdot 7H_2O$ 为微生物提供钠、钾、磷、镁、硫等离子。

2. 灭菌

高压蒸气灭菌是将待灭菌的物品放在一个密闭的加压灭菌锅内，通过加热，使灭菌锅隔套间的水沸腾而产生蒸汽。待水蒸气急剧地将锅内的冷空气从排气阀中驱尽，然后关闭排气阀，继续加热，此时由于蒸气不能溢出，而增加了灭菌器内的压力，从而使沸点增高，得到高于 100℃的温度，导致菌体蛋白质凝固变性而达到灭菌的目的。在同一温度下，湿热的杀菌效力比干热大，其原因有三：一是湿热中细菌菌体吸收水分，蛋白质较易凝固；二是湿热的穿透力比干热大；三是湿热的蒸气有潜热存在，这种潜热，能迅速提高被灭菌物体的温度，从而增加灭菌效力。灭菌的温度及维持的时间随灭菌物品的性质和容量等具体情况而有所改变。通常为 121.3℃灭菌 15～20 min；不耐高压的培养基则可采用流通蒸气灭菌或间歇灭菌。含糖培养基用 112.6℃灭菌 15 min。紫外线灭菌是用紫外线灯进行的，紫外线杀菌机制主要是因为它诱导了胸腺嘧啶二聚体的形成，从而抑制了 DNA 的复制；由于辐射能使空气中的氧电离成[O]再使 O_2 氧化生成臭氧 O_3 或使水（H_2O）氧化生成过氧化氢 H_2O_2，O_3 和 H_2O_2 均有杀菌作用。紫外线穿透力不大，所以，只适用于无菌室、接种箱的空气及物体表面的灭菌。

三、实验试剂与仪器

1. 仪器

试管、三角瓶、烧杯、量筒、玻棒、天平、药匙、高压蒸气灭菌锅、pH 试纸（5.5～9.0）、棉花、记号笔、麻绳、纱布、干燥箱、培养皿、涂布棒、PH 试纸、称量纸、牛角匙、漏斗、分装架、移液管及移液管筒、培养皿、试管架、铁丝筐、剪刀、酒精灯、牛皮纸或报纸、电炉。

2. 药品

可溶性淀粉、KNO_3、$K_2HPO_4 \cdot 3H_2O$、$MgSO_4 \cdot 7H_2O$、$FeSO_4 \cdot 7H_2O$、1 mol/L NaOH、琼脂、牛肉膏、蛋白胨、NaCl、NaNO3、KCl、$MgSO_4$、$FeSO_4$、蔗糖、葡萄糖、乳糖、土豆汁、磷酸铵、5% HCl 溶液。

四、实验步骤

1. 培养基的配制

（1）培养基的配制方法和步骤

①称量：按照配方正确称取所需药品放于三角瓶或大烧杯中。

②溶化：在三角瓶或烧杯中加入所需水量，玻棒搅匀，加热溶解。

③调 pH 值：用 1 N NaOH 或 1 N HCl 调 pH，用 pH 试纸对照。

④加琼脂粉：加热过程要不断搅拌，可适当补水。

⑤分装：注意不要污染棉塞。

⑥包扎成捆：贴上标签（必须用记号写），注明何种培养基。

⑦灭菌：在高压锅中，在要求压力、温度下维持 20～30 min。

（2）三种培养基的配方及配制

①牛肉膏蛋白胨琼脂培养基（用于分离和培养细菌）

牛肉膏　3 g　　　　　　蛋白胨　5 g

氯化钠　3 g　　　　　　琼脂　20 g

自来水　1000 mL　　pH 7.2～7.4

灭菌　1.05 kg/cm^2，25～30 min

②马铃薯蔗糖培养基（用于分离和培养真菌）

去皮马铃薯　200 g　　　　　蔗糖　20 g

琼脂　20 g　　　　　　　　自来水　1000 mL

pH　自然

灭菌　1.05 kg/cm^2，30 min

③高氏一号培养基（用于分离和培养放线菌）

可溶性淀粉　20 g　　　　　　KNO$_3$　1 g

K$_2$HPO$_4$　0.5 g　　　　　　MgSO$_4$·7H$_2$O　0.5 g

NaCl　0.5 g　　　　　　　　FeSO$_4$·7H$_2$O　0.01 g

琼脂　20 g　　　　　　　　自来水　1000 mL

pH 自然

灭菌　1.05 kg/cm^2，30 min

④灭菌水的制备

100 mL 三角瓶（装有玻璃珠）装自来水 45 mL，试管中装 9 mL 自来水，塞上棉塞，包扎，灭菌。三角烧瓶和试管须预先塞好棉塞，并经干热灭菌。

2. 分离培养微生物常用器皿的准备

清洗玻璃仪器，如三角烧瓶、试管、培养皿、吸管等；制作棉塞；包装培养皿和吸管等。

3. 培养基和玻璃器皿的灭菌方法

（1）干热灭菌法：电热烘箱作为干热灭菌器。

（2）加压蒸气灭菌法。其步骤如下：

①灭菌锅内加入一定量的水，将用防水纸包扎好的物品放入其中。

②接通电源，进行加热。

③排除高压锅内的冷空气，可将排气阀打开，待排出冷空气后关闭排气阀；或关闭排气阀，待压力上升到 0.5 kg/cm^2 时再打开排气阀，待压力回复到将近零时，再关闭排气阀。

④当压力达 1.05 kg/cm^2 时，此时灭菌锅内的温度为 121℃，维持 30 min。对热不稳定的培养基如含有葡萄糖、氨基酸等物时，应适当降低压力，延长时间。

⑤灭菌时间一到，切断电源。待压力降至零时，才能打开排气阀，然后打开灭菌锅盖，取出物品。

（3）紫外线灭菌

一般使用 30 W 灯管，9 m^3 空间，距地面 2 m，打开紫外灯照射 0.5 h，可使室内空气灭菌。若照射紫外线时先喷洒石炭酸等化学消毒剂，可增强灭菌效果。紫外线虽有较强的杀菌力，但穿透力弱，即使一薄层玻璃或水层就能将大部分紫外线滤除，因此仅适用于空气表面杀菌。

（4）化学药剂消毒灭菌

微生物实验室中常用的化学杀菌剂有酒精、甲醛、高锰酸钾、石炭酸、漂白粉、新洁尔灭、来苏尔、过氧乙酸等，它们有的是杀菌剂，有的是抑制剂。

五、实验结果

思考题

1. 培养基配好后，为什么必须立即灭菌？如何检查灭菌后的培养菌是无菌的？
2. 固体培养基加琼脂后加热溶化时要注意哪些问题？
3. 培养基中加琼脂的作用是什么？
4. 加压蒸气灭菌的原理是什么？压力表上的指针指到何压力时就能达到所需灭菌温度？
5. 如何检查培养基灭菌是否彻底？

实验三 公共场所空气中细菌总数检测方法

一、实验目的

1. 理解空气中细菌数量可能与空气中的病原菌数量有一定的相关性。
2. 学习掌握测定空气中细菌的数量最常用的方法，沉降法、撞击法等。

二、实验原理

撞击法（impacting method）是采用撞击式空气微生物采样器采样，通过抽气动力作用，使空气通过狭缝或小孔而产生高速气流，使悬浮在空气中的带菌粒子撞击到营养琼脂平板上，经37℃ 48 h 培养后，计算出每立方米空气中所含的细菌菌落数的采样测定方法。

自然沉降法（natural sinking method）是指直径9 cm的营养琼脂平板在采样点暴露15 min，经37℃ 48 h 培养后计数生长的细菌落数的采样测定方法。

三、实验仪器与药品

高压蒸气灭菌器、干热灭菌器、空气微生物采样器、恒温培养箱、冰箱、平皿（直径9 cm）、牛肉膏蛋白胨培养基及制备培养基用的一般设备：量筒，三角烧瓶，pH 计或精密 pH 试纸等。

四、实验步骤

1. 撞击法

（1）选择有代表性的位置设置采样点。将采样器消毒，按仪器使用说明进行采样。

（2）样品采完后，将带菌营养琼脂平板置（36±1）℃恒温箱中，倒置培养48 h，计数菌落数，并根据采样器的流量和采样时间，换算成每立方米空气中的菌落数。以 CFU/m³ 报告结果。

CFU 是指经培养所得菌簇形成单位的英文缩写。例如：CFU/mL 指的是每毫升样品中含有的细菌菌落总数；CFU/g 指的是每克样品中含有的细菌菌落总数。

（3）根据公式 $X=N×1000/L$ 计算 1 m^3 空气中的细菌数，式中 X 为 1m^3 空气中细菌数；N 为平皿上平均菌落数，L 为采用空气体积（升）。

2. 自然沉降法

（1）设置采样点时，应根据现场的大小，选择有代表性的位置作为空气细菌检测的采样点。通常设置 5 个采样点，即室内墙角对角线交点为 1 采样点，该交点与四墙角连线的中点为另外 4 个采样点。采样高度为 1.2～1.5 m。采样点应远离墙壁 1 m 以上，并避开空调、门窗等空气流通处。

（2）将营养琼脂平板置于采样点处，打开皿盖，暴露 5 min，盖上皿盖，翻转平板，置（36±1）℃恒温箱中，培养 48 h。

（3）计数每块平板上生长的菌落数，求出全部采样点的平均菌落数。以 CFU/m^3 报告结果。

（4）面积为 100 cm^2 的平板培养基，暴露在空气中 5 min，相当 10 L 空气中细菌数，计算公式为：$X=N×100×100/\pi r^2$（个/m^3），其中，r 为平板半径（cm）。

五、实验结果

报告不同采样时间、地点、气候条件下空气中细菌数量变化情况。

思考题

比较两种不同的方法结果。

实验四　细菌的革兰氏染色法

一、实验目的

了解革兰氏染色的原理，学习并掌握革兰氏染色的方法。

二、实验原理

革兰氏染色反应是细菌分类和鉴定的重要依据。它是 1884 年由丹麦医师 Gram 创立的。革兰氏染色法（Gram stain）不仅能观察到细菌的形态而且还可将所有细菌区分为两大类：染色反应呈蓝紫色的称为革兰氏阳性细菌，用 G+表示；染色反应呈红色（复染颜色）的称为革兰氏阴性细菌，用 G-表示。细菌对于革兰氏染色的不同反应，是由于它们细胞壁的成分和结构不同而造成的。革兰氏阳性细菌的细胞壁主要是由肽聚糖形成的网状结构组成的，在染色过程中，当用乙醇处理时，由于脱水而引起网状结构中的孔径变小，通透性降低，使结晶紫—碘复合物被保留在细胞内而不易脱色，因此，呈现蓝紫色；革兰氏阴性细菌的细胞壁中肽聚糖含量低，而脂类物质含量高，当用乙醇处理时，脂类物质溶解，细胞壁的通透性增加，使结晶紫—碘复合物易被乙醇抽出而脱色，然后又被染上了复染液（番红）的颜色，因此呈现红色。

革兰氏染色需用四种不同的溶液：碱性染料（basic dye）初染液；媒染剂（mordant）；脱色剂（decolorising agent）和复染液（counterstain）。碱性染料初染液的作用象在细菌的单染色法基本原理中所述的那样，而用于革兰氏染色的初染液一般是结晶紫（crystal violet）。媒染剂的作用是增加染料和细胞之间的亲和性或附着力，即以某种方式帮助染料固定在细胞上，使不易脱落，碘（iodine）是常用的媒染剂。脱色剂是将被染色的细胞进行脱色，不同类型的细胞脱色反应不同，有的能被脱色，有的则不能，脱色剂常用 95%的酒精（ethanol）。复染液也是一种碱性染料，其颜色不同于初染液，复染的目的是使被脱色的细胞染上不同于初染液的颜色，而未被脱色的细胞仍然保持初染的颜色，从而将细胞区分成 G+和 G-两大类群，常用的复染液是番红。

三、实验材料、仪器与药品

1. 材料

大肠杆菌，枯草芽孢杆菌。

2. 仪器

载玻片，显微镜等。

3. 药品

革兰氏染色液。

四、实验步骤

1. 将培养 14～16 h 的枯草芽孢杆菌和培养 24 h 的大肠杆菌分别作涂片（注意涂片切不可过于浓厚），干燥、固定。固定时通过火焰 1～2 次即可，不可过热，以载玻片不烫手为宜。

2. 染色

（1）初染 滴加草酸铵结晶紫 1 滴，约 1 min，水洗。

（2）媒染 滴加碘液冲去残水，并覆盖约 1 min，水洗。

（3）脱色 将载玻片上面的水甩净，并衬以白背景，用 95% 酒精滴洗至流出酒精刚刚不出现紫色时为止，约 20～30 s，立即用水冲净酒精。

（4）复染 用番红液染 1～2 min，水洗。

（5）镜检 干燥后，置油镜下观察。革兰氏阴性菌呈红色，革兰氏阳性菌呈紫色。以分散开的细菌革兰氏染色反应结果为准，过于密集的细菌，常常呈假阳性。

（6）同法在一载玻片上以大肠杆菌与枯草芽孢杆菌混合制片，作革兰氏染色对比。

革兰氏染色的关键在于严格掌握酒精脱色程度，如脱色过度，则阳性菌可被误染为阴性菌；而脱色不够时，阴性菌可被误染为阳性菌。此外，菌龄也影响染色结果，如阳性菌培养时间过长，或已死亡及部分菌自行溶解了，都常呈阴性反应。

五、实验结果

拍照、判断革兰氏阳性或阴性菌。

思考题

1. 做革兰氏染色涂片为什么不能过于浓厚？其染色成败的关键是什么？

2. 当你对一株未知菌进行革兰氏染色时，怎样才能确认你的染色技术操作正确，结果可靠？

实验五　土壤中微生物的纯种分离与培养

一、实验目的

1. 掌握常用的分离纯化微生物的基本操作技术：连续划平板法及分区划平板法。
2. 掌握微生物无菌操作技术。
3. 熟悉各种微生物在固体斜面、半固体和液体培养基上的生长特征。

二、实验原理

1. 微生物在自然界中无处不在，尤其在土壤中存在极其丰富。但自然界中的微生物都以混杂状态存在。要研究某种微生物的性质，首先要获得这种微生物的纯培养物。微生物纯化培养的方法有：显微操作单细胞挑取法、稀释涂平板法、稀释混合平板法和平板划线法四种。现在又发展了基于其 DNA 和蛋白质的分子生物学分离和鉴定方法用于分离鉴定难以或不能培养的微生物。而厌氧微生物的纯化由于其厌氧或低氧化还原电位，要求使用特殊的分离方法。

2. 微生物在固体斜面、半固体和液体培养基上，不同的微生物有其固有的培养特征。这些培养特征可以作为微生物分类鉴定的指标，也可作为检测纯培养物是否被污染的指标。

三、实验材料与仪器

1. 材料
土壤样品；培养基：牛肉膏蛋白胨培养基、马铃薯培养基。
2. 仪器
酒精灯、接种环、接种针、玻璃刮刀。

四、实验步骤

1. 无菌操作
用于防止外源微生物进入无菌范围的操作技术称为无菌操作。
无菌操作的要求是：
（1）实验进行前，无菌室及无菌操作台以紫外灯照射 30～60 min 灭菌，以 70% 乙醇擦拭无菌操作台面，并开启无菌操作台风扇运转 10 min 后，才开始实验操作。
（2）每次操作只处理一株细胞株，不同的细胞株既使培养基相同也不能放在同一培养基上培养，以避免失误混淆或细胞间污染。
（3）无菌操作工作区域应保持清洁及宽敞，必要物品，例如试管架、吸管吸取器或吸管盒等可以暂时放置，其他实验用品用完及时移出，以利于气流流通。实验用品以 70% 乙醇擦拭后才带入无菌操作台上。实验操作应在台面中央无菌区域，勿在边缘之非无菌区域操作。

（4）小心取用无菌实验物品，避免造成污染。勿碰触吸管尖头部或是容器瓶口，亦不要在打开的容器正上方操作实验。

（5）实验完毕后，应将实验物品带出工作台，以 70% 乙醇擦拭无菌操作台面。间隔 5～10 分钟后，再进行下一个细胞株的操作。

2. 纯培养

（1）称取 1 g 土样于灭菌试管中，加 10 mL 无菌水，振荡，制成 10^{-1} 土壤悬浮液，静置 5 min，按 10 倍梯度稀释到 10^{-3}；无菌操作下取上述土壤悬浮液 0.5 mL，加到培养基平板上，用玻璃刮刀涂匀。放置 10 min 后将培养皿反转，送培养箱 37℃ 恒温培养 1～2 天。

（2）挑取单一菌落于肉膏蛋白胨平板上划线分离，如图 6-1 中（a）、（b）、（c）所示。

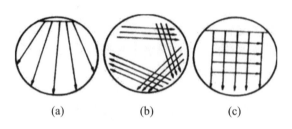

(a)　　　　　(b)　　　　　(c)

图 6-1　平板上划线分离

3. 培养特征观察

无菌操作条件下分别在液体、半固体、固体培养基上接种纯化后的菌体，于 37℃ 下培养 24 h 后观察各种菌株在不同的培养基上的培养特征，比较它们之间的差异。

五、实验结果

绘制平板培养基上菌落生长情况图。

思考题

1. 培养微生物应该考虑哪些原则？
2. 为什么把已经接种的培养皿倒置培养？
3. 比较同一菌种在液体培养基与固体培养基上的形态、生长状况。

实验六　水中细菌总数的测定

一、实验目的

1. 学习水样的采取方法和水样细菌总数测定的方法。
2. 了解水源水的平板菌落计数的原则。

二、实验原理

本实验应用平板菌落计数技术测定水中细菌总数。由于水中细菌种类繁多，它们对营养和其他生长条件的要求差别很大，不可能找到一种培养基在一种条件下，使水中所有的细菌均能生长繁殖，因此，以一定的培养基平板上生长出来的菌落，计算出来的水中细菌总数仅是一种近似值。目前一般是采用普通肉膏蛋白胨琼脂培养基。

三、实验材料与仪器

1. 材料

培养基：肉膏蛋白胨琼脂培养基，无菌水。

2. 仪器

灭菌三角烧瓶、灭菌的带玻璃塞瓶、灭菌培养皿、灭菌吸管、灭菌试管等。

四、实验步骤

1. 水样的采取

（1）自来水

先将自来水龙头用火焰烧灼 3 min 灭菌，再开放水龙头使水流 5 min 后，以灭菌三角烧瓶接取水样，以待分析。

（2）池水、河水或湖水

应取距水面 10～15 cm 的深层水样，先将灭菌的带玻璃塞瓶，瓶口向下浸入水中，然后翻转过来，除去玻璃塞，水即流入瓶中，盛满后，将瓶塞盖好，再从水中取出，最好立即检查，否则需放入冰箱中保存。

2. 细菌总数测定

（1）自来水

①用灭菌吸管吸取 1 mL 水样，注入灭菌培养皿中。共做两个平皿。

②分别倾注约 15 mL 已溶化并冷却到 45℃左右的肉膏蛋白胨琼脂培养基，并立即在桌上作平面旋摇，使水样与培养基充分混匀。

③另取一空的灭菌培养皿，倾注肉膏蛋白胨琼脂培养基 15 mL 作空白对照。

④培养基凝固后，倒置于 37℃ 温箱中，培养 24 h，进行菌落计数。

⑤两个平板的平均菌落数即为 1 mL 水样的细菌总数。

（2）池水、河水或湖水等

①稀释水样。取 3 个灭菌空试管，分别加入 9 mL 灭菌水。取 1 mL 水样注入第一管 9 mL 灭菌水内、摇匀，再自第一管取 1 mL 至下一管灭菌水内，如此稀释到第三管，稀释度分别为 10^{-1}、10^{-2} 与 10^{-3}。稀释倍数看水样污浊程度而定，以培养后平板的菌落数在 30～300 个之间的稀释度最为合适，若三个稀释度的菌数均多到无法计数或少到无法计数，则需继续稀释或减小稀释倍数。

一般中等污秽水样，取 10^{-1}、10^{-2}、10^{-3} 三个连续稀释度，污秽严重的取 10^{-2}、10^{-3}、10^{-4} 三个连续稀释度。

②自最后三个稀释度的试管中各取 1 mL 稀释水加入空的灭菌培养皿中，每一稀释度做两个培养皿。

③各倾注 15 mL 已溶化并冷却至 45℃左右的肉膏蛋白胨琼脂培养基，立即放在桌上摇匀。

④凝固后倒置于 37℃培养箱中培养 24 h。

3. 菌落计数方法

（1）先计算相同稀释度的平均菌落数。若其中一个平板有较大片状菌苔生长时，则不应采用，而应以无片状菌苔生长的平板作为该稀释度的平均菌落数。若片状菌苔的大小不到平板的一半，而其余的一半菌落分布又很均匀时，则可将此一半的菌落数乘 2 以代表全平板的菌落数，然后再计算该稀释度的平均菌落数。

（2）首先选择平均菌落数在 30～300 之间的，当只有一个稀释度的平均菌落数符合此范围时，则以该平均菌落数乘其稀释倍数即为该水样的细菌总数（见表 6-1，例次 1）。

（3）若有两个稀释度的平均菌落数均在 30～300 之间，则按两者菌落总数之比值来决定。若其比值小于 2，应采取两者的平均数；若大于 2，则取其中较小的菌落总数（见表 6-1，例次 2 及例次 3）。

（4）若所有稀释度的平均菌落数均大于 300，则应按稀释度最高的平均菌落数乘以稀释倍数（见表 6-1，例次 4）。

（5）若所有稀释度的平均菌落数均小于 30，则应按稀释度最低的平均菌落数乘以稀释倍数（见表 6-1，例次 5）。

表 6-1　计算菌数落总数方法举例

例次	不同稀释的平均菌落数			两个稀释度菌落数之比	菌落总烽（个/mL）	备注
	10^{-1}	10^{-2}	10^{-3}			
1	1 365	164	20	–	16 400 或 1.6×10⁴	两位以后的数字采取四舍五入的方法去掉
2	2 760	295	46	1.6	37 750 或 3.8×10⁴	
3	2 890	271	60	2.2	27 100 或 2.7×10⁴	
4	无法计数	1650	513	–	513 000 或 5.1×10⁵	
5	27	11	5	–	270 或 2.7×10⁴	
6	无法计数	305	12	–	30 500 或 3.1×10⁴	

（6）若所有稀释度的平均菌落数均不在 30～300 之间，则以最近 300 或 30 的平均菌落数乘以稀释倍数。

五、实验结果

1. 从自来水的细菌总数结果来看，是否合乎饮用水的标准？
2. 你所测的水源水的污秽程度如何？

思考题

国家对自来水的细菌总数有一标准，那么各地能否自行设计其测定条件（诸如培养温度，培养时间等）来测定水样总数呢？为什么？

实验七 水中大肠菌群的测定

一、实验目的

1. 充分认识水体大肠菌群检验的卫生学意义。
2. 学习并掌握水体中大肠菌群的检验原理及方法、数据处理和报告方法。

二、实验原理

大肠菌群系指一群在 37℃，24 h 能使乳糖、发酵、产酸、产气，需氧或兼性厌氧的革兰氏阴性无芽孢杆菌。该菌中大肠菌群数是以每 100 毫升（克）检样内大肠菌群最可能数（MPN）表示。

三、实验材料与仪器

1. 材料
（1）乳糖蛋白胨培养液
①成分

蛋白胨	10 g
牛肉膏	3 g
乳糖	5 g
氯化钠	5 g
溴甲酚紫乙醇溶液（16 g/L）	1 mL
蒸馏水	1000 mL

②制法

将蛋白胨、牛肉膏、乳糖及氯化钠溶于蒸馏水中，调整 pH 为 7.2～7.4，再加入 1 mL 溴甲酚紫乙醇溶液（16 g/L），充分混匀，分装于装有倒管的试管中，115℃高压灭菌 20 min，储存于冷暗处备用。

（2）二倍浓缩乳糖蛋白胨培养液
按上述乳糖蛋白胨培养液除蒸馏水外，其他成分量加倍。

（3）伊红美蓝培养基
①成份

蛋白胨	10 g
乳糖	3 g
磷酸氢二钾	5 g
琼脂	5 g
蒸馏水	1000 mL
伊红水溶液（20 g/L）	20 mL
美蓝水溶液（5 g/L）	13 mL

②制法

将蛋白胨、磷酸盐和琼脂溶解于蒸馏水中，校正 pH 为 7.2，加入乳糖，混匀后分装，以 115℃高压灭菌 20 min。临用时加热熔化琼脂，冷至 50～55℃，加入伊红和美蓝溶液，混匀，倾注平皿。

（3）革兰氏染色液

①结晶紫染色液

成分：

结晶紫	1 g
乙醇[p (C$_2$H$_5$OH)]=95%	20 mL
草酸铵水溶液（10 g/L）	80 mL

制法：将结晶紫溶于乙醇[p (C$_2$H$_5$OH)]=95% 中，然后与草酸铵溶液混合。

注：结晶紫不可用龙胆紫代替，前者是纯品，后者不是单一成份，易出现假阳性。结晶紫溶液放置过久会产生沉淀，不能再用。

②革兰氏碘液

成分：

碘片	1 g
碘化钾	2 g
蒸馏水	300 mL

制法：将碘和碘化钾先进行混合，加入蒸馏水少许，充分振摇，待完全溶解后，再加蒸馏水。

③脱色剂：乙醇[p (C$_2$H$_5$OH)]=95%。

④沙黄复染液

成份

沙黄	0.25 g
乙醇[p (C$_2$H$_5$OH)]=95%	10 mL
蒸馏水	90 mL

制法：将沙黄溶解于乙醇中，待完全溶解后加入蒸馏水。

注：如沙黄买不到，可用苯酚复红染色液（1+10），作复染液，复染时间为 10 s。

2. 仪器

培养箱：（36±1）℃；冰箱：0～4℃；天平；显微镜；平皿：直径为 9 cm；试管；分度吸管：1 mL、10 mL；锥形瓶；小倒管；10 片载玻片。

四、实验步骤

1. 检验生活饮用水时，取 10 mL 水样接种到 10 mL 二倍浓缩乳糖蛋白胨培养液中，取 1 mL 水样接种到 10 mL 乳糖蛋白胨培养液中，另取 1 mL 水样注入到 9 mL 灭菌生理盐水中，混匀后吸取 1 mL（即 0.1 mL 水样）注入到 10 mL 单料乳糖蛋白胨培养液中，每一稀释度共接种 5 管。对已处理过的出厂自来水，需经常检验或每天检验一次的，可直接接种 5 份 10 mL 二倍浓缩培养基，每份接种 10 mL 水样。

2. 检验水源水时，如污染较严重，应加大稀释度，可接种 1、0.1、0.01 mL 甚至 0.1，0.01，0.001 mL。每个稀释度接种 5 管，每个水样共接种 15 管。接种 1 mL 以下水样时，必须作 10

倍递增稀释后，取 1 mL 接种。每递增稀释一次，换用 1 支 1 mL 灭菌分度吸管。

3. 将接种管置（36±1）℃培养箱内，培养（24±2）h，如所有乳糖蛋白胨培养管都不产气产酸，则可报告为总大肠菌群阴性，如有产酸产气者，则按下列步骤进行：

（1）分离培养

将产酸产气的发酵管分别转种在伊红美蓝琼脂平板上，于（36±1）℃培养箱内培养 18～24 h，观察菌落形态，挑取符合下列特征的菌落：

①深紫黑色，具有金属光泽的菌落。

②紫黑色，不带或略带金属光泽的菌落。

③淡紫红色，中心较深的菌落。

做革兰氏染色、镜检和证实试验。

（2）证实试验

经上述菌落染色镜检为革兰氏阴性无芽胞杆菌，同时接种乳糖蛋白胨培养液，置（36±1）℃培养箱中培养（24±2）h，有产酸产气者，即证实有总大肠菌群存在。

五、实验结果

根据证实为大肠菌群阳性管数，查 MPN 检索表（表 6-2 和表 6-3）。报告每 100 毫升（克）样品中大肠菌群的最近似值。

思考题

不同地区生活饮用水的大肠菌数是否有区别，为什么？

附录：大肠菌群检验程序

表 6-2　50 mL 检样接种 1 管，10 mL、1 mL 检样各接种 3 管的大肠杆菌最近似数检索表

50 mL 管阳性数	10 mL 管阳性数	1 mL 管阳性数	每 100 毫升的 MPN
0	0	0	0
0	0	1	1
0	0	2	2
0	1	0	1
0	1	1	2
0	1	2	3
0	2	0	2
0	2	1	3
0	2	2	4
0	3	0	3
0	3	1	5
0	3	2	6
1	0	0	1
1	0	1	3
1	0	2	4
1	0	3	6
1	1	0	3

续表

50 mL 管阳性数	10 mL 管阳性数	1 mL 管阳性数	每 100 毫升的 MPN
1	1	1	5
1	1	2	7
1	1	3	9
1	2	0	5
1	2	1	7
1	2	2	10
1	2	3	12
1	3	0	8

表 6-3　10 mL、1 mL、0.1 mL 检样各接种 3 管的大肠杆菌最近似数（每 100 毫升）检索表

阳性管			MPN	阳性管			MPN	阳性管			MPN
10 mL	1 mL	0.1 mL		10 mL	1 mL	0.1 mL		10 mL	1 mL	0.1 mL	
0	0	1	3	1	1	2	15	2	2	3	42
0	0	2	6	1	1	3	19	2	3	0	29
0	0	3	9	1	2	0	11	2	3	1	36
0	1	0	3	1	2	1	15	2	3	2	44
0	1	1	6	1	2	2	20	2	3	3	53
0	1	2	9	1	2	3	24	3	0	0	23
0	1	3	12	1	3	0	16	3	0	1	39
0	2	0	6	1	3	1	20	3	0	2	64
0	2	1	9	1	3	2	24	3	0	3	95
0	2	2	12	1	3	3	29	3	1	0	43
0	2	3	16	2	0	0	9	3	1	1	75
0	3	0	9	2	0	1	14	3	1	2	120
0	3	1	13	2	0	2	20	3	1	3	160
0	3	2	16	2	0	3	26	3	2	0	93
0	3	3	19	2	1	0	15	3	2	1	150
1	0	0	4	2	1	1	20	3	2	2	210
1	0	1	7	2	1	2	27	3	2	3	290
1	0	2	11	2	1	3	34	3	3	0	240
1	0	3	15	2	2	0	21	3	3	1	460
1	1	0	7	2	2	1	28	3	3	2	1100
1	1	1	11	2	2	2	35	3	3	3	1100+

实验八　目标菌生长曲线的测定

一、实验目的

1. 了解细菌的生长规律及细菌生长曲线的特点。

2. 掌握比浊法测定细菌生长曲线的原理和方法。

二、实验原理

把少量的细菌细胞接种到一定体积的合适新鲜液体培养基中,在适宜的条件下进行培养,细菌数随时间的推移而发生变化,会引起培养物混浊度有规律性的变化。细菌悬液的混浊度和透光度（trans）成反比、与光密度（opticaldelnsity, OD）成正比$[OD=\lg(1/trans)]$。光密度或透光度可借助分光光度计或光电比浊计精确测出,表示该菌在特定实验条件下的细菌相对数目。利用分光光度计或光电比浊计定期测定培养液中的菌量,以菌量的对数$[$光密度 OD值$]$作纵坐标,培养时间作横坐标,绘制的曲线称为生长曲线。生长曲线代表微生物生长繁殖至衰老死亡整个过程的动态变化,典型的生长曲线可分为延滞期、对数期、稳定期和衰亡期四个阶段。各个时期的长短以微生物的种类、培养基成分和培养条件的不同而不同,生长曲线是微生物在一定环境条件下于液体培养时所表现出的群体生长规律。测定在一定条件下培养的微生物生长曲线,在科学研究和生产实践中具有重要意义,常用于监测培养菌的生长状况,确定细菌生长密度和生长期。

三、实验材料与仪器

1. 材料

菌种（每小组的目标菌）、培养基（牛肉膏蛋白胨液体培养基）。

2. 仪器

恒温振荡培养箱、分光光度计或光电比浊计、灭菌移液枪头、移液枪。

四、实验步骤

1. 预先将各组的目标菌接种在牛肉膏蛋白胨培养液中,37℃振荡培养,备用。或将目标菌保种在牛肉膏蛋白胨的斜面培养基上,备用。

2. 接种。用无菌移液枪头取 0.5 mL 目标菌悬液,接入盛有 150 mL 新鲜的牛肉膏蛋白胨液体培养基的三角瓶中;或者按无菌操作法,用接种环从斜面培养基上挑取目标菌,接入液体培养基中。如果实验需要精确测定微生物的生长,需要接种多个平行样,并须采用前一种接种方法,以保证每个三角瓶中接菌量是一致的。接种完毕后,封好瓶口,于 37℃恒温振荡培养箱中培养。

3. 于培养的第 0、2、4、6、8、10、12、16、18、20 h,分别用无菌移液器从三角瓶中移取培养液 3 mL,然后用分光光度计测定 OD_{600} 值,以未接种的牛肉膏蛋白胨液体培养基作为空白对照,调分光光度计的零点。若菌液太浓,须进行稀释,使 OD 值在 0.0～0.5 之间较好。经稀释后测得的 OD_{600} 值要乘以稀释倍数,才是培养液实际的 OD_{600} 值。

五、实验结果

绘制目标菌的生长曲线。以培养时间为横坐标,以 OD_{600} 值为纵坐标,绘制出目标菌的生长曲线。

思考题

在实验过程中,哪些操作步骤容易对实验结果造成误差或影响,应该怎样避免?

实验九　活性污泥样品采集及生物活性的检测

一、实验目的

1. 了解活性污泥生物相观察的重要意义。
2. 了解活性污泥中微生物数量的计数方法。

二、实验原理

活性污泥法是污水处理的重要方法之一，是利用活性污泥中的微生物在人工供氧的条件下，将污水中的有机物降解氧化为 H_2O，CO_2、PO_4^{3-}、NH_3—N、H_2S 等无机物，同时微生物利用分解代谢过程中释放的能量将分解代谢的中间产物合成为新的细胞质组成部分，使微生物自身生长繁殖。由此可见，在污水生化处理中都是通过微生物的代谢活动，将污水中的有机物氧化分解为无机物，从而得以净化。在污水处理过程中，微生物和它所处的处理系统环境条件（如温度、酸碱度、营养物质、毒物浓度和溶解氧等）是相适应的。当环境条件发生变化时，微生物的种类、数量及其活性也会随之发生变化。在一定程度上生物相能反映污水处理系统的运行状况及处理质量。因此，在污水处理系统运行过程时可通过对活性污泥的生物相观察来了解污泥中的微生物生长、繁殖和代谢活动以及它们之间的演替情况，可直接反映污水处理设施的运行状况及处理的效果，并根据观察的情况及时调整处理系统的控制因素，有利于微生物的生存。

三、实验材料与仪器

1. 材料

活性污泥（生物膜）、计数板。

2. 仪器

500 mL 烧杯、量筒。

四、实验步骤

1. 样品准备

取一定体积的城市污水处理厂曝气池的活性污泥，自然沉降 30 min 后弃上清液，用无菌生理盐水重新悬浮、分散样品，制成微生物悬液。

2. 细菌数量的测定

取微生物悬液，用血球计数板按照以上实验方法进行细菌计数。然后计算出每升活性污泥混合液的细菌含量。

3. 微型动物数量的测定

取微生物悬液，用微型动物计数板按照以上实验方法进行微型动物计数。然后计算出每升活性污泥混合液的微型动物含量。

五、实验结果

报告活性污泥中细菌和微型动物的数量以及它们的数量比。

思考题

活性污泥生物相实时监测的重要意义是什么？

实验十　活性污泥性能测定

一、实验目的

1. 掌握沉降比和污泥指数这两个表征活性污泥沉淀性能指标的测定和计算方法。

2. 进一步明确沉降比、污泥指数和污泥浓度三者之间的关系以及它们对活性污泥法处理系统的设计和运行控制的指导意义。

3. 加深对活性污泥的絮凝沉淀的特点和规律的认识。

二、实验原理

1. 通常沉降性能的指标是用污泥沉降比和污泥指数来表示。

2. 沉降比 SV%即曝气池出水混合液的体积在 100 mL 的量筒中静置沉淀 30 min 后，沉淀后的污泥体积和混合液体积（100 mL）的比值%。

3. 污泥指数（SVI）的全称为污泥容积指数，是曝气池出口处混合液经 30 min 静置后，1 g 干污泥所占的容积，以 mL 计。

4. 污泥指数能客观地评价活性污泥的松散程度和絮凝、沉淀性能，及时地反映出是否有污泥膨胀的倾向或已经发生污泥膨胀。

三、实验仪器

烘箱、分析天平、干燥器、称量瓶、量筒、100 mL、吸耳球等。

四、实验步骤

1. 将干净的 100 mL 量筒用蒸馏水冲洗后，空干。

2. 将虹吸管吸入口放在曝气池的出口处，用吸耳球将曝气池的混合液吸出，并形成虹吸至一定量。

3. 通过虹吸管取 100 mL 混合液置于 100 mL 量筒后，开始计时。

4. 观察活性污泥凝絮和沉淀的过程与特点，且在第 1、3、5、10、15、20、30 min 分别记录污泥界面以下的污泥容积；

5. 第 30 min 的污泥容积（mL）即为污泥沉降比（SV%）；

6. 将经 30 min 沉淀的污泥和上清液一同倒入过滤器过滤后测定其污泥干重。

污泥干重的测量方法：

（1）将滤纸和称量瓶放在 103～105℃烘箱中干燥至恒重，称量并记录 w_1。

（2）将该滤纸剪好平铺在布氏漏斗上（剪掉的部分滤纸不要丢掉）。

（3）将测定过沉降比的 100 mL 量筒内的污泥全部倒入漏斗，过滤（用水冲净量筒，水也倒入漏斗）。

（4）将载有污泥的滤纸移入称量瓶中，放入烘箱（103～105℃）中烘干恒重，称量并记录 w_2。

（5）污泥干重=w_2-w_1。

五、实验结果

1. 根据测定污泥沉降比（SV）

$$SV\% = \frac{混合液静沉 30 \ min \ 污泥容积（mL）}{混合液容积（100 \ mL）} \times 100\%$$

2. 根据实验测定数据计算污泥浓度（MLSS）

$$MLSS = \frac{w_2-w_1}{混合液容积（100 \ mL）} \times 10 \ （g/L）$$

3. 根据实验测定数据计算污泥指数（SVI）

$$SVI = \frac{SV\% \times 10}{MLSS}$$

4. 绘出 100 mL 量筒中污泥容积随沉淀时间的变化曲线。

思考题

1. 通过所得到的污泥沉降比和污泥指数，评价该活性污泥法处理系统中活性污泥的沉降性能，是否有污泥膨胀的倾向或已经发生膨胀。

2. 污泥沉降比和污泥指数二者有什么区别和联系？

3. 活性污泥的絮凝沉淀有什么特点和规律？

实验十一　显微镜油浸系物镜的使用

一、实验目的

1. 学习油浸系物镜的使用方法。

2. 用油镜观察枯草芽孢杆菌和金黄色葡萄球菌染色装片。

二、实验材料、仪器与药品

1. 材料

枯草芽孢杆菌（Bacillus subitilis）、金黄色葡萄球菌（Staphylococcus aureus）的染色装片。

2. 仪器

显微镜、擦镜纸。

3. 药品

香柏油、二甲苯。

三、实验步骤

1. 观察前的准备

（1）将显微镜置于平稳的实验台上，镜座距实验台边沿约为 4 cm。坐正，练习用左眼观察。

（2）调节光源：将低倍物镜转到工作位置，把光圈完全打开，聚光器升至与载物台相距 1 mm 左右。转动反光镜采集光源，光线较强的天然光源宜用平面镜，光线较弱的天然光源或人工光源宜用凹面镜，对光至视野内均匀明亮为止。观察染色装片时，光线宜强；观察末染色装片时，光线不宜太强。

2. 低倍镜观察染色装片

首先上升镜筒，将枯草芽孢杆菌染色装片置于载物台上，用标本夹夹住，将观察位置移至物镜正下方，物镜降至距装片 0.5 cm 处，适当缩小光圈然后两眼从目镜观察，转动粗调节器使物镜逐渐上升（或使镜台下降）至发现物像时，改用细调节器调节到物像清楚为止。移动装片，把合适的观察部位移至视野中心。

3. 高倍镜观察

眼睛离开目镜从侧面观察，旋转转换器，将高倍镜转至正下方，注意避免镜头与玻片相撞。再由目镜观察，仔细调节光圈，使光线的明亮度适宜。用细调节器校正焦距使物镜清晰为止。将最适宜观察部位移至视野中心，绘图。不要移动装片位置，准备用油镜观察。

4. 油镜观察

（1）提起镜筒约 2 cm，将油镜转至正下方。在玻片标本的镜检部位（镜头的正下方）滴一滴香柏油。

（2）从侧面注视，小心慢慢降下镜筒，使油镜浸在油中至油圈不扩大为止，镜头几乎与装片接触，但不可压及装片，以免压碎玻片，损坏镜头。

（3）将光线调亮，左眼从目镜观察，用粗调节器将镜筒徐徐上升（切忌反方向旋转），当视野中有物像出现时，再用细调节器校正焦距。如因镜头下降未到位或镜头上升太快末找到物像，必须再从侧面观察，将油镜降下，重复操作直至物像看清为止。仔细观察并绘图。

（4）再次观察　提起镜筒，换上金黄色葡萄球菌染色装片，依次用低倍镜、高倍镜和油镜观察，绘图。重复观察时可比第一次少加香柏油。

5. 镜检完毕后的工作

（1）移开物镜镜头。

（2）取出装片。

（3）清洁油镜，油镜使用完毕后，须用擦镜纸擦去镜头上的香柏油，再用擦镜纸沾少许二甲苯擦掉残留的香柏油，最后再用干净的擦镜纸擦干残留的二甲苯。

（4）擦净显微镜，将各部分还原。将接物镜呈"八"字形降下，不可使其正对聚光器，同时降下聚光器，转动反光镜使其镜面垂直于镜座。最后套上镜罩，对号放入镜箱中，置阴凉干燥处存放。

四、注意事项

1. 使用油镜必须按先用低倍镜和高倍镜观察，再用油镜观察

2. 下降镜头时，一定要从侧面注视，切忌用眼睛对着目镜，边观察边下降镜头的错误操作，以免压碎玻片而损坏镜头。

3. 使用二甲苯擦镜头时，注意二甲苯不能过多，以防溶解固定透镜的树脂。

4. 注意保持显微镜的洁净，对金属部分要用软布擦拭，擦镜头必须用擦镜纸，切勿用手或用普通布、纸等，以免损坏镜头。

思考题

1. 用油镜便于观察细菌的依据是什么？

2. 使用油镜应特别注意哪些问题？

3. 当物镜从低倍镜转到高倍镜和油镜时，对照明度有何要求？应如何调节？

实验十二　细菌单染色法及口腔环境中微生物的观察

一、实验目的

1. 学习细菌单染色操作技术。

2. 用单染色法或负染色法观察口腔中的微生物。

二、实验材料、仪器与药品

1. 材料

大肠杆菌（*E.coli*）、金黄色葡萄球菌（*Staphylocosccus aureus*）的斜面菌种。

2. 仪器

显微镜、擦镜纸、接种环、酒精灯、载玻片、吸水纸、无菌牙签。

3. 药品

吕氏美蓝染色液、石炭酸复红染色液、黑色素液或碳素墨水、香柏油、二甲苯、无菌水。

三、实验步骤

1. 单染色法

（1）涂片：在洁净无脂的载玻片中央滴一小滴无菌水，用无菌操作方法从菌种斜面挑取少量菌体与水滴充分混匀，涂成薄膜，涂布面积约 $1\sim1.5\ cm^2$。

（2）干燥：将涂片于室温中自然干燥。

（3）固定：手扶载片一端，使涂菌的一面向上，将载片通过微火 2～3 次。在火上固定时，用手摸涂片反面，以不烫手为宜。不能将载片在火上烤，否则细菌形态毁坏。

（4）染色：将涂片置于水平位置，滴加染色液覆盖于涂菌处，染色约 2 min。

（5）水洗：倾去染色液，斜置载片，用自来水的细水流由载片上端流下，不得直接冲在涂菌处，直洗至从载片上流下的水中无染色液的颜色为止。

（6）干燥：自然晾干或用吸水纸轻轻地吸干，注意不要擦掉菌体。

（7）待标本完全干燥后，先用低倍镜和高倍镜观察，将典型部位移至视野中央，再用油镜观察。

2. 口腔微生物的观察

（1）单染色法

①在洁净无油腻的载片中央滴一小滴无菌水，用牙签取牙垢少许与水滴充分混匀，涂成薄膜。

②将涂片于室温中自然干燥后，按上面单染色法的步骤，进行固定、染色、水洗，干燥后镜检。

（2）负染色法

①在洁净无油腻的载片的一端滴一小滴无菌水，用牙签取牙垢少许与水滴充分混匀，然后加少许黑色素溶液，充分混匀。

②另取一载片将其边缘放在含菌载片的一端，然后推向另一端，则含菌载片上的混合液被推成薄膜。

③于室温中自然干燥。

④镜检：将光线调亮，先用低倍镜观察，再用高倍镜观察。

四、注意事项

载玻片要洁净无脂，否则菌液涂不开。涂片时，滴水不要过多，挑菌量宜少，菌膜宜薄。

思考题

1. 涂片在染色前为什么要先进行固定？固定时应注意什么问题？

2. 制备染色装片时应注意哪些事项，为什么？制片为什么要完全干燥后才能用油镜观察？

3. 你知道口腔中通常存在哪些微生物吗？如何进行区分？

实验十三 细菌鞭毛染色及其运动的观察

一、实验目的

1. 细菌的鞭毛染色法。

2. 用压滴法观察细菌的运动。

3. 用悬滴法观察细菌的运动。

二、实验材料、仪器与药品

1. 材料

普通变形菌（*Proteus vulgaris*）、金黄色葡萄球菌（*Staphylococcus aureus*）；牛肉膏蛋白胨培养基斜面。

2. 仪器

显微镜、擦镜纸、接种环、酒精灯、载玻片、凹载玻片、盖玻片、镊子、细玻棒、吸水纸。

3. 药品

鞭毛染色液、0.01% 美蓝水溶液、香柏油、二甲苯、无菌水、凡士林。

鞭毛染色液 A、B 的配制方法：

A 液：碱性复红 0.3 g 加 95%乙醇 10 mL；

B 液：石炭酸 3 g 加蒸馏水 95 mL。

0.01% 美蓝染液配制方法：称取 0.01 g 美蓝用 95%乙醇定容到 100 mL。

三、实验步骤

1. 细菌鞭毛染色

（1）活化菌种

将保存的变形菌在新制备的普通牛肉膏蛋白胨斜面培养基上连续移种 2～3 次，每次于 30℃培养 10～15 h。活化后菌种备用。

（2）制片

在干净载玻片的一端滴一滴蒸馏水，用无菌操作法，以接种环从活化菌种中取少许菌苔（注意不要带培养基），在载玻片的水滴中轻沾几下。将载玻片稍倾斜，使菌液随水滴缓缓流到另一端，然后平放，于空气中干燥。

（3）染色

①滴加鞭毛染色液 A 液，染 3～5 min。

②用蒸馏水充分洗净 A 液，使背景清洁。

③将残水沥干或用 B 液冲去残水。

④滴加 B 液，在微火上加热使微冒蒸气，并随时补充染料以免干涸，染 30～60s。

⑤待冷却后，用蒸馏水轻轻冲洗干净，自然干燥或滤纸吸干。

（4）镜检

先用低倍镜和高倍镜找到典型区域，然后用油镜观察。菌体为深褐色，鞭毛为褐色。注意观察鞭毛着生位置（镜检时应多找几个视野，有时只在部分涂片上染出鞭毛）。

2. 细菌运动的观察

（1）压滴法

①制备菌液：从幼龄菌斜面上，挑数环菌放在装有 1～2 mL 无菌水的试管中，制成轻度混浊的菌悬液。

②取 2～3 滴环稀释菌液于洁净载玻片中央，再加入一环 0.01% 的美蓝水溶液，混匀。

③用镊子夹一洁净的盖玻片，先使其一边接触菌液，然后慢慢地放下盖玻片，这样可防止产生气泡。

④镜检：将光线适当调暗，先用低倍镜找到观察部位，再用高倍镜观察。要区分细菌鞭毛运动和布朗运动，后者只是在原处左右摆动，细菌细胞间有明显位移者，才能判定为有运动性。

（2）悬滴法

①取洁净盖玻片，在四周涂少许凡士林。

②在盖玻片中央滴一小滴菌液。

③将凹玻片的凹窝向下，使凹窝中心对准盖玻片中央的菌液，轻轻地盖在盖玻片上，使凹玻片与盖玻片粘在一起（注意液滴不得与凹玻片接触）。

④小心将玻片翻转过来，使菌液正好悬在窝的中央。再用火柴棒轻压盖玻片四周使封闭，以防菌液干燥。

⑤镜检：将光线适当调暗，先用低倍镜找到悬滴的边缘后，再将菌液移至视野中央，换用高倍镜观察，注意细菌是如何运动的，它与分子布朗运动的不同。

思考题

1. 鞭毛染色的菌种为什么要先连续传几代，并且要采用幼龄菌种？

2. 根据你的实验体会，哪些因素影响鞭毛染色的效果？如何控制？

3. 试设计一实验，如何鉴别某种细菌是否能运动，是否有鞭毛，其鞭毛的着生位置。

实验十四　细菌芽孢、荚膜的染色及观察

一、实验目的

1. 细菌的芽泡染色。

2. 细菌的荚膜染色。

二、实验材料

1. 材料

枯草芽孢杆菌、褐球固氮菌的斜面菌种。

2. 仪器

显微镜、接种环、酒精灯、载玻片、盖玻片、小试管（1 cm×6.5 cm）、烧杯（300 mL）、滴管、试管夹、擦镜纸、吸水纸。

3. 药品

二甲苯、香柏油、蒸馏水、5% 孔雀绿水溶液、0.5% 沙黄水溶液（或 0.05% 碱性复红）、绘图墨水（用滤纸过滤后备用）、95% 乙醇、石炭酸复红染液。

三、实验步骤

1. 芽孢染色法

（1）方法1

①取 37℃ 培养 18～24 h 的枯草芽孢杆菌作涂片，并干燥，固定（参见"细胞单染色法"）。

②于涂片上滴 3～5 滴 5% 孔雀绿水溶液。

③用试管夹夹住载玻片在火焰上用微火加热，自载玻片上出现蒸气时，开始计算时间约 4～5 min。加热过程中切勿使染料蒸干，必要时可添加少许染料。

④倾去染液，待玻片冷却后，用自来水冲洗至孔雀绿不再褪色为止。

⑤用 0.5% 沙黄水溶液（或 0.05% 碱性复红）复染 1 min，水洗。

⑥制片干燥后用油镜观察。芽孢呈绿色，菌体红色。

（2）方法2

①加 1～2 滴自来水于小试管中，用接种环从斜面上挑取 2～3 环培养 18～24 h 的枯草芽孢杆菌菌苔于试管中，并充分混匀打散，制成浓稠的菌液。

②加 5% 孔雀绿水溶液 2～3 滴于小试管中，用接种环搅拌使染料与菌液充分混合。

③将此试管浸于沸水浴（烧杯）中，加热 15～20 min。

④用接种环从试管底部挑数环菌于洁净的载玻片上，并涂成薄膜，将涂片通过微火 3 次固定。

⑤水洗，至流出的水中无孔雀绿颜色为止。

⑥加沙黄水溶液，染 2～3 min 后，倾去染液，不用水洗，直接用吸水纸吸干。

⑦干燥后用油镜观察。芽孢绿色，菌体红色。

2. 荚膜染色法

（1）石炭酸复红染色

①取培养了 72 h 的褐球固氮菌制成涂片，自然干燥（不可用火焰烘干）。

②滴入 1～2 滴 95% 乙醇固定（不可加热固定）。

③加石炭酸复红染液染色 1～2 min，水洗，自然干燥。

④在载玻片一端加一滴墨汁，另取一块边缘光滑的载玻片与墨汁接触，再以匀速推向另一端，涂成均匀的一薄层，自然干燥。

⑤干燥后用油镜观察。菌体红色，荚膜无色，背景黑色。

（2）背景染色

①先加 1 滴墨水于洁净的玻片上，并挑少量褐球固氮菌与之充分混合均匀。

②放一清洁盖玻片于混合液上，然后在盖玻片上放一张滤纸，向下轻压，吸收多余的菌液。

③干燥后用油镜观察。背景灰色，菌体较暗，在其周围呈现一明亮的透明圈即荚膜。

思考题

1. 为什么芽孢染色要加热？为什么芽孢及营养体能染成不同的颜色？

2. 组成荚膜的成分是什么？涂片一般用什么固定方法，为什么？

3. 试设计实验如何鉴定某一产芽孢菌株的芽孢形态、着生位置及所属分类地位。

实验十五　细菌大小的测定

一、实验目的

1. 认识测微尺，学习目镜测微尺的标定。
2. 测定金黄色葡萄球菌和大肠杆菌菌体的大小。

二、实验材料、仪器与药品

1. 材料

金黄色葡萄球菌、大肠杆菌的玻片标本。

2. 仪器

显微镜、目镜测微尺、镜台测微尺、擦镜纸。

3. 药品

香柏油、二甲苯；

三、实验步骤

1. **测微尺的构造**　显微镜测微尺是由目镜测微尺和镜台接物测微尺组成，目镜测微尺是一块圆形玻璃片，其中有精确的等分刻度，在 5 mm 刻尺上分 50 份。目镜测微尺每格实际代表的长度随使用接目镜和接物镜的放大倍数而改变，因此在使用前必须用镜台测微尺进行标定。

镜台测微尺为一专用中央有精确等分线的载玻片，一般将长为 1 mm 的直线等分成 100 个小格，每格长 0.01 mm 即 10μm，是专用于校正目镜测微尺每格长度的。

2. **目镜测微尺的标定**　把目镜的上透镜旋开，将目镜测微尺轻轻放在目镜的隔板上，使有刻度的一面朝下。将镜台测微尺放在显微镜的载物台上，使有刻度的一面朝上。先用低倍镜观察，调焦距，待看清镜台测微尺的刻度后，转动目镜，使目镜测微尺的刻度与镜台测微尺的刻度相平行，并使两尺左边的一条线重合，向右寻找另外一条两尺相重合的直线 。

3. **计算方法**

标定公式：

$$目镜测微尺每格长度（\mu m）= \frac{两条重合线间镜台测微尺的格数 \times 10}{两条重合线间目镜测微尺的格数}$$

例如，目镜测微尺 20 个小格等于镜台测微尺 3 小格，已知镜台测微尺每格为 10μm，则 3 小格的长度为 3×10=30μm，那么相应地在目镜测微尺上每小格长度为 3×10÷20=1.5μm。用以上计算方法分别校正低倍镜、高倍镜及油镜下目镜测微尺每格实际长度。

4. **菌体大小的测定**　将镜台测微尺取下，分别换上大肠杆菌及金黄色葡萄球菌玻片标本，先在低倍镜和高倍镜下找到目的物，然后在油镜下用目镜测微尺测量菌体的大小。先量出菌体的长和宽占目镜测微尺的格数，再以目镜测微尺每格的长度计算出菌体的长和宽。并详细记录于表 6-4 中。

表 6-4　菌体测定结果

菌号	大肠杆菌测定结果				金黄色葡萄球菌的直径大小测定结果	
	目镜测微尺格数		实际长度		目镜测微尺格数	实际直径/μm
	宽	长	宽	长		
1						
2						
3						
4						
5						
6						
7						
8						
9						
10						
均值						

　　例如，目镜测微尺在这架显微镜下，每格相当于 1.5 μm，测量的结果，若菌体的平均长度相当于目镜测微尺的 2 格，则菌体长应为 3×1.5 μm=3.0 μm。

　　一般测量菌体的大小，应测定 10～20 个菌体，求出平均值，才能代表该菌的大小。

思考题

　　1. 为什么更换不同放大倍数的目镜和物镜时必须重新用镜台测微尺对目镜微尺进行标定？

　　2. 若目镜不变，目镜测微尺也不变，只改变物镜，那么目镜测微尺每格所测量的镜台上的菌体细胞的实际长度（或宽度）是否相同？为什么？

实验十六　微生物的水解实验

一、实验目的

　　1. 证明不同微生物对各种有机大分子的水解能力不同，从而说明不同微生物有着不同的酶系统。

　　2. 掌握进行微生物大分子水解试验的原理和方法。

二、实验原理

　　微生物对大分子的淀粉、蛋白质和脂肪不能直接利用，必须靠产生的胞外酶将大分子物质分解才能被微生物吸收利用。胞外酶主要为水解酶，通过加水裂解大的物质为较小的化合物，使其能被运输至细胞内。如淀粉酶水解淀粉为小分子的糊精、双糖和单糖；脂肪酶水解脂肪为甘油和脂肪酸；蛋白酶水解蛋白质为氨基酸等。这些过程均可通过观察细菌菌落周围的物质变化来证实：淀粉遇碘液会产生蓝色，但细菌水解淀粉的区域，用碘测定不再产生蓝色，表明细菌产生淀粉酶。脂肪水解后产生脂肪酸可改变培养基的 pH，使 pH 降低，加入培养基的中性红指示剂会使培养基从淡红色变为深红色，说明胞外存在着脂肪酶。

微生物可以利用各种蛋白质和氨基酸作为氮源，当缺乏糖类物质时，亦可用它们作为碳源和能源。明胶是由胶原蛋白经水解产生的蛋白质，在 25℃ 以下可维持凝胶状态，以固体形式存在。而在 25℃ 以上明胶就会液化。有些微生物可产生一种称作明胶酶的胞外酶，水解这种蛋白质，而使明胶液化，甚至在 4℃ 仍能保持液化状态。

还有些微生物能水解牛奶中的蛋白质酪素，酪素的水解可用石蕊牛奶来检测。石蕊培养基由脱脂牛奶和石蕊组成，是昏浊的蓝色。酪素水解成氨基酸和肽后，培养基就会变得透明。石蕊牛奶也常被用来检测乳糖发酵，因为在酸存在下，石蕊会转变为粉红色，而过量的酸可引起牛奶的固化（凝乳形成）。氨基酸的分解会引起碱性反应，使石蕊变为紫色。此外，某些细菌能还原石蕊，使试管底部变为白色。

尿素是由大多数哺乳动物消化蛋白质后被分泌在尿中的废物。尿素酶能分解尿素释放出氨，这是一个分辨细菌很有用的诊断实验。尽管许多微生物都可以产生尿素酶，但它们利用尿素的速度比变形杆菌属（Proteus）的细菌要慢，因此尿素酶试验被用来从其他非发酵乳糖的肠道微生物中快速区分这个属的成员。尿素琼脂含有蛋白胨，葡萄糖，尿素和酚红。酚红在 pH6.8 时为黄色，而在培养过程中，产生尿素酶的细菌将分解尿素产生氨，使培养基的 pH 升高，在 pH 升至 8.4 时，指示剂就转变为深粉红色。

三、实验材料、仪器与药品

1. 材料

菌种：枯草芽胞杆菌、大肠杆菌、金黄色葡萄球菌、铜绿假单胞菌（Pseudomonas aeruginosa）、普通变形杆菌；培养基：固体油脂培养基、固体淀粉培养基、明胶培养基试管、石蕊牛奶试管、尿素琼脂试管。

2. 仪器

无菌平板、无菌试管、接种环、接种针、试管架。

3. 药品

革兰氏染色用卢戈氏碘液（Lugol's iodine solution）。

四、实验步骤

1. 淀粉水解试验

（1）将固体淀粉培养基溶化后冷却至 50℃ 左右，无菌操作制成平板。

（2）用记号笔在平板底部划成四部分。

（3）将枯草芽孢杆菌、大肠杆菌、金黄色葡萄球菌，铜绿假单胞菌分别在不同的部分划线接种，在平板的反面分别在四部分写上菌名。

（4）将平板倒置在 37℃ 温箱中培养 24 h。

（5）观察各种细菌的生长情况，将平板打开盖子，滴入少量 Lugol's 碘液于平皿中，轻轻旋转平板，使碘液均匀铺满整个平板。

如菌苔周围出现无色透明圈，说明淀粉已被水解，为阳性。透明圈的大小可初步判断该菌水解淀粉能力的强弱，即产生胞外淀粉酶活力的高低。

2. 油脂水解试验

（1）将溶化的固体油脂培养基冷却至 50℃左右时，充分摇荡，使油脂均匀分布。无菌操作倒入平板，待凝。

（2）用记号笔在平板底部划成四部分，分别标上菌名。

（3）将上述四种菌分别用无菌操作划十字接种于平板的相对应部分的中心。

（4）将平板倒置，于 37℃温箱中培养 24 h。

（5）取出平板，观察菌苔颜色，如出现红色斑点说明脂肪水解，为阳性反应。

3. 明胶水解试验

（1）取 3 支明胶培养基试管，用记号笔标明各管欲接种的菌名。

（2）用接种针分别穿刺接种枯草芽抱杆菌、大肠杆菌、金黄色葡萄球菌。

（3）将接种后的试管置 20℃中，培养 2～5 天。

（4）观察明胶液化情况。

4. 石蕊牛奶试验

（1）取 2 支石蕊牛奶培养基试管，用记号笔标明各管欲接种的菌名。

（2）分别接种普通变形杆菌和金黄色葡萄球菌。

（3）将接种后的试管置 35℃中，培养 24～48 h。

（4）观察培养基颜色变化。石蕊在酸性条件下为粉红色，碱性条件下为紫色，而被还原时为白色。

5. 尿素试验

（1）取 2 支尿素培养基斜面试管，用记号笔标明各管欲接种的菌名。

（2）分别接种普通变形杆菌和金黄色葡萄球菌。

（3）将接种后的试管置 35℃中，培养 24～48 h。

（4）观察培养基颜色变化。尿素酶存在时为红色，无尿素酶时应为黄色。

思考题

1. 怎样解释淀粉酶是胞外酶而非胞内酶？

2. 不利用碘液，怎样证明淀粉水解的存在？

3. 接种后的明胶试管可以在 35℃培养，在培养后必须做什么才能证明水解的存在？

4. 解释在石蕊牛奶中的石蕊为什么能起到氧化还原指示剂的作用？

5. 为什么尿素试验可用于鉴定 Proteus 细菌？

实验十七　糖发酵试验

一、实验目的

1. 了解糖发酵的原理和在肠道细菌鉴定中的重要作用。

2. 掌握通过糖发酵鉴别不同微生物的方法。

二、实验原理

糖发酵试验是常用的鉴别微生物的生化反应，在肠道细菌的鉴定上尤为重要。绝大多数细菌都能利用糖类作为碳源和能源，但是它们在分解糖类物质的能力上有很大的差异。有些细菌能分解某种糖产生有机酸（如乳酸、醋酸、丙酸等）和气体（如氢气、甲烷、二氧化碳等）；有些细菌只产酸不产气。例如大肠杆菌能分解乳糖和葡萄糖产酸并产气；伤寒杆菌分解葡萄糖产酸不产气，不能分解乳糖；普通变形杆菌分解葡萄糖产酸产气，不能分解乳糖。发酵培养基含有蛋白胨，指示剂（溴甲酚紫），倒置的德汉氏小管和不同的糖类。当发酵产酸时，溴甲酚紫指示剂可由紫色（pH6.8）变为黄色（pH5.2）。气体的产生可由倒置的德汉氏试管中有无气泡来证明。

三、实验材料与仪器

1. 材料

菌种：大肠杆菌、普通变形杆菌斜面各一支；培养基：葡萄糖发酵培养基试管和乳糖发酵培养基试管各 3 支（内装有倒置的德汉氏小试管）。

2. 仪器

试管架、接种环等。

四、实验步骤

1. 用记号笔在各试管外壁上分别标明发酵培养基名称和所接种的细菌菌名。

2. 取葡萄糖发酵培养基试管 3 支，分别接入大肠杆菌，普通变形杆菌，第三支不接种，作为对照。另取乳糖发酵培养基试管 3 支，同样分别接入大肠杆菌，普通变形杆菌，第三支不接种，作为对照。

在接种后，轻缓摇动试管，使其均匀，防止倒置的小管进入气泡。

3. 将接种过和作为对照的 6 支试管均置 37℃培养 24～48 h。

4. 观察各试管颜色变化及德汉氏小管中有无气泡。

思考题

假如某种微生物可以有氧代谢葡萄糖，发酵试验应该出现什么结果？

实验十八　微生物与氧关系的检测

一、实验目的

1. 学会检测微生物与氧关系的方法。

2. 了解微生物与氧的关系。

3. 通过调整转速和瓶装量检测微生物生长与氧气的关系。

二、实验材料与仪器

1. 材料

大肠杆菌斜面菌种、牛肉膏蛋白胨培养基。

2. 仪器

吸量管、三角瓶、恒温振荡器、721 分光光度计、比色杯等。

三、实验步骤

1. LB 培养基的制备

（1）配制牛肉膏蛋白胨培养基。

（2）分装：取 4 个 300 mL 三角瓶，每瓶装入 50 mL 培养基，编号为 1、2、3、4；另取 4 个 500 mL 三角瓶，每瓶分别装入 50 mL、100 mL、150 mL 和 200 mL 培养基，编号为 5、6、7、8。再取一个 100 mL 三角瓶，装入 20 mL 培养基，剩余的培养基装入 2 个 500 mL 三角瓶中。所有三角瓶均用 8 层纱布和线绳包扎。

3. 灭菌 将上述分装的培养基于 121℃湿热灭菌 30 min，冷却后备用。

2. 供试菌种的制备

（1）菌种活化：将冰箱中储藏的大肠杆菌斜面菌种转接至牛肉膏蛋白胨斜面培养基上，37℃培养 18~20 h 备用。

（2）种子制备：取上述活化的大肠杆菌一环接入盛有 20 mL 牛肉膏蛋白胨培养基的 100 mL 三角瓶中，37℃，200 r/min 摇床培养 16~18 h 作为供试种子。

3. 不同转速对大肠杆菌生长的影响

取 1~4 号三角瓶，每瓶接入 1 mL 上述大肠杆菌种子，1 号静置于温箱中，2 号置 75 r/min 摇床，3 号置于 150 r/min 摇床，4 号置于 225 r/min 摇床，在 37℃下培养 12~16 h 后取出，摇匀，经适当稀释后，测定每个瓶中的 OD 值（$\lambda=600$ nm），并同时以原培养基不接种作对照测定。记录结果于表 6-5 中。

表 6-5　不同转数对大肠杆菌生长量的影响

转数（r/min）	OD 值（$\lambda=600$ nm）		
	1	2	平均值
0			
75			
150			
225			

4. 不同瓶装量对大肠杆菌生长的影响

取上述 5~8 号三角瓶，按 1% 的接种量接人上述大肠杆菌种子，37℃，200 r/min 培养 12~16 h 后一并取出，用 721 分光光度计测定 OD 值（$\lambda=600$nm），如密度太大可作适当稀释后再测 OD 值，记录实验结果于表 6-6 中。

表 6-6 不同瓶装量对大肠杆菌生长量的影响

瓶装量（mL）	OD 值（$\lambda=600\ nm$）		
500 mL 三角瓶	1	2	平均值
50			
100			
150			
200			

思考题

1. 根据微生物与氧的关系，可将微生物分为哪几大类？
2. 专性厌氧微生物为什么在有氧的条件下不能生长？
3. 试设计一实验，测定酵母菌或放红菌及霉菌与氧的关系。

实验十九　厌氧微生物的培养

一、实验目的

1. 深层穿刺法，厌氧培养丙酮丁醇梭菌。
2. 真空干燥器厌氧培养丙酮丁醇梭菌及产气荚膜梭菌。
3. 针筒厌氧法培养丙酮丁醇梭菌及产气荚膜梭菌。
4. 厌氧罐培养法示范。
5. 厌氧袋法培养丙酮丁醇梭菌。

二、实验材料与仪器

1. 材料

丙酮丁醇梭菌（Clostridium acetobutylicum）、产气荚膜梭菌（Clostridium perfringens）；RCM 培养基（即强化梭菌培养基）、TYA 培养基、玉米醪培养基、中性红培养基、明胶麦芽汁培养基；$CaCO_3$、焦性没食子酸（即邻苯三酚）、Na_2CO_3、10% NaOH 溶液、0.5% 美蓝水溶液、6% 葡萄糖水溶液、钯粒（A 型）、$NaBH_4$、KBH_4、$NaHCO_3$、柠檬酸。

2. 仪器

带塞或塑料帽玻璃管（直径 18～20 mm，长 180～200 mm）、1 mL 血浆瓶、250 mL 血浆瓶、20 mL 和 50 mL 针筒、250 mL 三角瓶、试管、厌氧罐、厌氧袋（不透气的无毒复合透明薄膜塑料袋，14 cm×32 cm）、培养皿、真空泵、带活塞干燥器、氮气钢瓶。

三、实验步骤

1. 真空干燥器厌氧培养法

此法不适用于培养需要 CO_2 的微生物。该法是在干燥器内使焦性没食子酸与氢氧化钠溶液发生反应而吸氧，形成无氧的小环境而使厌氧菌生长。

（1）培养基准备与接种：将 3 支装有玉米醪培养基或 RCM 培养基的大试管放在水浴中煮沸 10 min，以赶出其中溶解的氧气，迅速冷却后（切勿摇动）将其中 2 支试管分别接种丙酮丁醇梭菌和产气荚膜梭菌。

（2）干燥器准备与抽气：在带活塞的干燥器内底部，预先放入焦性没食子酸粉末 20 g 和斜放盛有 200 mL 10% NaOH 溶液的烧杯。将接种有厌氧菌的培养管放入干燥器内。在干燥器口上涂抹凡士林，密封后接通真空泵，抽气 3～5 min，关闭活塞。轻轻摇动干燥器，促使烧杯中的 NaOH 溶液倒入焦性没食子酸中，两种物质混合发生吸氧反应，使干燥器中形成无氧小环境

（3）观察结果：将干燥器置于 37℃恒温箱中培养约 7 天，取出培养管，分别制片观察菌体特征。

2. 深层穿刺厌氧培养法

此法操作简单，适用于一般厌氧微生物的活化和分离培养，但不能用于扩大培养。

（1）接种培养：将玻璃管一头塞上橡胶塞，装入培养基（RCM 或 TYA 培养基）的高度为管长的 2/3，套上塑料帽或橡皮塞，灭菌并凝固后，将丙酮丁醇梭菌用接种针穿刺接种，置 37℃恒温箱中培养 6～7 天。

（2）观察结果　观察菌落形态特征并制片于显微镜下观察菌体的细胞形态，并记录结果。

3. 针筒厌氧培养法

此法适于活化厌氧菌和小体积的扩大培养。

（1）培养基准备：将灭菌的装有 RCM 或 TYA 培养基的血浆瓶放在沸水浴中加热 10 min，在瓶口胶塞上插上 2 枚医用针头排气，以赶出残留在培养基内的氧气。随后将血浆瓶从沸水浴中取出，再用氮气钢瓶中的高纯氮气（99.99%）通过胶塞上的一枚针头引入血浆瓶中，使血浆瓶内充满氮气，瓶内培养基在冷却过程中保持无氧状态。

（2）针筒装灌培养基：将灭菌的针筒接上针头经胶塞刺入血浆瓶中，先利用瓶内氮气的压力将针筒的推杆慢慢推开，待吸入一定体积的氮气后取下针筒，排尽针筒内的气体。按此重复操作 3 次，以排尽针筒内的残留空气而维持无氧状态。使血浆瓶口朝下倾斜，利用瓶内压力将培养液缓慢注入针筒内，然后取下针筒，用经灭菌的带孔橡皮塞迅速把针筒头部塞住

（3）接种培养采用无菌操作以菌种液针筒将菌穿刺接入培养液针筒中，置 37℃恒温培养，用于菌种活化可培养 16～18 h，用于测定菌体生长可培养 6～7 天。

（4）观察结果取菌制片观察。

4. 厌氧罐培养法

此法利用透明的聚碳酸酯硬质塑料制成的一种小型罐状密封容器，采用抽气换气法充入氢气，利用钯作催化剂与罐内氧气发生作用达到除氧的目的，同时充入 10%（V/V）的 CO_2 以促进某些革兰氏阴性厌氧菌的生长其实验操作过程如下：

（1）制备厌氧度指示剂：取 3 mL 0.5% 美蓝水溶液用蒸馏水稀释至 100 mL；6 mL 0.1 mol/L NaOH 溶液用蒸馏水稀释至 100 mL；6 g 葡萄糖加蒸馏水至 100 mL。将上述 3 种溶液等体积混合，并用针筒注入安瓿管内 1 mL，沸水浴加热至无色，立即封口即成。取一根直径 1 cm、长 8 cm 的无毒透明塑料软管，将装有美蓝指示剂的安瓿管置于软管中，制成美蓝厌氧度指示管。

（2）培养基准备与接种：将制成无菌无氧的 RCM 或 TYA 培养基平板，在无菌操作下迅

速划线接种丙酮丁醇梭菌或产气荚膜梭菌，并立即将平皿倒置放入已准备好的厌氧罐中，同时放入一支美蓝厌氧指示剂管。随后及时旋紧罐盖，达到完全密封。

（3）抽气换气：将真空泵接通厌氧罐抽气接口，抽真空至表指针 0.09～0.093 MPa（680～700 mmHg）时，关闭抽气口活塞，用止血钳夹住抽气橡皮管。打开氮气钢瓶气阀向厌氧罐内充入氮气，当真空表指针返回到零位终止充氮。再接上述步骤抽气和充入氮气，如此重复 2～3 次，使罐中氧的含量达最低度。最后充入的氮气使真空表指针达 0.02 MPa（160 mmHg）时停止充氮气。再开启 CO_2 钢瓶阀门，向罐内充入 CO_2 直至真空表指针达到 0.011MPa（80 mmHg）时停止。为除尽罐内残留的氧，以氢气袋（用医用"氧气袋"灌满氢气）气管连接向厌氧罐内充入氢气直至真空表指针回到零位为止。充气完毕，封闭厌氧罐。

（4）恒温培养　将厌氧罐置于 37℃恒温箱中培养 6～7 天，注意罐中厌氧指示剂的颜色变化。

（5）观察结果和镜检　从罐内取出平皿，观察菌落特征。并挑取菌落作涂片，用结晶紫染液染色，镜检，比较不同菌的菌体细胞形态特征，并作记录。

5. 厌氧袋培养法

厌氧袋除氧是利用氢硼化钠与水反应产生氢，在催化剂钯的作用下，氢与袋中氧结合生成水达到除氧目的，除氧效果可从袋中厌氧度指示剂观察。同时，利用柠檬酸与碳酸氢钠的作用产生 CO_2，以有利于需要 CO_2 的厌氧菌的生长。

（1）厌氧袋：选用无毒复合透明薄膜塑料，采用塑膜封口机或电热法烫制成 20 cm×40 cm 塑料袋。

（2）产气管：取一根无毒塑料软管（直径 2.0 cm，长 20 cm），管壁制成小孔，一端封实。天平称取 0.4 g $NaBH_4$ 和 0.4 g $NaHCO_3$，用擦镜纸包成小包，塞入软管底部，其上塞入 3 层擦镜纸，将装有 5% 柠檬酸溶液 3 mL 的安瓿管塞入塑料管中，管口塞上有缺口的泡沫塑料小塞，即制成产气管。

（3）厌氧度指示管：取一根无毒透明塑料软管（直径 2 cm，长 10 cm）。量取 0.5% 美蓝水溶液 3 mL，用蒸馏水稀释至 100 mL；取 0.1 mol/LNaOH 溶液 6 mL，用蒸馏水稀释至 100 mL；称取 6 g 葡萄糖加蒸馏水稀释成 100 mL。将上述 3 种溶液等量混合后取 2 mL 装入安瓿管，经沸水浴加热至无色后立即封口，即为厌氧度指示管。

（4）催化剂和吸湿剂：催化剂钯粒（A 型）10～20 粒加热活化，随后装入带孔的小塑料硬管内，制成钯粒催化管。取变色硅胶少许，用滤纸包好塞入带孔塑料管内，为吸湿剂管。

（5）培养基准备和接种：将灭菌的中性红培养基和 $CaCO_3$ 明胶培养基分别在沸水浴中煮沸 10 min，以赶出其中溶解的氧，冷却至 50℃左右倒平板，冷凝后接种丙酮丁醇梭菌。随后立即将平皿放入厌氧袋中，每袋可倒置平放 3 个平皿。

（6）封袋除氧和培养：将产气管、厌氧度指示管、钯粒催化剂管和吸湿剂管分别放入袋中平皿两边，尽量赶出袋中空气，用宽透明胶带将袋口封住，用一根 1 cm 宽、与袋口宽等长的有机玻璃条或小木条将袋口卷折 2～3 层，用夹子夹紧，严防漏气。使袋口倾斜向上，随后隔袋折断产气管中的安瓿管颈，使试剂反应产生 H_2 和 CO_2，H_2 在钯粒催化下与袋内 O_2 化合生成水。经 5～10 min 左右，钯粒催化管处升温发热，生成少量水蒸气。在折断产气管半小时后，隔袋折断厌氧度指示管中的安瓶管颈，观察指示剂不变蓝，表明袋内已形成厌氧环境。此时将厌氧袋转入 37℃恒温箱中培养 6～7 天。

（7）观察结果和镜检：从袋中取出平皿观察菌落特征。丙酮丁醇梭菌在中性红平板上显示黄色菌落，挑取典型单菌落涂片染色后进行镜检，观察菌体细胞形态特征，并作记录。

思考题

1. 请设计一个试验方案，如何从土壤中分离、纯化和培养出厌氧菌。
2. 试举例说明研究厌氧菌的实际意义。

实验二十　凝集反应

一、实验目的

1. 学习和掌握用试管凝集反应测定抗血清效价的方法。
2. 玻片凝集试验。
3. 试管凝集试验。

二、实验材料与仪器

1. 材料

每毫升含 10 亿个大肠杆菌（*E. coli*）的生理盐水菌悬液、大肠杆菌抗血清、生理盐水。

2. 仪器

载玻片、小试管（1 cm×6.5 cm）、试管架、移液管、吸管、水浴箱。

三、实验步骤

1. 玻片凝集试验

（1）在载玻片两端各滴一滴大肠杆菌悬液。

（2）在一端的菌悬液中加入一滴 1:10 稀释的大肠杆菌抗血清，另一端悬液加入一滴生理盐水。

（3）将载玻片小心地振动使混合液混匀后静置室温中，数分钟后便可观察到抗血清端产生凝集块，而另一端为生理盐水对照。若反应不明显，可放入培养皿中（皿内放入湿滤纸，以保持一定湿度），37℃保温 30 min 后观察结果。亦可将载玻片放置显微镜下，凝集块明显可见。

2. 试管凝集试验

（1）抗血清的稀释：抗血清稀释采取对倍稀释法。取干净小试管 10 支，排列在试管架上，依次注明号码，每支试管用移液管加入 0.5 mL 生理盐水。

用移液管吸取 1:10 稀释的大肠杆菌抗血清 0.5 mL 加入第一管，在管内连续吹吸 3 次，使血清与生理盐水充分混合，然后吸取 0.5 mL 加入第二管，同样混匀后吸取 0.5 mL 加入第三管，依次类推，直至第九管，混匀后从第九管中吸取 0.5 mL 弃去。第 10 管不加血清作为对照。此时从第一管到第九管的血清稀释倍数分别为：1:20、1:40、1:80、1:160、1:320、1:640、1:1280、1:2560、1:5120。

（2）加入抗原：从第十支管开始，由后向前每支管依次加入 0.5 mL 大肠杆菌菌悬液。此时血清稀释倍数相应加大一倍。

（3）抗原抗体反应：把各管混合液振摇混匀，置 37℃水浴箱中水浴 4 h 或在室温中过夜，观察结果。

（4）结果观察与效价判断

①生理盐水对照管中的抗原（细菌）应分散，无凝集块沉淀而呈混浊菌悬液。

②试验管如有凝集，管底可见到凝集块。液体上部澄清、半澄清或混浊度降低，管底凝集块轻摇即浮起，呈片块状。

③凝集强弱的判断（以"+"表示）

++++：最强，表示细菌完全凝集，凝集块完全沉于管底，菌液澄清。

+++：很强，表示细菌绝大部分凝集，凝集块小沉于管底，菌液有轻微混浊。

++：中等强度，表示细菌部分凝集沉于管底，凝集块呈颗粒状，菌液半澄清。

+：弱，表示细菌少数凝集，菌液混浊。

－：不凝集，菌液混浊与生理盐水对照管同。

血清的效价就是呈现 50% 凝集（即"++"反应）的最高血清稀释倍数。

思考题

1. 为什么取"++"的抗血清最高稀释倍数作为抗血清的效价？

2. 在试管凝集试验中，有否出现不正常现象？并分析其原因。

3. 现有枯草孢杆菌斜面菌种及未知效价的相应抗血清，你能否测定出其血清效价？描述其操作过程。

实验二十一　乳酸发酵与乳酸菌饮料

一、实验目的

1. 从新鲜酸乳中进行乳酸菌的分离纯化。

2. 乳酸发酵及检测。

3. 乳酸菌饮料制作。

4. 自制乳酸质量品尝。

二、实验材料与仪器

1. 材料

嗜热乳酸链球菌（Streptococcus thermophilus）、保加利亚乳酸杆菌（Lactobacillus bulgaricus），乳酸菌种也可以从市场销售的各种新鲜酸乳或酸乳饮料中分离；BCG 牛乳培养基、乳酸菌培养基、脱脂乳试管（见注）、脱脂乳粉或全脂乳粉、鲜牛奶、蔗糖、碳酸钙。

2. 仪器

恒温水溶锅、酸度计、高压蒸气灭菌锅、超净工作台、培养箱、酸乳瓶（200～280 mL,）、培养皿、试管、300 mL 三角瓶。

三、实验步聚

1. 乳酸菌的分离纯化

（1）分离：取市售新鲜酸乳或泡制酸菜的酸液稀释至 10^{-5}，取其中的 10^{-4}、10^{-5} 2 个稀释度的稀释液各 0.1～0.2 mL，分别接入 BCG 牛乳培养基琼脂平板上，用无菌涂布器依次涂布；或者直接用接种环蘸取原液平板划线分离，置 40℃培养 48 h，如出现圆形稍扁平的黄色菌落及其周围培养基变为黄色者初步定为乳酸菌。

（2）鉴别：选取乳酸菌典型菌落转至脱脂乳试管中，40℃培养 8～24 h 若牛乳出现凝固，无气泡，呈酸性，涂片镜检细胞杆状或链球状（两种形状的菌种均分别选入），革兰氏染色呈阳性，则可将其连续传代 4～6 次，最终选择出在 3～6 h 能凝固的牛乳管，作菌种待用。

2. 乳酸发酵及检测

（1）发酵：在无菌操作下将分离的 1 株乳酸菌接种于装有 300 mL 乳酸菌培养液的 500 mL 三角瓶中，40～42℃静止培养。

（2）检测：为了便于测定乳酸发酵情况，实验分 2 组。一组在接种培养后，每 6～8 h 取样分析，测定 pH 值。另一组在接种培养 24 h 后每瓶加入 $CaCO_3$ 3 g（以防止发酵液过酸使菌种死亡），每 6～8 h 取样，测定乳酸含量（方法见注），记录测定结果。

3. 乳酸菌饮料的制作

（1）将脱脂乳和水以 1:7～10（w/w）的比例，同时加入 5%～6% 蔗糖，充分混合，于 80～85℃灭菌 10～15 min，然后冷却至 35～40℃，作为制作饮料的培养基质。

（2）将纯种嗜热乳酸链球菌、保加利亚乳酸杆菌及两种菌的等量混合菌液作为发酵剂，均以 2%～5% 的接种量分别接入以上培养基质中即为饮料发酵液，亦可以市售鲜酸乳为发酵剂。接种后摇匀，分装到已灭菌的酸乳瓶中，每一种菌的饮料发酵液重复分装 3～5 瓶，随后将瓶盖拧紧密封。

（3）把接种后的酸乳瓶置于 40～42℃恒温箱中培养 3～4 h。培养时注意观察，在出现凝乳后停止培养。然后转入 4～5℃的低温下冷藏 24 h 以上。经此后熟阶段，达到酸乳酸度适中（pH4～4.5），凝块均匀致密，无乳清析出，无气泡，获得较好的口感和特有风味。

（4）以品尝为标准评定酸乳质量　采用乳酸球菌和乳酸杆菌等量混合发酵的酸乳与单菌株发酵的酸乳相比较，前者的香味和口感更佳。品尝时若出现异味，表明酸乳污染了杂菌。

思考题

1. 发酵酸乳为什么能引起凝乳？
2. 为什么采用乳酸菌混合发酵的酸乳比单菌发酵的酸乳口感和风味更佳？
3. 试设计一个从市售鲜酸乳中分离纯化乳酸菌的制作乳酸菌饮料的程序。

注：

1. 脱脂乳试管

直接选用脱脂乳液或按脱脂乳粉与 5% 蔗糖水为 1:10 的比例配制，装量以试管的 1/3 为宜，115℃灭菌 15 min。

2. 乳酸检测方法

（1）定性测定

取酸乳上清液 10 mL 于试管中，加入 10% H_2SO_4 1 mL，再加 2% $KMnO_4$ 1 mL，此时乳酸转化为乙醛，把事先在含氨的硝酸溶液中浸泡的滤纸条搭在试管口上，微火加热试管至沸，若滤纸变黑，则说明有乳酸存在，这里因为加热使乙醛挥发的结果。

（2）定量测定

①测定方法：取稀释 10 倍的酸乳上清液 0.2 mL，加至 3 mL pH9.0 的缓冲液中，再加入 0.2 mL NAD 溶液，混匀后测定 OD340nm 值为 A_1，然后加入 0.02 mL L（+）LDH，0.02 D（−）LDH，25℃保温 1 h 后测定 OD340nm 值为 A_2。同时用蒸馏水代替酸乳上清液作对照，测定步骤及条件完全相同，测出的相应值为 B_1 和 B_2。

②计算公式

$$乳酸/g \cdot (100\ mL)^{-1} = (V \times M \times \Delta\varepsilon \times D) \div 1000 \times \varepsilon \times l \times V_s$$

V：比色液最终体积（3.44 mL）

M：乳酸的克分子重量（1 mol/L=90 g）

$\Delta\varepsilon$：$(A_2-A_1) - (B_2-B_1)$

D：稀释倍数（10）

ε：NADH 在 340 nm 波长下的摩尔吸光系数为 6 300 L/(mol·cm)

l：比色皿的厚度（0.1 cm）

V_s：取样体积（0.2 mL）

实验二十二 酒精发酵及糯米甜酒的酿制

一、实验目的

1. 酵母菌的酒精发酵。
2. 糯米甜酒的酿制。

二、实验材料与仪器

1. 材料

培养的酿酒酵母（Saccharomyces cerevisiae）斜面菌种、酒精发酵培养基、甜酒曲、蒸馏水、无菌水、糯米。

2. 仪器

铝锅、电炉、三角瓶、牛皮纸、棉绳、蒸馏装置、水浴锅、振荡器、酒精比重计。

三、实验步骤

1. 酵母菌的酒精发酵

（1）培养基　配制好的发酵培养基分装入 300 mL 三角瓶中，每瓶 100 mL，121℃湿热灭菌 20～30 min。

（2）接种和培养：于培养 24 h 的酿酒酵母斜面中加入无菌水 5 mL，制成菌悬液。并吸取 1 mL，接种于装有 100 mL 培养基的三角瓶中，一共接 2 瓶，其中 1 瓶于 30℃恒温静止培养，另 1 瓶置 30℃恒温振荡培养。

（3）酵母菌数目的计数：每隔 24 h 取样，经 10 倍稀释后进行细胞计数（方法参阅"细菌数量测定"）。

（4）酒精蒸馏及酒精度的测定：取 60 mL 已发酵培养 3 天的发酵液加至蒸馏装置的圆底烧瓶中，在水浴锅中 85～95℃下蒸馏。当开始流出液体时，准确收集 40 mL 于量筒中，用酒精比重计测量酒精度。

（5）品尝：取少量一定浓度（30～40°）的酒品尝，体会口感。

2. 糯米甜酒的配制

（1）甜酒培养基制作：称取一定量优质糯米（糙糯米更好）。用水淘洗干净后，加水量为米水比 1:1，加热煮熟成饭。或者糯米洗净后，用水浸透，沥干水后，加热蒸熟成饭，即为甜酒培养基。

（2）接种：糯米冷却至 35℃以下，加入适量的甜酒曲（用量按产品说明书）并喷洒一些清水拌匀，然后装入到干净的三角瓶中或装入聚丙烯袋中。装饭量为容器的 1/3～2/3，中央挖洞，饭面上再撒一些酒曲，塞上棉塞或扎好袋口，置 25～30℃下培养发酵。

（3）培养发酵：发酵 2 天便可闻到酒香味，开始渗出清液，3～4 天渗出液越来越多，此时，把洞填平，让其继续发酵。

（4）产品处理：培养发酵至第 7 天取出，把酒槽滤去，汁液即为糯米甜酒原液，加入一定量的水。加热煮沸便是糯米甜酒，即可品尝。

思考题

1. 为什么糯米饭温度要降至 35℃以下拌酒曲，发酵才能正常进行？糯米饭一开始发酵时要挖个洞，后来又填平，这有什么作用？

2. 酒精发酵培养基配方中如去掉 KH_2PO_4，同样接人酒精酵母菌进行发酵，将出现何种结果？为什么？

实验二十三　微生物菌种保藏

一、实验目的：

1. 学习斜面传代保藏方法。
2. 学习液体石蜡保藏方法。
3. 学习沙土管保藏方法。
4. 学习冷冻干燥保藏方法。

二、实验材料与仪器

1. 材料

细菌、酵母菌、放线菌和霉菌斜面菌。

牛肉膏蛋白胨培养基斜面（培养细菌），麦芽汁培养基斜面（培养酵母菌），高氏 1 号培养基斜面（培养放线菌），马铃薯蔗糖培养基斜面（培养丝状真菌）。

无菌水、液体石蜡、P_2O_5、脱脂奶粉、10% HCl、干冰、95% 乙醇、食盐、河沙、瘦黄土（有机物含量少的黄土）。

2. 仪器

无菌试管、无菌吸管（1 mL 及 5 mL）、无菌滴管、接种环、40 目及 100 目筛子、干燥器、安瓿管、冰箱、冷冻真空干燥装置、酒精喷灯、三角烧瓶（250 mL）。

三、实验步骤

下列各方法可根据实验室具体条件与需要选做。

1. 斜面传代保藏法

（1）贴标签：取各种无菌斜面试管数支，将注有菌株名称和接种日期的标签贴上，贴在试管斜面的正上方，距试管口 2～3 cm 处。

（2）斜面接种：将待保藏的菌种用接种环以无菌操作法移接至相应的试管斜面上，细菌和酵母菌宜采用对数生长期的细胞，而放线菌和丝状真菌宜采用成熟的孢子。

（3）培养：细菌 37℃恒温培养 18～24 h，酵母菌于 28～30℃培养 36～60 h，放线菌和丝状真菌置于 28℃培养 4～7 天。

（4）保藏：斜面长好后，可直接放入 4℃冰箱保藏。为防止棉塞受潮长杂菌，管口棉花应用牛皮纸包扎，或换上无菌胶塞，亦可用熔化的固体石蜡熔封棉塞或胶塞。

保藏时间依微生物种类而不同，酵母菌、霉菌、放线菌及有芽孢的细菌可保存 2～6 个月，移种一次；而不产芽孢的细菌最好每月移种一次。此法的缺点是容易变异，污染杂菌的机会较多。

2. 液体石蜡保藏法

（1）液体石蜡灭菌：在 250 mL 三角烧瓶中装入 100 mL 液体石蜡，塞上棉塞，并用牛皮纸包扎，121℃湿热灭菌 30 min，然后于 40℃温箱中放置 14 天（或置于 105～110℃烘箱中 1 h），以除去石蜡中的水分，备用。

（2）接种培养：同斜面传代保藏法。

（3）加液体石蜡：用无菌滴管吸取液体石蜡以无菌操作加到已长好的菌种斜面上，加入量以高出斜面顶端约 1 cm 为宜。

（4）保藏：棉塞外包牛皮纸，将试管直立放置于 4℃冰箱中保存。

利用这种保藏方法，霉菌、放线菌、有芽孢细菌可保藏 2 年左右，酵母菌可保藏 1～2 年，一般无芽孢细菌也可保藏 1 年左右。

（5）恢复培养：用接种环从液体石蜡下挑取少量菌种，在试管壁上轻靠几下，尽量使油滴净，再接种于新鲜培养基中培养。由于菌体表面黏有液体石蜡，生长较慢且有黏性，故一般须转接 2 次才能获得良好菌种。

3. 沙土管保藏法

（1）沙土处理

①沙处理：取河沙经 40 目过筛，去除大颗粒，加 10% HCl 浸泡（用量以浸没沙面为宜）2～4 h（或煮沸 30 min），以除去有机杂质，然后倒去盐酸，用清水冲洗至中性，烘干或晒干，备用。

②土处理：取非耕作层瘦黄土（不含有机质），加自来水浸泡洗涤数次，直至中性，然后烘干，粉碎，用 100 目过筛，去除粗颗粒后备用。

（2）装沙土管：将沙与土按 2:1、3:1 或 4:1（w/w）比例混合均匀装入试管中（10 mm×100 mm，装置约 7 cm 高，加棉塞，并外包牛皮纸，121℃湿热灭菌 30 min，然后烘干。

（3）无菌试验：每 10 支沙土管任抽一支，取少许沙土接入牛肉膏蛋白胨或麦芽汁培养液中，在最适的温度下培养 2～4 天，确定无菌生长时才可使用。若发现有杂菌，经重新灭菌后，再作无菌试验，直到合格。

（4）制备菌液：用 5 mL 无菌吸管分别吸取 3 mL 无菌水至待保藏的菌种斜面上，用接种环轻轻搅动，制成悬液。

（5）加样：用 1 mL 吸管吸取上述菌悬液 0.1～0.5 mL 加入沙土管中，用接种环拌匀。加入菌液量以湿润沙土达 2/3 高度为宜。

（6）干燥：将含菌的沙土管放入干燥器中，干燥器内用培养皿盛 P_2O_5 作为干燥剂，可再用真空泵连续抽气 3～4 h，加速干燥。将沙土管轻轻一拍，沙土呈分散状即达到充分干燥。

（7）保藏：沙土管可选择下列方法之一来保藏：

①保存于干燥器中；

②用石蜡封住棉花塞后放入冰箱保存；

③将沙土管取出，管口用火焰熔封后放入冰箱保存；

④将沙土管装入有 $CaCl_2$ 等干燥剂的大试管中，塞上橡皮塞或木塞，再用蜡封口，放入冰箱中或室温下保存。

（8）恢复培养：使用时挑取少量混有孢子的沙土，接种于斜面培养基上，或液体培养基内培养即可，原沙土管仍可继续保藏。

此法适用于保藏能产生芽孢的细菌及形成孢子的霉菌和放线菌，可保存 2 年左右。但不能用于保藏营养细胞。

4. 冷冻干燥保藏法

（1）准备安瓿管：选用内径 5 mm，长 10.5 cm 的硬质玻璃试管，用 10% HCl 浸泡 8～10 h 后用自来水冲洗多次，最后用去离子水洗 1～2 次，烘干，将印有菌名和接种日期的标签放人安瓿管内，有字的一面朝向管壁。管口加棉塞，121℃灭菌 30 min。

（2）制备脱脂牛奶：将脱脂奶粉配成 20% 乳液，然后分装，121℃灭菌 30 min，并作无菌试验。

（3）准备菌种：选用无污染的纯菌种，培养时间，一般细菌为 24～48 h，酵母菌为 3 天，放线菌与丝状真菌 7～10 天。

（4）用手摇动试管，制成均匀的细胞或孢子悬液。用无菌长滴管将菌液分装于安瓿管底部，每管装 0.2 mL。

（5）预冻：将安瓿管外的棉花剪去并将棉塞向里推至离管口约 15 mm 处，再通过乳胶管把安瓿管连接于总管的侧管上，总管则通过厚壁橡皮管及三通短管与真空表及干燥瓶、真空泵相连接，并将所有安瓿管浸入装有干冰和 95% 乙醇的预冷槽中，（此时槽内温度可达-40～-50℃），只需冷冻 1 h 左右，即可使悬液冻结成固体。

（6）真空干燥：完成预冻后，升高总管使安瓿管仅底部与冰面接触，（此处温度约-10℃），以保持安瓿管内的悬液仍呈固体状态。开启真空泵后，应在 5～15 min 内使真空度达 66.7 Pa 以下，使被冻结的悬液开始升华，当真空度达到 26.7～13.3 Pa 时，冻结样品逐渐被干燥成白色片状，此时使安瓿管脱离冰浴，在室温下（25～30℃）继续干燥（管内温度不超过 30℃），升温可加速样品中残余水分的蒸发。总干燥时间应根据安瓿管的数量，悬浮液装量及保持剂性质来定，一般 3～4 h 即可。

（7）封口样品：干燥后继续抽真空达 1.33 Pa 时，在安瓿管棉塞的稍下部位用酒精喷灯火焰灼烧，拉成细颈并熔封，然后置 4℃冰箱内保藏。

（8）恢复培养：用 75% 乙醇消毒安瓿管外壁后，在火焰上烧热安瓿管上部，然后将无菌水滴在烧热处，使管壁出现裂缝，放置片刻，让空气从裂缝中缓慢进入管内后，将裂口端敲断，再用无菌的长颈滴管吸取菌液至合适培养基中，放置在最适温度下培养。

冷冻干燥保藏法综合利用了各种有利于菌种保藏的因素（低温、干燥和缺氧等），是目前最有效的菌种保藏方法之一。保存时间可长达 10 年以上。

思考题

1. 如何防止菌种管棉塞受潮和杂菌污染？
2. 冷冻干燥装置包括哪几个部件？各个部件起什么作用？
3. 现有一个纤维素酶的高产霉菌菌株，你选用什么方法保存？试设计一个实验方案。

实验二十四　实验室环境和人体表面微生物的检查

一、实验目的

1. 证明实验室环境与体表存在微生物。
2. 比较来自不同场所与不同条件下细菌的数量和类型。
3. 观察不同类群微生物的菌落形态特征。
4. 体会无菌操作的重要性。

二、实验原理

平板培养基含有细菌生长所需的营养成分，当取自不同来源的样品接种于培养基上，在适宜温度下培养 1～2 天内每一菌体即能通过很多次细胞分裂而进行繁殖，形成一个可见的细胞群体集落，称为菌落。每一种细菌所形成的菌落都有它自己的特点，例如菌落的大小，表面干燥或湿润、隆起或扁平、粗糙或光滑，边缘整齐或不整齐，菌落透明或半透明或不透明，颜色以及质地疏松或紧密等。因此，可通过平板培养来检查环境中细菌的数量和类型。

三、实验材料与仪器

1. 材料

培养基：肉膏蛋白胨琼脂平板、无菌水。

2. 仪器

灭菌棉签（装在试管内）、接种环、试管架、酒精灯或煤气灯、记号笔、废物缸。

四、实验步骤

每组在"实验室"和"人体"两大部分中各选择一个内容做实验，或由教师指定分配，最后结果供全班讨论。

1. 写标签

任何一个实验，在动手操作前均需首先将器皿用记号笔做上记号，写上班级、姓名、日期，本次实验还要写上样品来源（如实验室空气或无菌室空气或头发等），字尽量小些，写在皿底的一边，不要写在当中，以免影响观察结果。

培养皿的记号一般写在皿底上。如果写在皿盖上，同时观察两个以上培养皿的结果，打开皿盖时，容易混淆。

2. 实验室细菌检查

（1）空气 将一个肉膏蛋白胨琼脂平板放在当时做实验的实验室，移去皿盖，使琼脂培养基表面暴露在空气中；将另一肉膏蛋白胨琼脂平板放在无菌室或无人走动的其他实验室，移去皿盖。1 h 后盖上两个皿盖。

（2）实验台和门的旋钮

①用记号笔在皿底外面中央画一直线，再在此线中间处画一垂直线。

②取棉签 左手拿装有棉签的试管，在火焰旁用右手的手掌边缘和小指、无名指夹持棉塞（或试管帽），将其取出，将管口很快地通过煤气灯（或酒精灯）的火焰，烧灼管口；轻轻地倾斜试管，用右手的拇指和食指将棉签小心地取出。塞回棉塞（或试管帽），并将空试管放在试管梁上。

③弄湿棉签 左手取灭菌水试管，如上法拨出棉塞（或试管帽）并烧灼管口，将棉签插入水中，再提出水面，在管壁上挤压一下以除去过多的水分，小心将棉签取出，烧灼管口，塞回棉塞（或试管帽），并将灭菌水试管放在试管梁上。

④取样 将湿棉签在实验台面或门旋钮上擦拭约 2 cm^2 的范围。

⑤接种 在火焰旁用左手拇指和食指或中指使平皿开启成一缝，再将棉签伸入，在琼脂表面顶端接种，即滚动一下，立即闭合皿盖。将原放棉签的空试管拨出棉塞（或试管帽），烧灼管口，插入用过的棉签，将试管放回试管架。

⑥划线 另取接种环在火焰上灭菌，划线，整个划线操作均要求无菌操作，即靠近火焰，而且动作要快。

3. 人体细菌的检查

（1）手指（洗手前与洗手后）

①分别在两个琼脂平板上标明洗手前与洗手后（班级、姓名、日期）。

②移去皿盖，将未洗过的手指在琼脂平板的表面，轻轻地来回划线，盖上皿盖。

③用肥皂和刷子，用力刷手，在流水中冲洗干净，干燥后，在另一琼脂平板表面来回移

动，盖上皿盖。

（2）头发　在揭开皿盖的琼脂平板的上方，用手将头发用力摇动数次，使细菌降落到玻脂平板表面，然后盖上皿盖。

①接种时，用左手将平皿开启一缝；

②棉签伸入平板接种；

③用已灭菌并冷却了的接种环划线；

④第二部分划线；

⑤最后部分划线。

（3）咳嗽　将去皿盖的琼脂平板放在离口约 6～8 cm 处，对着琼脂表面用力咳嗽，然后盖上皿盖。

（4）鼻腔

①按照实验台检查法的步骤②和③，取出棉签，并将其弄湿。

②用湿棉签在鼻腔内滚动数次。

③按实验台检查法的步骤⑤和⑥，接种与划线，然后盖上皿盖。

4. 将所有的琼脂平板翻转，使皿底朝上，放 37℃培养箱，培养 1～2 天。

5. 结果记录方法

（1）菌落计数　在划线的平板上，如果菌落很多而重叠，则数平板最后 1/4 面积内的菌落数。不是划线的平板，也一分为四，数 1/4 面积的菌落数。

（2）根据菌落大小、形状、高度、干湿等特征观察不同的菌落类型。但要注意，如果细菌数量太多，会使很多菌落生长在一起，或者限制了菌落生长而变得很小，因而外观不典型，故观察菌落的特点时，要选择分离得很开的单个菌落。

菌落特征描写方法如下：

①大小　大、中、小、针尖状。可先将整个平板上的菌落粗略观察一下，再决定大、中、小的标准，或由教师指出一个大小范围。

②颜色　黄色、金黄色、灰色、乳白色、红色、粉红色等。

③干湿情况　干燥、湿润、粘稠。

④形态　圆形、不规则等。

⑤高度　扁平、隆起、凹下。

⑥透明程度　透明、半透明、不透明。

⑦边缘　整齐、不整齐。

思考题

1. 比较各种来源的样品，哪一种样品的平板菌落数与菌落类型最多？

2. 人多的实验室与无菌室（或无人走动的实验室）相比，平板上的菌落数与菌落类型有什么区别？你能解释一下造成这种区别的原因吗？

3. 洗手前后的手指平板，菌落数有无区别？

4. 通过本次实验，在防止培养物的污染与防止细菌的扩散方面，你学到些什么？有什么体会。

实验二十五　微生物的诱变育种

一、实验目的

1. 对米曲霉（Aspergills oryzae）出发菌株进行处理，制备孢子悬液。
2. 用紫外线进行诱变处理。
3. 用平板透明圈法进行两次初筛。
4. 用摇瓶法进行复筛及酶活性测定。

二、实验材料与仪器

1. 材料

米曲霉斜面菌种；豆饼斜面培养基、酪素培养基、蒸馏水、0.5% 酪蛋白。

2. 仪器

三角瓶（300 mL、500 mL）、试管、培养皿（9 cm）、恒温摇床、恒温培养箱、紫外照射箱、磁力搅拌器、脱脂棉、无菌漏斗、玻璃珠、移液管、涂布器、酒精灯。

三、实验步骤

1. 出发菌株的选择及菌悬液制备

（1）出发菌株的选择：可直接选用生产酱油的米曲霉菌株，或选用高产蛋白酶的米曲霉菌株。

（2）菌悬液制备：取出发菌株转接至豆饼斜面培养基中，30℃培养 3～5 天活化。然后孢子洗至装有 1 mL 0.lmol/L pH6.0 的无菌磷酸缓冲液的三角瓶中（内装玻璃珠，装量以大致铺满瓶底为宜），30℃振荡 30 min，用垫有脱脂棉的灭菌漏斗过滤，制成孢子悬液，调其浓度为 10^6～10^8 个/mL，冷冻保藏备用。

2. 诱变处理

用物理方法或化学方法，所用诱变剂种类及剂量的选择可视具体情况决定，有时还可采用复合处理，可获得更好的结果。本实验学习用紫外线照射的诱变方法。

（1）紫外线处理：打开紫外灯（30W）预热 20 min。取 5 mL 菌悬液放在无菌的培养皿（9 cm）中，同时制作 5 份。逐一操作，将培养皿平放在离紫外灯 30 cm（垂直距离）处的磁力搅拌器上，照射 1 min 后打开培养皿盖，开始照射，与照射处理开始的同时打开磁力搅拌器进行搅拌，即时计算时间，照射时间分别为 15 s、30 s、1 min、2 min、5 min。照射后，诱变菌液在黑暗冷冻中保存 1～2 h 然后在红灯下稀释涂菌进行初筛。

（2）稀释菌悬液：按 10 倍稀释至 10～6，从 10～5 和 10～6 中各取出 0.1 mL 加入到酪素培养基平板中（每个稀释度均做 3 个重复），然后涂菌并静置，待菌液渗入培养基后倒置，于 30℃恒温培养 2～3d。

3. 优良菌株的筛选

（1）初筛：首先观察在菌落周围出现的透明圈大小，并测量其菌落直径与透明圈直径之比，选择其比值大且菌落直径也大的菌落 40～50 个，作为复筛菌株。

（2）平板复筛：分别倒酪素培养基平板，在每个平皿的背面用红笔划线分区，从圆心划线至周边分成 8 等份，1～7 份中点种初筛菌株，第 8 份点种原始菌株，作为对照。培养 48 h 后即可见生长，若出现明显的透明圈，即可按初筛方法检测，获得数株二次优良菌株，进大摇瓶复筛阶段。

（3）摇瓶复筛：将初筛出的菌株，接入米曲霉复筛培养基中进行培养，其方法是，称取麦秩 85 g，豆饼粉（或面粉）15 g，加水 95～110 mL（称为润水），水含量以手捏后指缝有水而不下滴为宜，于 500 mL 三角瓶中装入 15～20 g（料厚为 1～1.5 cm），121℃湿热灭菌 30 min，然后分别接入以上初筛获得的优良菌株，30℃培养，24 h 后摇瓶一次并均匀铺开，再培养 24～48 h，共培养 3～5 天后检测蛋白酶活性。

（4）蛋白酶的测定方法

①取样：培养后随机称取以上摇瓶培养物 1 g，加蒸馏水 100 mL，（或 200 mL），40℃水浴，浸酶 1 h，取上清浸液测定酶活性。另取 1 g 培养物于 105℃烘干测定含水量。

②酶活性测定：30℃ pH7.5 条件下水解酪蛋白（底物为 0.5% 酪蛋白），每分钟产酪氨酸 1 μg 为一个酶活力单位。计算公式为：

$$(A \text{ 样品 OD680 nm 值} - A \text{ 对照 OD680 nm 值}) \times K \times V / t \times N$$

K：标准曲线中光吸收为 "1" 时的酪氨酸微克数；

V：酶促反应的总体积；

t：酶促反应时间（min）；

N：酶的稀释倍数。

（5）谷氨酸的检测 此项检测也是酱油优良菌株的重要指标之一。

检测培养基：豆饼粉：麸夫=6：4，润水 75%，121℃湿热灭菌 30 min。

谷氨酸测定：于以上培养基中加入 7% 盐水（w/V），40～45℃水浴，水解 9 天后过滤，以滤液检测谷氨酸含量（测压法）。

思考题

1. 试述紫外线诱变的作用机理及其在具体操作中应注意的问题。

2. 为什么在诱变前要把菌悬液打散和培养一段时间？

第四篇

生态学实验技术

第七章　生态学实验的基本知识

一、生态学实验的性质与目的

生态学是研究生物与环境之间相互联系的重要学科。其研究对象是生物与环境、生物与生物之间的相互关系，因此生态学是内容广泛和诸多研究方向的综合性很强的学科，又是环境科学的重要组成部分。

生态学实验，是在生态学理论指导下，通过现场调查和室内实验分析等实际操作，使学生了解不同环境条件，对生物生长、发育和种群分布的影响，掌握生态学的研究方法与技术，为分析和解决环境中的生态问题和污染环境的生态修复工程打下基础。

二、生态学实验的基本要求

生态学实验由于其综合性的特点，除了在实验室中的实验之外，很多实验需要到室外甚至野外进行采样和调查。在实验室进行的实验请参照本书中其他学科实验的注意事项，这里我们重点提出在野外（室外）进行实验的具体要求：

（1）服从管理，一切行动听指挥，有事需离队者，需向教师请假，且必须三人以上同行；

（2）着装应穿棉质的长袖具领上衣和长裤，长棉袜和旅游鞋，如需经过山林则必须备有手套并注意防护头颈等部位；

（3）爱护自然环境，不得无目的的滥采标本；

（4）遵守实验地区的法律政策，尊重当地人的风俗习惯，礼貌守信，如与当地人发生争执应第一时间请带队老师协调解决；

（5）安全第一，不擅自攀爬高树和陡峭的山坡悬崖，不在河湖水库中游泳洗澡，不得采食野生果蔬，坚决杜绝个人冒险行为；

（6）野外实验一般分小组进行，每个小组 4～6 人，男女生比例各一半，小组成员应团结互助、齐心协力完成实验；

（7）一般原则上各个小组应随大部队行动，但确需单独行动时应做好防迷路的准备，必备物品包括 GPS、指南针、水、高热量食物、手机、扑克牌（迷路时按照一定顺序每隔 100 m 扔一张）；

（8）如遇危险动物，如蛇、黄蜂等，务必保持镇静和戒备，不要做出过激举动，耐心等待危险动物离开，若有成员被蛇咬伤，应以绷带包扎其伤口以上部位，但不能包扎过紧，记下咬人的蛇的特征，如颜色、斑纹，能拍下其照片或捕捉到则更好，尽快将伤者送往最近的医院救治，如遇蜂群攻击，则应用外衣包裹头颈部，侧身蜷曲身体躺卧不动；

（9）避免离开山路而穿越茂密的植物灌丛。

三、生态学实验报告的要求

撰写实验报告的目的在于加深对所学生态学理论知识的理解，结合实验，培养和提高独立观察、思考、分析实验现象和进行科学研究的能力，养成细致严谨、实事求是的科学态度，并提高科技写作水平，同时对实验过程中发现的问题进行及时总结，对实验现象是否符合预期的假设进行合理的判断。因此、完成生态学实验报告是实验课学习的一项重要步骤，具体的要求如下：

1. 科学性

在科学性方面一般要做到以下五点：

（1）真实性：实验结果忠于事实和原始材料，不弄虚作瑕，讨论的内容不夸张。

（2）准确性：理论模型、实验数据、推理论证都必须准确、严谨，论点应经得起推敲。

（3）再现性：任何人根据报告中所介绍的实验方法、实验条件、实验设备、重复作者的实验时，应能得到与作者相同的结果，结论经得住任何人的重复和验证。

（4）逻辑性：概念明确，判断恰当，推理合乎逻辑，无概念不清、论据不足、自相矛盾、层次不清、观点不明之处。

（5）公正性：在论述观点时要避免主观偏见，不任意取舍，不摒弃偶然现象。

2. 创新性

创新性是科学研究的灵魂，思考和讨论应有独到之处。

3. 理论性

生态学实验报告应具有理论的系统性，而且具有指导性和概括性。

4. 可读性

实验报告层次要清楚，文字要通顺，插图与表格要清晰，概念要准确，阐述要富有逻辑性，要具有可读性。

5. 规范性

实验报告基本格式具有一定的标准性和固定性，不符合规范会给读者留下不可信的印象，尤其是名词、术语、缩写、标点、符号、计量单位、表格和插图等的使用更应符合规范。

四、生物统计学基础知识

生物统计学是运用数理统计的原理和方法，分析和解释生物界各种现象和实验调查资料的一门科学。在生物学研究中，运用大量的调查或实验数据，运用统计学原理，对其实验结果进行科学的分析，从而做出符合科学实际的推断。生物统计学在农学、林学、畜牧、医药、卫生、生态、环保等领域已有广泛应用。生物统计学所涉及的内容很多，这里仅对生态学实验中所涉及的一些内容进行简单介绍。

1. 平均数和标准差（或方差）

平均数是表示数据集中趋势的最常用指标，而标准差（或方差）则是表示数据离散趋势的最常用指标。

在生物统计学中，表示数据集中趋势的指标有多个，使用最多的是算术平均数，简称为平均数，通常用符号 $\bar{x}$ 表示。

如果一个含量为 n 的样本，其 n 个观察值分别用 x_1、x_2、$\cdots$、x_n 表示，则它们的平均数为

$$\overline{x} = \frac{x_1 + x_2 + \cdots + x_n}{n} = \frac{\sum_{i=1}^{n} x_i}{n}$$

如果样本中有 n_1 个 x_1，有 n_2 个 x_2，那么，n_1+n_2 个数的平均数是加权平均数。

$$\overline{x} = \frac{x_1 n_1 + x_2 n_2}{n_1 + n_2}$$

在计算离散型频数资料的平均数时，

$$\overline{x} = \frac{\sum_{i=1}^{k} (fx)_i}{N}$$

式中 x 为组值，f 为频数，N 为总频数（$\sum f$），k 为组数。

在计算离散型频数资料的平均数时，

$$\overline{x} = \frac{\sum_{i=1}^{k} (fm)_i}{N}$$

式中 m 为组中值，f、N 和 k 同上式。

平均数有以下几个基本特性：

（1）平均数的计算与样本内每个值都有关，它的大小受每个值的影响。

（2）若每个 x_i 为都乘以相同的数 k，则平均数亦应乘以 k。

（3）若每个 x_i 都加上相同的数 A，则平均数亦应加上 A。

在生物统计学中，表示数据变异程度的指标有多个，使用最多的是标准差（或方差），通常用符号 s（或 s^2）来表示。

首先求出离均差，即每个数与它们的平均数之间的离差，然后将所有的离均差都得平方，再相加，得出离均差平方和；最后用 $n-1$ 除离均差平方和（按照统计学理论，不要用样本含量 n 去除），所得的商称为样本方差，用符号 s^2 来表示。

$$s^2 = \frac{\sum_{i=1}^{n} (x_i - \overline{x})^2}{n-1}$$

方差 s^2 是离均差平方的平均数。虽然方差在实际应用中用得最广泛，但因它的单位是原始数据单位的平方，所以它不能直接地指出某个数 x 与平均数之间的偏离究竟达到什么程度。为此采用标准差 s 做标准，衡量 x 与平均数之间的离散程度。

$$s = \sqrt{\frac{\sum_{i=1}^{n} (x_i - \overline{x})^2}{n-1}}$$

为了方便计算，将离均差平方和转化为另一种形式，同时略去下标，上式可表示为：

$$s = \sqrt{\frac{\sum x^2 - \frac{(\sum x)^2}{n}}{n-1}}$$

在计算离散型频数资料的标准差时，

$$s = \sqrt{\dfrac{\sum fx^2 - \dfrac{\left(\sum fx\right)^2}{N}}{N-1}}$$

式中 x 为组值，f 为频数，N 为总频数（$\sum f$），k 为组数。

在计算离散型频数资料的标准差时，

$$s = \sqrt{\dfrac{\sum fm^2 - \dfrac{\left(\sum fm\right)^2}{N}}{N-1}}$$

式中 m 为组中值，f、N 和 k 同上式。

2. t 检验

当样本含量 $n<30$ 且总体方差 σ^2 未知时，要检验样本平均数 $\bar{x}$ 与指定的总体平均数 μ_0 之间的差异显著性，或检验两个样本平均数 $\bar{x}_1$ 和 $\bar{x}_2$ 所属总体平均数 μ_1 和 μ_2 是否相等，就必须使用 t 检验。在生物学研究中，由于实验条件和研究对象的限制，许多时候很难达到样本含量大于 30，特别是研究总体的方差 σ^2 在绝大多数情况下是未知的，因此，t 检验在生物学研究中具有重要的应用意义。t 检验的方法很多，在此，仅介绍在生物学研究中最常应用的成组数据 t 检验。

成组数据资料的特点是指两个样本的各个观察值是从各自的总体中随机抽取的，两个样本没有任何关联，即两个样本彼此独立。根据两组数据样本平均数的大小，检验其总体之间的差异显著性。

（1）两个总体方差未知但相等时的 t 检验

首先根据两个样本的数据对两个总体进行方差齐性检验（H_0：$\sigma_1=\sigma_2$），如果接受 H_0，则可认为两个总体的方差具备齐性，进行如下的 t 检验。检验程序如下：

①提出假设 H_0：$\mu_1=\mu_2 H_A$：$\mu_1 \neq \mu_2$ 或 $\mu_1 > \mu_2$ 或 $\mu_1 < \mu_2$。

②规定显著性水平 $\alpha = 0.05$ 或 $\alpha = 0.01$。

③计算检验统计量：

$$t_{n_1+n_2-2} = \dfrac{\bar{x}_1 - \bar{x}_2}{\sqrt{\dfrac{(n_1-1)s_1^2 + (n_1-1)s_2^2}{(n_1-1)+(n_2-1)}\left(\dfrac{1}{n_1}+\dfrac{1}{n_2}\right)}}$$

当 $n_1 = n_2 = n$ 时，上式可简化为：

$$t_{2(n-1)} = \dfrac{\bar{x}_1 - \bar{x}_2}{\sqrt{\dfrac{s_1^2 + s_2^2}{n}}}$$

④建立 H_0 的拒绝域

若 H_A：$\mu_1 \neq \mu_2$，则 $|t| > t_{\alpha/2}$ 时拒绝 H_0；

若 H_A：$\mu_1 > \mu_2$，则 $t > t_{\alpha}$ 时拒绝 H_0；

若 H_A：$\mu_1 < \mu_2$，则 $t < t_{\alpha}$ 时拒绝 H_0。

（2）两个总体方差未知且不等时的 t 检验

首先根据两个样本的数据对两个总体进行方差齐性检验 H_0：$\sigma_1=\sigma_2$，如果拒绝 H_0，则可认为两个总体的方差不具备齐性（$\sigma_1 \neq \sigma_2$），进行如下的 t 检验。检验程序如下：

①提出假设 H_0：$\mu_1 = \mu_2$ H_A：$\mu_1 \neq \mu_2$ 或 $\mu_1 > \mu_2$ 或 $\mu_1 < \mu_2$。

②规定显著性水平 $\alpha = 0.05$ 或 $\alpha = 0.01$。

③计算检验统计量

$$t = \frac{\overline{x}_1 - \overline{x}_2}{\sqrt{\dfrac{s_1^2}{n_1} + \dfrac{s_2^2}{n_2}}}$$

该检验统计量近似服从自由度为 df 的 t 分布。df 由 df_1 和 df_2 及 $\dfrac{s_1^2}{n_1}$ 和 $\dfrac{s_2^2}{n_2}$ 确定。

$$df = \frac{1}{\dfrac{k^2}{df_1} + \dfrac{(1-k)^2}{df_2}}$$

其中，

$$k = \frac{\dfrac{s_1^2}{n_1}}{\dfrac{s_1^2}{n_1} + \dfrac{s_2^2}{n_2}}$$

④建立 H_0 的拒绝域

若 H_A：$\mu_1 \neq \mu_2$，则 $|t| > t_{\alpha/2}$ 时拒绝 H_0；

若 H_A：$\mu_1 > \mu_2$，则 $t > t_\alpha$ 时拒绝 H_0；

若 H_A：$\mu_1 < \mu_2$，则 $t < t_\alpha$ 时拒绝 H_0。

3. 单因素方差分析

方差分析是一类特定情况下的统计假设检验，可以同时判断多组数据平均数之间的差异显著性。

在一个多处理实验中，可以得出一系列不同的观察值。造成观察值不同的原因是多方面的，有的是处理不同所引起的，称作处理效应；有的是实验过程中偶然性因素的干扰和测量误差所致，称作实验误差。方差分析的基本思想是将测量数据的总变异按照变异原因不同，分解为处理效应和实验误差，并做出数量估计。

方差分析的目的就是检验处理效应的大小或有无。通过方差分析，确定各种

原因在总变异中所占的重要程度，即用处理效应和实验误差在一定意义下进行比较，若二者相差不大，则可认为实验处理对指标影响不大，若二者相差较大，则可说明实验处理的影响是很大的，不可忽视。

进行方差分析时，可将数据初步整理如表 7-1。

表 7-1　单因素方差分析数据表

	x_1	x_2	x_3	···	x_i	···	x_a
1	x_{11}	x_{21}	x_{31}		x_{i1}		x_{a1}
2	x_{12}	x_{22}	x_{32}		x_{i2}		x_{a2}
3	x_{13}	x_{23}	x_{33}		x_{i3}		x_{a3}
⋮							
j	x_{1j}	x_{2j}	x_{3j}		x_{i4}		x_{aj}
⋮							
n	x_{1n}	x_{2n}	x_{3n}		x_{in}		x_{an}

表 7-1 中 x_{ij} 表示第 i 次处理下的第 j 次观察值，其中几个符号含义如下：

$$x_{i.} = \sum_{j=1}^{n} x_{ij} ; \quad \overline{x}_{i.} = \frac{x_{i.}}{n} ; \quad x_{..} = \sum_{i=1}^{a}\sum_{j=1}^{n} x ; \quad \overline{x}_{..} = \frac{x_{..}}{an} 。$$

这里用"·"表示一个下标的和。

总平方和的分解：

$$\sum_{i=1}^{a}\sum_{j=1}^{n}\left(x_{ij} - \overline{x}_{..}\right)^2 = n\sum_{i=1}^{a}\left(x_{i.} - \overline{x}_{..}\right)^2 + \sum_{i=1}^{a}\sum_{j=1}^{n}\left(x_{ij} - \overline{x}_{i.}\right)^2$$

即总平方和可以分解为处理平方和（处理平均数与总平均数之间离差的平方和）和误差平方和（处理内的观察值与处理平均数之间离差的平方和）两部分。用 SS 表示平方和，则上式可写为：

$$SS_T = SS_A + SS_e$$

自由度的分解：总自由度 $df_T = an-1$；处理项自由度 $df_A = a-1$；误差项自由度 $df_e = an-a$。

均方（MS）的计算：

处理均方
$$MS_A = \frac{SS_A}{a-1}$$

误差均方
$$MS_e = \frac{SS_e}{an-a}$$

计算检验统计量 F：

$$F = \frac{MS_A}{MS_e}$$

从检验的临界值（F_α）表中查 $F_{df_A, df_e, 0.05}$ 和 $F_{df_A, df_e, 0.01}$ 的值。若计算得出的 $F < F_{df_A, df_e, 0.05}$，则可以认为 MS_A 与 MS 差异不大，产生的变差是由随机误差造成的，若 $F > F_{df_A, df_e, 0.05}$，可以认为 MS_A 明显大于 MS，处理平均数间差异显著，变差不仅是由随机误差造成，还存在着显著的处理效应，若 $F > F_{df_A, df_e, 0.01}$，则可以认为存在着显著的处理效应，处理平均数间差异极显著。

方差分析的过程可以归纳为表 7-2。

表 7-2　单因素方差分析表

变差来源	平方和	自由度	均方	F
处理间	SS_A	$a-1$	MS_A	
误差	SS_e	$an-a$	MS_A	$F=\dfrac{MS_A}{MS_e}$
总和	SS_T	$an-1$		

经过方差分析之后，结论是处理平均数间差异显著。但这并不是说在每对处理之间都存在着差异，为了弄清究竟是哪些对之间存在着显著差异，哪些对之间无差异，必须在各处理平均数之间一对一对地做比较，也就是说要做多重比较。

多重比较的方法很多，这里介绍 Duncan 多重检验：

（1）将需要比较的个平均数依次排列好，使 $\bar{x}_1 > \bar{x}_2 > \cdots > \bar{x}_a$。

（2）将每一对平均数之间的差记入表 7-3。

表 7-3　平均数间差记录表

	a	$a-1$	$\cdots$	3	2
1	$\bar{x}_1 - \bar{x}_a$	$\bar{x}_1 - \bar{x}_{a-1}$		$\bar{x}_1 - \bar{x}_3$	$\bar{x}_1 - \bar{x}_2$
2	$\bar{x}_2 - \bar{x}_a$	$\bar{x}_2 - \bar{x}_{a-1}$		$\bar{x}_2 - \bar{x}_3$	
$\vdots$					
$a-2$	$\bar{x}_{a-2} - \bar{x}_a$	$\bar{x}_{a-2} - \bar{x}_{a-1}$			
$a-1$	$\bar{x}_{a-1} - \bar{x}_a$				

（3）计算平均数差的临界值 R_k。

$$R_k = r_a s_{\bar{x}}, \quad k = 2, 3, \cdots, a$$

其中

$$s_{\bar{x}} = \sqrt{\frac{MS_e}{n}}$$

$r_a(k, df)$ 可从 Duncan 检验表查得。k 是相比较的两个平均数之间所包含的平均数的个数，若两个要比较的平均数相邻时，$k=2$，两个要比较的平均数中间隔一个平均数时，$k=3$，依次类推。

（4）将各平均数的差值与 $\alpha = 0.05$ 时相应的 R_k 值比较，若差值大于 R_k 值，则表明两平均数间差异显著，加标一个"*"号；然后将已加"*"号的各平均数的差值与 $\alpha = 0.05$ 时相应的 R_k 值比较，若差值大于 R_k 值，则表明两平均数间差异极显著，再加标一个"*"号。

4. χ^2 检验

对离散型资料进行统计假设检验，通常采用 χ^2 检验。χ^2 检验一般可分为两种类型：一类是吻合度检验，另一类是独立性检验。前者是先通过一定的理论分布推算出样本理论值，然后用实际观察值与理论值进行比较，从而得出实际观察值与理论值之间是否吻合。后者是研究两个或两个以上属性的计数资料间是相互独立的或是相互联系的，先假设各属性之间没有关联，然后证明这种无关联的假设是否成立。

对计数资料进行 χ^2 检验，其基本原理是应用理论估计值与实际观察值之间的偏离程度来决定其 χ^2 的大小。在计算理论值（T）与观察值（O）之间的符合程度时，采用公式：

$$\chi^2 = \sum_{i=1}^{k} \frac{(O_i - T_i)^2}{T_i}$$

由上式可知，χ^2 最小值为 0，随着 χ^2 值的增大，观察值与理论值之间的符合程度越来越小，其符合程度由 χ^2 概率来决定。χ^2 概率可由 χ^2 值表来决定。

χ^2 检验的步骤如下：

（1）提出假设。

H_0: $O = T$

H_0: $O \neq T$

（2）确定显著性水平 $\alpha = 0.05$ 或 $\alpha = 0.01$。

（3）计算检验统计量根据理论分布求出各个理论值 T，结合各观察值，代入上式，计算 χ^2 值。

（4）得出结论从 χ^2 值表中查出自由度 $df = k - 1$ 时的 χ^2 值，若 $\chi^2 < \chi_\alpha^2$，则接受 H_0；若 $\chi^2 > \chi_\alpha^2$，则拒绝 H_0，接受 H_A。

在进行 χ^2 检验时，应注意的两个问题：

（1）任何一组的理论值 T_i 都必须大于 5，如果 $T_i \leqslant 5$，则需要邻组合并或增大样本含量，以满足 $T_i > 5$。

（2）在自由度 $df = 1$ 时，需要进行矫正，矫正公式为：

$$\chi^2 = \sum_{i=1}^{k} \frac{(|O_i - T_i| - 0.5)^2}{T_i}$$

5. 回归与相关

在生物学研究中，经常会遇到两个或多个变量间的关系问题。变量之间相互制约，相互依存。一种变量受另一种变量的影响，两者之间既有关系，但又不存在完全确定的函数关系。知道其中一种变量，并不能精确求出另一变量的值。如人类血压与年龄、身高与体重、玉米的穗长与穗重、树木的胸径与树高、作物的产量与播种量等均属于这一类例子。

设有两个随机变量 X 和 Y，对于任一随机变量的每一个可能的值，另一个随机变量都有一个确定的分布与之对应，则称这两个随机变量之间存在相关关系。在生物学中，研究两个变量之间的关系，主要是为了探求两变量的内存联系，或者是从一个变量 X（可以是随机变量，也可以是一般变量），去推测另一个随机变量 Y。如果对于变量 X 的每一个可能的值 x_i，随机变量 Y 都有一个分布相对应，则称随机变量 Y 对变量 X 存在回归关系。X 称为自变量，Y 称为因变量。

在做两个变量之间关系研究时，首先要收集数据，从变量 X 中得到 x_1，从随机变量 Y 中得到对应的 y_1。在收集到许多对数据之后，最好先做出一个散点图，直观地描述一下两个变量之间的关系。根据散点图考虑以下问题：

（1）两变量之间的关系是否密切，我们能否用 X 来估计 Y。

（2）两变量之间的关系是线性的（散点呈一条直线），还是非线性的（散点呈某种曲线或无规律）。

（3）是否存在某个点偏离过大。

（4）是否存在其他关系。

如果两个变量之间的关系是线性的，分析起来比较简单。如果两个变量之间的关系是非线性的，则需要将数据进行必要的转换，将曲线化为直线，再按直线回归处理。在此处我们仅介绍直线回归方法。

在具有回归关系的两个变量之间，对于任一个 x_i，都不会有一个确切的 y_i 与之对应，而是有一个分布相对应。当 $X=x_i$ 时，Y 的平均数为 $\mu_Y \cdot X = x_i$。若两个变量之间是线性关系，则有

$$\mu_Y = \alpha + \beta X$$

一般情况下，只能通过实验或调查获得有限对数据。因此，得不到真正的 μ_Y、α 和 β 值，只能用它们的估计值。

$$Y = a + bx$$

我们用 Y 估计 μ_Y，用 a 估计 α，用 b 估计 β。上式称为 Y 对 X 的回归方程，所画出的直线称为回归线，b 称为回归系数。

利用最小二乘法，通过实验或调查数据，计算 a 和 b。

$$b = \frac{\sum_{i=1}^{n}(x_i - \overline{x})(y_i - \overline{y})}{\sum_{i=1}^{n}(x_i - \overline{x})^2} = \frac{S_{XY}}{S_{XX}}$$

$$a = \overline{y} - b\overline{x}$$

两个变量之间线性回归的显著程度是由 β 决定的。当 $\beta=0$ 时，两个变量之间不存在线性关系。因此，在得到样本回归系数 b 之后，还必须要对 H_0：$\beta = 0$，H_A：$\beta \neq 0$ 的假设做检验。如果不能拒绝 H_0：$\beta = 0$，就没有足够的理由认为 Y 和 X 之间存在线性关系。回归系数的显著性检验用 t 检验，检验统计量 $t = b/s_b$ 服从 $n-2$ 自由度的 t 分布。式中 s_b 为回归系数 b 的标准差。

$$s_b = \sqrt{\frac{MS_e}{S_{XX}}}$$

$$MS_e = \frac{S_{YY} - bS_{XY}}{n-2}$$

$$S_{YY} = \sum_{i=1}^{n}(y_i - \overline{y})^2$$

第八章　生态学实验内容与操作

实验一　太阳辐射强度、降水量、蒸发量、空气温度和湿度的测定

一、实验目的

在对植物生长发育过程产生直接或间接影响的生态因子中，热量和水分两个生态因子以及两者的组合往往是具有决定性意义的。本实验通过对太阳辐射强度、大气降水和蒸发、空气温度和湿度这五个生态因子的测定，使学生掌握几种常见的生理生态测试仪器的工作原理和使用方法，为认识植物与环境的相互关系打下基础。

二、实验步骤

1. 太阳辐射强度的测定

太阳辐射强度的观测包括直接辐射、天空总辐射、散射辐射、地面反射辐射、这里以天空总辐射为例作一介绍。

（1）仪器与设备

仪器的设计原理是以物体的热电效应为基础的。由康铜—铜制成热电堆，热电堆将吸收的热能转化为电能，输出为电压，其输出量的大小与辐射强度成正比。

仪器的感应主体由透光罩、感应器、干燥器等组成。透光罩是双层石英罩，既可以滤去投在黑片上的大气长波辐射，也可以防止风吹去黑白片上的热量。感应器下面的干燥器内装硅胶，以吸收罩内水分。辐射测定的计量器是灵敏度较高的电流表，常称为辐射电流表或微安表。测量时，将天空辐射表热电堆的热端（＋）和冷端（－）分别与辐射电流表的正极和负极相连接。

（2）方法和步骤

①用仪器罩盖住感应面，松开电流表的绝电器进行零点读数，并记录测定时间；

②暴露感应面，待电流指针稳定后，每隔 10～20 s 读数 1 次，连续读 3 次。

2. 大气降水的测定

大气降水是指从天空降落到地面上的液态水或固态水，以 mm 为单位，取 1 位小数。目前常用的测量降水量的仪器有雨量器、虹吸式雨量计和翻斗式遥感雨量计。这里以虹吸式雨量计为例进行介绍。

（1）虹吸式雨量计

虹吸式雨量计（图 8-1）由盛水器（1）、浮子室（2）、自计钟（3）、记录笔（5）和外壳（16）等组成，由图 8-1 所示。降水从盛水器的盛水口（6）落入，由盛水器的锥形大漏斗汇总经导水管流入小漏斗（7）和进水管至浮子室。此时浮子室内水位上升，浮子（8）升高并带动固定在浮子杆（9）上之记录笔上升。同时装在钟筒上的自记纸（4）随自记钟旋转，由装有自计墨水的笔尖在自计纸上画出曲线。

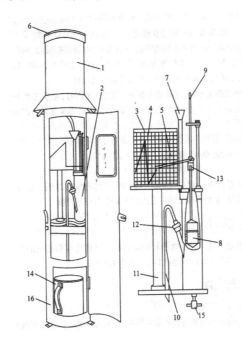

图 8-1　虹吸式雨量计

当笔尖达自计纸 10 mm 线上时，浮子室内液面即达到虹吸管（10）的弯曲部分（12），由于虹吸作用，水从虹吸管中自动溢出，浮子下降至笔尖指零线时停住，继续降水时重复上述动作。

（2）方法与步骤

①将虹吸式雨量计安装在观测场平整的地面上，用三根钢丝绳牵固，以免因振动使记录发生变化，盛水口面用水平仪调整至水平。

②用自计纸卷在钟筒上，再把自计钟上满发条放在支柱（11）的钟轴上，保证齿轮啮合良好。

③将虹吸管的短弯曲端插入浮子室的出水管内，并用连接器密封紧固。

④将笔尖注入自计墨水，用手指夹住记录笔杆，使笔尖接触纸面。对准时间消除齿隙。

⑤将清水缓慢倒入盛水器至虹吸作用开始出现止，虹吸管溢流停止后，笔尖停留在零线上。偏离多时，要拧松笔杆固定螺钉（13）进行粗调；微调时，用手指扳动记录笔杆，调节笔尖指零线。虹吸作用应在 10 mm 上开始，若未达到或超过 10 mm 线，需旋松虹吸管连接器，上下移动虹吸管。若虹吸作用不正常溢流时间超过 10 s 时，可取下虹吸管，用软布系于绳中央，先用肥皂水后用清水拖擦洗净。若虹吸时有气泡产生，不能溢完，说明虹吸管内漏气，可用白蜡或凡士林的油脂混合物涂堵密封。

⑥当仪器工作正常时，雨量记录有如下特点：无雨时，记录为水平线；有雨时，记录为平滑的上升曲线；当水从浮子室溢出时，记录为垂直线。贮水筒（14）备校验降水量用。

3. 蒸发量的测定

蒸发量是指在一定口径的蒸发器中，水因蒸发而降低的深度。蒸发量以 mm 为单位，取 1 位小数。测定蒸发量可采用小型蒸发器。

（1）仪器与设备

蒸发器是由钝化成金黄色的铜质皿和镀锌钝化成彩虹色的钢质防禽圈组成。铜质皿是由内径 20 cm 的承水口、圆筒以及出水嘴构成。

（2）方法与步骤

①蒸发器的安装：在观测场地内的安置地点竖一圆柱，柱顶安一圈架，将蒸发器安放其中，蒸发器口缘面用水平仪调整至水平，距地面高度 70 cm。

②测量每天 20:00 进行观测，测量前一天 20:00 注入的 20 mm 清水（即今日原量）经 24 h 蒸发剩余的水量，计入观测薄余量栏。然后倒掉余量，重新量取 20 mm（干燥地区和干燥季节需量取 30 mm）清水注入蒸发器内，并计入观测薄次日原量栏。蒸发量计算式如下：

$$蒸发量＝原量＋降水量－余量$$

4. 空气温度的测定

一般观测中测定的是离地面 1.5 m 高度处的气温，包括三项：空气温度、空气最高温度和空气最低温度。

常用的测定温度的仪器有最高温度表、最低温度表、自记温度计等。

（1）最高温度表

最高温度表专门用于测定一定时间间隔内的最高温度，其构造与普通温度表不同。它的感应部分有一玻璃针，深入毛细管使感应部分与毛细管之间形成一窄道（有的是感应部分和毛细管相接处特别窄）。气温上升时，感应球内水银体积膨胀产生压力，压力大于窄道处摩擦力可将水银挤过窄道挤入毛细管，毛细管中水银柱上升；气温下降时，球部内水银收缩，由于窄道极小，窄道摩擦力大于水银柱的内聚力而不能缩回感应部分，水银就在此处中断。因而处在窄道上部的水银柱顶端的示度就是一定时间内曾经出现过的最高温度值。

调整方法：手握住表身，球部向下，磁板面与甩动方向平行；手臂向外伸出约 30°的夹角，用大臂将表前后 45°范围内甩动，毛细管内水银就可落入球部，使示度接近当时的干球温度。调整后放回时应先放球部再放表身。动作要迅速，避免日光直接照射，甩动角度不得过大，以防止球部翘起。

（2）最低温度表

最低温度表是用来专门测定一定时间间隔内最低温度的仪器。它的测温液是酒精，它的毛细管内有一哑铃形的小游标。最低温度表水平放置时，游标停留在某一位置。但气温上升时，酒精膨胀绕过游标而上升，而游标由于其顶端对管壁有足够的摩擦力，能维持在原位不动；当温度下降时，酒精柱收缩到与游标顶端相接触，由于酒精面的表面张力比游标对管壁的摩擦力要大，游标不致突破酒精柱而借表面张力将游标带下去。由此可知，游标只降低不能升高，所以游标远离球部一端的示度，即是一定时间间隔内曾经出现过的最低温度。

调整方法：抬高最低温度表的感应部位，表身倾斜，使游标回到酒精柱的顶端并停止滑动，再把温度表放回远处，先放表身，后放球部。

（3）自记温度计

自记温度计是连续记录温度变化过程的变形温度计。仪器由感应部分、杠杆系统和钟筒三部分组成。感应部分的双金属片是由两条不同性质的金属（铜和铁）薄片沿平面焊接成双层的一块平板，温度变化时，它的两个组成部分因膨胀量不同引起挠曲。将双金属片做成弧形，并将它的一端固定不动，在温度改变时会引起变形，其自由端将发生移动，并通过杠杆系统放大传递给杠杆长臂上的笔尖，使装有甘油墨水的笔尖与钟筒上的记录纸相接触。钟筒的转动是靠装在钟筒下部时钟装置驱动的，于是记录纸上得到连续的温度变化记录。特制的记录纸印有弧形坐标线，横坐标表示时间，纵坐标表示温度。

自计钟有"日计型"（钟转1周为24 h）和"周计型"（钟转1周为7天）。日计型纸每一小格代表10 min或15 min，周计型的每一小格为2 h，温度刻度每小格为1℃。

5. 空气湿度的测定

测定空气湿度的常用仪器有干湿球温度表、通风干湿表、毛发湿度计等。

（1）干湿球温度表

由两支型号完全相同的温度表组成，一支球部包有湿纱布称为湿球，另一个称为干球。由于纱布上的水分不断蒸发，消耗的潜热使湿球及其附近的薄层空气降温。另一方面湿球与流经其周围的空气发生热量交换，当湿球因蒸发而散失的热量与从周围空气中获得的热量相平衡时，湿球温度维持稳定。干湿球产生温差，通过温差测得空气湿度的大小。

计算公式为：

$$e = E_{t'} - AP(t-t')$$

式中：e —绝对湿度，g/m^{-3}（即水汽的密度）；E_t—湿球温度下的饱和水汽压；t —干球温度，℃；t'—湿球温度，℃；P—当时大气压，atm；A—干湿球系数。

（2）通风干湿表

通风干湿表携带方便，精确度较高，是一种适于野外测定空气温湿度的良好仪器。通风干湿表两支温度表的球部由双层金属管保护着，金属管表面镀镍，可将照到球部的太阳光及其他物体的辐射热反射出去。通风装置主要由通风器及三通管组成，通风器内有一个风扇，当风扇转动时，空气从双层金属保护套管下部被吸入，绕温度表球部向上流动，经中央圆管从通风扇窗口排出，这样就可以使球部处于2.5 m/s恒定速度的气流中。此外，温度表两侧各有一金属保护板，仪器还附有贮水皮囊、防风罩及挂钩等。

读数前4～5 min要润湿纱布。润湿纱布时，仪器必须保持垂直，先把水囊里的蒸馏水挤到离玻璃管口约1 cm处，然后将玻璃管插入护管稍微停留，带纱布湿润后，使水回到水囊中。湿球纱布湿润后，启动通风干湿表把风扇发条上好，等2～4 min左右，待风扇风速恒定时，直接读数，先读干球，后读湿球。

（3）毛发湿度计

毛发湿度计是自动记录相对湿度连续变化的仪器，它由三个部分组成。

感应部分：一束脱脂人发（40～42根），发束的两端用毛发压板固定于毛发支架上。

传感放大部分：毛发束中央借小钩与仪器的传递放大部分相连接。传递部分由两个弯曲的杠杆即双曲臂组成。上曲臂带有平衡锤使毛发束总是处于稍微拉紧状态。上、下曲臂杠杆分别借平衡锤和笔杆的重量得以轻轻保持接触。当相对湿度增大时，发束伸长，平衡锤下降，迫使笔杆抬起，笔尖上移；相对湿度减少时，发束缩短，平衡锤抬起，笔杆由于本身重量而往下落，笔尖下降，指示出相对湿度变小。

自计部分：同自计温度计。

实验二　土壤温度、土壤含水量和土壤养分含量的测定

一、实验目的

土壤温度、水分状况和养分状况是土壤理化性质的重要方面。本实验通过测定土壤温度、土壤含水量和几种养分含量等指标，使学生掌握土壤测试仪器的使用方法要领，了解土壤环境对于陆生生物生命活动的极端重要性，为进一步认识植物与环境的相互关系提供基础信息。

二、实验步骤

（一）土壤温度的测定

1. 曲管地温表法

曲管地温表是测定浅层（5～20 cm）土壤温度使用最普遍的温度计。这种温度计是具有乳白玻璃插入式温标的水银温度表，表杆近球部弯曲成135°的角，温度计下部的毛细管与玻璃套管之间充满棉花或草灰，其作用是消除温度表上部和埋在地下的部分因温度不同而引起套管内空气对流而产生的读数不准确性。一套曲管地温表包括4支不同长度的温度计，可供测定5、10、15、20 cm深处的土壤温度。

2. 直管地温表法

在更深的土层中测定地温可使用直管地温表。直管地温表分内外两个部件，外部鞘筒由铁管或硬胶管制成，如由硬胶管制成的鞘筒，其下端连接一个传热良好的铜管；内部部件是一支装在特制铜套管中的水银温度表，表球部与套管之间充满铜屑，形成了良好的传导介质，并提高温度表的惯性。特制铜套管被系在链子上或镶在一木板下端，长度约与鞘筒等长，链子或木板上端与鞘筒帽相连接。每组直管地温表共4～8根，可供测定0.2、0.4、0.6、0.8、1.2、1.6、2.4和3.2 m深处的土壤温度。

（二）土壤水分的测定

1. 仪器、设备和材料

土钻，土壤筛（孔径1 mm），铝盒，分析天平，电热恒温烘箱，干燥器（内盛变色硅胶）。

2. 方法与步骤

（1）土样的选取和制备

①风干土样：选取有代表性的风干土壤样品，压碎，通过1 mm筛，混合均匀后备用。

②新鲜土样：在野外用土钻取有代表性的新鲜土样，刮去土钻中的上部浮土，将土钻中部所需深度处的土壤约20 g捏碎后迅速装入已知准确质量的铝盒内，盖紧，装入木盒或其他容器，带回室内，将铝盒外表擦拭干净，立即称重测定水分。

（2）风干土样水分的测定

取铝盒在105℃恒温箱中烘烤约2 h，移入干燥器内冷却至室温，称重，精确至0.001 g。用角勺将风干土样拌匀，舀取约5 g，均匀地平铺在铝盒中，盖好，称重，精确至0.001 g。将铝盒盖揭开，放在盒底下，置于已预热至（105±2）℃的烘箱中烘烤6～8 h。取出，盖好，

移入干燥器内冷却至室温，立即称重。风干土样水分的测定应做 2 份平行测定。

（3）新鲜土样水分的测定

将盛有新鲜土样的铝盒在分析天平上称重，揭开盒盖，放在盒底下，置于已预热至（105±2）℃的烘箱中，烘烤 12 h。取出，盖好，在干燥器中冷却至室温，立即称重。新鲜土样水分的测定应做 3 份平行测定。

（4）结果计算

$$土壤含水量 = \frac{烘干前铝盒及土样质量 - 烘干后铝盒及土样质量}{烘干后铝盒及土样质量 - 烘干空铝盒质量} \times 100\%$$

（三）土壤有机质含量的测定

1. 仪器、设备与试剂

（1）仪器与设备

硬质试管，油浴消化装置（包括油浴锅和铁丝笼），可调温电炉，秒表，自动控温调节器。

（2）试剂

①0.8000 mol/L 重铬酸钾标准溶液：称取经 130℃烘干的重铬酸钾（$K_2Cr_2O_7$，分析纯）39.2245 g 溶于水中，定容至 1000 mL。

②0.2 mol/L $FeSO_4$ 溶液：称取硫酸亚铁（$FeSO_4 \cdot 7H_2O$，化学纯）56.0 g 溶于水中，加浓硫酸 5 mL，稀释至 1 L。

③指示剂

A. 邻啡罗啉指示剂：称取邻啡罗啉（分析纯）1.485 g 与 $FeSO_4 \cdot 7H_2O$ 0.695 g，溶于 100 mL 水中。

B. 2-羧基代二苯胺（o-phenylanthranilic acid，又名邻苯氨基苯甲酸，$C_{13}H_{11}O_{12}N$）指示剂：称取 0.25 g 试剂于小研钵中研细，然后倒入 100 mL 小烧杯中，加入 0.1 mol/L NaOH 溶液 12 mL，并用少量水将研钵中残留的试剂冲洗入 100 mL 烧杯中，将烧杯放在水浴上加热使其溶解，冷却后稀释定容到 250 mL，放置澄清或过滤，用其清液。

2. 方法和步骤

（1）样品制备

称取通过 0.149 mm（100 目）筛孔的风干土样 0.1～1 g（精确到 0.000 1 g），分别放入 6～8 支干燥的硬质试管中，用移液管准确加入 0.8000 mol/L 重铬酸钾标准溶液 5 mL（如果土壤中含有氯化物需先加 Ag_2SO_4 0.1 g），用注射器加入浓 H_2SO_4 5 mL 充分摇匀，管口盖上弯颈小漏斗。

（2）测定

①将置于铁丝笼中的 8～10 支试管（每笼有 1～2 个空白试管），放入温度为 185～190℃的石蜡油浴锅中，并控制电炉，使油浴锅内温度始终维持在 170～180℃，待试管内液体沸腾发生气泡时开始计时，煮沸 5 min，取出试管，稍冷后擦净试管外部油液。

②冷却后，将试管内物质倾入 250 mL 三角瓶中，用水洗净试管内部及小漏斗，使三角瓶内溶液总体积达到 60～70 mL，保持混合液中硫酸浓度为 2～3 mol/L，然后加入 2-羧基代二苯胺指示剂 12～15 滴，此时溶液呈棕红色。用标准的 0.2 mol/L 硫酸亚铁滴定，滴定过程中不断摇动三角瓶，直至溶液的颜色由棕红经紫色变为暗绿（灰蓝绿色），即为滴定终点。如用邻啡罗啉指示剂，加指示剂 2～3 滴，溶液的变色过程中由橙黄—蓝绿—砖红色即为终点。记取 $FeSO_4$ 滴定毫升数（V）。

每一批样品测定的同时，进行 2～3 个空白试验，即取 0.5 g 粉状二氧化硅代替土样，其他步骤与试样测定相同。记取 $FeSO_4$ 滴定毫升数（V_0），取其平均值。

（3）计算

$$土壤有机碳（g/kg）= \frac{\frac{c \times 5}{V_0} \times (V_0 - V) \times 1.1 \times 3.0 \times 0.001}{m \times k} \times 1000$$

式中：c—重铬酸钾标准溶液的浓度，mol/L；V_0—空白滴定用去 $FeSO_4$ 体积，mL；

3.0—$\frac{1}{4}$ 碳原子的摩尔质量，g/mol；1.1—氧化校正系数；m—风干土样质量，g；k—将风干土换算成烘干土的系数。

$$土壤有机质（g/kg）= 土壤有机碳（g/kg）\times 1.724$$

式中：1.724 为土壤有机碳换成土壤有机质的平均换算系数。

3. 注意事项

（1）含有机质高于 50 g/kg 者，称取土样 0.1 g；含有机质为 20～30 g/kg 时，称土样 0.3 g；少于 20 g/kg 时称取 0.5 g 以上。

（2）土壤中氯化物的存在可使结果偏高。因为氯化物也能被重铬酸钾所氧化，所以盐土中有机质的测定必须防止氯化物的干扰，少量氯可加入少量 Ag_2SO_4，使氯沉淀下来。

Ag_2SO_4 的加入，不仅能沉淀氯化物，而且有促进有机质分解的作用。Ag_2SO_4 的用量不能太多，约加 0.1 g，否则生成 $Ag_2Cr_2O_7$ 沉淀，影响滴定。

（3）必须在试管内溶液表面开始沸腾才开始计算时间。掌握沸腾的标准尽量一致，然后继续消煮 5 min，消煮时间对分析结果有较大的影响，故应尽量记时准确。

（4）消煮好的溶液颜色，一般应是黄色或黄中稍带绿色，如果以绿色为主，则说明重铬酸钾用量不足。在滴定时若消耗硫酸亚铁量小于空白用量的 1/3，有氧化不完全的可能，应弃去重做。

（四）土壤中全氮、水解氮含量的测定

土壤中氮素绝大部分为有机的结合形态。无机形态的氮一般占全氮的 1%～5%。土壤有机质和氮素的消长，主要决定于生物积累和分解作用的相对强弱以及气候、植被、耕作制度等因素，特别是水热条件，对土壤有机质和氮素含量有显著的影响。

1. 土壤全氮量的测定

测定土壤全氮量的方法主要可分为干烧法和湿烧法两类。湿烧法就是常用的凯氏定氮法。这个方法是丹麦人凯道尔（J. Kjeldahl）于 1883 年用于研究蛋白质变化的，后来被用来测定各种形态的有机氮。由于设备比较简单易得，结果可靠，为一般实验室所采用。下面介绍目前广泛采用的半微量凯氏法。

样品在加速剂的参与下用浓硫酸消煮，各种含氮有机化合物，经过复杂的高温分解反应，转化为氨，与硫酸结合成硫酸铵。碱化后蒸馏出来的氨用硼酸吸收，以标准酸溶液滴定，求出土壤全氮含量（不包括全部硝态氮）。

包括硝态和亚硝态氮的全氮测定，在样品消煮前，需先用高锰酸钾将样品中的亚硝态氮氧化为硝态氮后，再用还原铁粉使全部硝态氮还原，转化成氨态氮。

在高温下硫酸是一种强氧化剂，能氧化有机化合物中的碳而分解有机质。

（1）仪器及试剂

①仪器

消煮炉，半微量蒸馏装置，半微量滴定管（5 mL）。

②试剂

A. 10 mol/L NaOH 溶液：称取 420 g 工业用固体 NaOH 于硬质玻璃烧杯中，加蒸馏水 400 mL 溶解，不断搅拌，冷却后倒入塑料试剂瓶，加塞，放置数日待 Na_2CO_3 沉降后，将清液虹吸入盛有 160 mL 无 CO_2 的水中，以去 CO_2 的蒸馏水定容至 1 L。

B. 甲基红—溴甲酚绿混合指示剂：0.5 g 溴甲酚绿和 0.1 g 甲基红溶于 100 mL 95% 的乙醇中。

C. 20 g/L H_3BO_3：20 g H_3BO_3（化学纯）溶于 1 L 水中，每升 H_3BO_3 溶液中加入甲基红—溴甲酚绿混合指示剂 5 mL，并用稀酸或稀碱调节至微紫红色，此时该溶液的 pH 应为 4.8。指示剂使用前与硼酸混合，此试剂宜现配，不宜久放。

D. 混合加速剂：将 100 g K_2SO_4、10 g $CuSO_4 \cdot 5H_2O$ 和 1 g Se 粉混合研磨，通过 80 号筛充分混匀，贮于具塞瓶中。消煮时每毫升 H_2SO_4 加 0.37 g 混合加速剂。

E. 0.02 mol/L 硫酸标准溶液：量取 2.83 mL H_2SO_4，加水稀释至 5000 mL，然后用标准碱或硼砂标定之。

F. 高锰酸钾溶液：将 25 g 高锰酸钾溶于 500 mL 无离子水，贮于棕色瓶中。

G. 还原铁粉：磨细通过孔径 0.149 mm（100 目）筛。

（2）方法和步骤

①样品制备

称取风干土样（通过 0.149 mm 筛）1.000 g。

②土样消煮

A. 不包括硝态氮和亚硝态氮的消煮：将土样送入干燥的凯氏瓶底部，用少量无离子水（0.5～1 mL）湿润土样后，加入 2 g 加速剂和 5 mL 浓硫酸，摇匀，将凯氏瓶倾斜置于 300 W 变温电炉上，用小火加热，待瓶内反应缓和时（10～15 min），加强火力使消煮的土液保持微沸，加热的部位不超过瓶中的液面，以防瓶壁温度过高而使铵盐受热分解，导致氮素损失。消煮的温度以硫酸蒸气在瓶颈上部 1/3 处冷凝回流为宜。待消煮液和土粒全部变为灰白稍带绿色后，再继续消煮 1 h。消煮完毕，冷却，待蒸馏。在消煮土样的同时，做两份空白测定，除不加土样外，其他操作皆与测定土样相同。

B. 包括硝态和亚硝态氮的消煮：将土样送入干燥的凯氏瓶底部，加 1 mL 高锰酸钾溶液，摇动凯氏瓶，缓缓加入 1:1 硫酸 2 mL，不断转动凯氏瓶，然后放置 5 min，再加入 1 滴辛醇。通过长颈漏斗将 0.50 g（±0.01 g）还原铁粉送入凯氏瓶底部，瓶口盖上小漏斗，转动凯氏瓶，使铁粉与酸接触，待剧烈反应停止时（约 5 min），将凯氏瓶置于电炉上缓缓加热 45 min（瓶内土液应保持微沸，以不引起大量水分丢失为宜）。待凯氏瓶冷却后，通过长颈漏斗加 2 g 加速剂和 5 mL 浓硫酸，摇匀。按上述 A 的步骤，消煮至土液全部变为黄绿色，再继续消煮 1 h。消煮完毕，冷却，待蒸馏。在消煮土样的同时，做两份空白测定。

③氨的蒸馏

A. 蒸馏前先检查蒸馏装置是否漏气，并通过水的馏出液将管道洗净。

B. 待消煮液冷却后，用少量无离子水将消煮液全部转入蒸馏器内，并用水洗涤凯氏瓶 4～5 次（总用水量不超过 30～35 mL）。若用半自动式自动定氮仪，不需要转移，可直接将消煮管放入定氮仪中蒸馏。

于 150 mL 锥形瓶中，加入 20 g/L 硼酸指示剂混合液 5 mL，放在冷凝管末端，管口置于硼酸液面以上 3～4 cm 处。然后向蒸馏室内缓缓加入 10 mol/L NaOH 溶液 20 mL，通入蒸气蒸馏，待馏出液体积约 50 mL 时，即蒸馏完毕。用少量已调节至 pH4.5 的水洗涤冷凝管的末端。

④滴定

用 0.01 mol/L H$_2$SO$_4$ 或 0.01 mol·L^{-1} HCl 标准溶液滴定馏出液，至馏出液由蓝绿色刚变为紫红色为止。记录所用酸标准溶液的体积（mL）。空白滴定所用酸标准溶液的体积，一般不得超过 0.4 mL。

⑤计算

$$土壤全氮（N）含量（g \cdot kg^{-1}） = \frac{(V - V_0) \times c \times 14.0 \times 0.001}{m} \times 1000$$

式中：V—滴定试液时所用酸标准溶液的体积，mL；V_0—滴定空白时所用酸标准溶液的体积，mL；c—H$_2$SO$_4$ 或 HCl 标准溶液浓度，mol/L；m—风干土样的质量，g。

两次平行测定结果允许绝对相差：土壤含氮量大于 1.0 g/kg 时，不得超过 0.005%；含氮 1.0～0.6 g/kg 时，不得超过 0.004%；含氮 <0.6 g/kg 时，不得超过 0.003%。

（3）注意事项

①对于微量氮的滴定还可以用另一种更灵敏的混合指示剂，即 0.099 g 溴甲酚绿和 0.066 g 甲基红溶于 100 mL 乙醇中。20 g/L H$_3$BO$_3$ 指示剂溶液的配制：称取硼酸（分析纯）20 g 溶于约 950 mL 水中，加热搅动直至 H$_3$BO$_3$ 溶解，冷却后，加入混合指示剂 20 mL 混匀，并用稀酸或稀碱调节至紫红色（pH 约为 5），加水稀释至 1L 混匀备用。宜现用现配。

②一般应使样品中含氮量为 1.0～2.0 mg，如果土壤含氮量在 2 g/kg 以下，应称土样 1 g；含氮量在 2.0～4.0 g/kg 时，应称 0.5～1.0 g；含氮量在 4.0 g/kg 以上时应称 0.5 g。

③硼酸的浓度和用量以能满足吸收 NH$_3$ 为宜，大致可按每毫升 10 g/L H$_3$BO$_3$ 能吸收氮量为 0.46 mg 计算。例如，20 g/L H$_3$BO$_3$ 溶液 5 mL 最多可吸收的氮量为 5×2×0.46＝4.6 mg。因此，可根据消煮液中含氮量估计硼酸的用量，适当多加。

④在半微量蒸馏中，冷凝管口不必插入硼酸液中，这样可防止倒吸减少洗涤手续。但在常量蒸馏中，由于含氮量较高，冷凝管须插入硼酸溶液，以免损失。

2. 土壤水解氮含量的测定（碱解扩散法）

土壤水解氮也称土壤有效氮，它包括无机态氮和部分有机物质中易分解的比较简单的有机态氮，它是氨态氮、硝态氮、氨基酸、酰铵和易水解的蛋白质氮的总和。测定水解氮可以了解一定时期（如一个生长季或一年）内土壤中氮素的供应水平，对于制定改土培肥规划、拟定合理施肥方案、确定田间施肥量和作物管理等都有重要参考价值。

本实验所述碱解扩散法是利用稀碱与土样在一定条件下进行水解作用，使土壤中易水解的有机态氮转化为氨气状态，并不断地扩散逸出，连同土壤中原有的氨态氮一并由硼酸吸收，再用标准酸滴定，计算出水解性氮的含量。但此法测得的有效氮中不包括土壤中的硝态氮。

（1）仪器、设备及材料

①仪器与设备

土样筛（1 mm）电子天平扩散皿温箱半微量滴定管。

②试剂

A. 1 mol/L NaOH 溶液：40 g 化学纯 NaOH 溶于 1L 水中。

B. 碱性甘油：最简单的配法是在甘油中溶解几小粒固体 NaOH 即成。

C. 2% 硼酸溶液（内含溴甲酚绿-甲基红指示剂）：将 20 g H_3BO_3 溶于 1 L 水中，加入溴甲酚绿-甲基红指示剂 10 mL，并用稀 NaOH（约 0.1 mol/L）或稀 HCl（0.1 mol/L）调节至紫红色（pH 值 4.5）。

D. 溴甲酚绿-甲基红指示剂：0.5 g 溴甲酚绿和 0.1 g 甲基红溶于 100 mL 95%酒精中。

E. 0.01 mol/L HCl 标准溶液：先配制 1.0 mol/L HCl 溶液，稀释 100 倍，用硼砂或 180℃下烘干的 Na_2CO_3 标定其准确的浓度。

（2）方法与步骤

称取风干土样（通过 1 mm 筛）2.00 g，置于扩散皿外室，轻轻地旋转扩散皿使土壤均匀地铺平。取 2 mL 2%硼酸指示剂放于扩散皿内室，然后在扩散皿外室边缘涂上碱性甘油，盖上毛玻璃，旋转数次，使皿边与毛玻璃完全粘合，再渐渐转开毛玻璃一边，使扩散皿外室露出一条狭缝，迅速加入 10.0 mL 浓度为 1 mol/L NaOH，立即盖严，再用橡皮筋圈紧，使毛玻璃固定。随后放入（40±1）℃恒温箱中，碱解扩散（24±0.5）h 后取出。内室吸收液中的氨气用半微量滴定管盛 0.01 mol/L HCl 标准溶液滴定（由蓝色滴到微红色）。在样品测定同时进行空白实验，矫正试剂和滴定操作中的误差。

结果计算按下式：

土壤水解氮含量（mg/kg）$= (V - V_0) \times c \times 14.0 \times 1000/w$

式中：V, V_0—土样测定和空白实验所用标准 HCl 的体积，mL；c—标准酸的浓度，mol/L；14.0—氮原子的摩尔质量；W—风干土土样称重，g。

两次平行测定结果允许误差为 5 mg/kg。

（五）土壤全磷含量的测定

土壤全磷含量的高低，受土壤母质、成土作用和耕作施肥的影响很大。另外，土壤中磷的含量与土壤质地和有机质含量也有关系。黏性土含磷量多于砂性土，有机质丰富的土壤含磷量亦较多。在土壤剖面中，耕作层含磷量一般高于底土层。本实验只做土壤全磷含量的测定（NaOH 熔融-钼锑抗比色法）

测定方法是将土壤样品与氢氧化钠熔融，使土壤中含磷矿物及有磷化合物全部转化为可溶性的正磷酸盐，用水和稀硫酸溶解熔块，在规定条件下样品溶液与钼锑抗显色剂反应，生成磷钼蓝，用分光光度法进行定量测定。

1. 仪器、设备与试剂

（1）仪器与设备

土壤样品粉碎机、土壤筛（孔径 1 mm 和 0.149 mm）、分析天平、镍（或银）坩埚（容量>30 mL）、高温可调电炉、分光光度计、玛瑙研钵。

（2）试剂

①100 g/L 碳酸钠溶液：10 g 无水碳酸钠溶于水后，稀释至 100 mL，摇匀。

②50 mL/L 硫酸溶液：吸取 5 mL 浓硫酸缓缓加入 90 mL 水中，冷却后加水至 100 mL。

③3 mol/L 硫酸溶液：量取 160 mL 浓硫酸缓缓加入到盛有 800 mL 左右水的大烧杯中，不断搅拌，冷却后，再加水至 1000 mL。

④二硝基酚指示剂：称取 0.2 g 二硝基酚溶于 100 mL 水中。

⑤5 g/L 酒石酸锑钾溶液：称取酒石酸锑钾 0.5 g 溶于 100 mL 水中。

⑥硫酸钼锑贮备液：量取 126 mL 浓硫酸，缓缓加入到 400 mL 水中，冷却。另称取经磨细的钼酸铵 10 g 溶于温度约 60℃300 mL 水中，冷却。然后将硫酸溶液缓缓倒入钼酸铵溶液中，再加入 5 g/L 酒石酸锑钾溶液 100 mL，冷却后，加水稀释至 1000 mL，摇匀，贮于棕色试剂瓶中。

⑦钼锑抗显色剂：称取 1.5 g 抗坏血酸（左旋，旋光度＋21°～22°）溶于 100 mL 钼锑贮备液中。此溶液宜现用现配。

⑧磷标准贮备液：准确称取经 105℃下烘干 2 h 的磷酸二氢钾（优级纯）0.4390 g，用水溶解后，加入 5 mL 浓硫酸，然后加水定容至 1000 mL，该溶液含磷 100 mg/L，放入冰箱可供长期使用。

⑨5 mg/L 磷标准溶液：准确吸取 5 mL 磷贮备液，放入 100 mL 容量瓶中，加水定容。该溶液现用现配。

2. 操作步骤

（1）土壤样品制备

取通过 1 mm 孔径筛的风干土样在牛皮纸上铺成薄层，划分成许多小方格。用小勺在每个方格中提出等量土样（总量不少于 20 g）于玛瑙研钵中研磨，使其全部通过 0.149 mm 孔径筛。混匀后装入磨口瓶中备用。

（2）熔样

准确称取风干样品 0.25 g，精确到 0.0001 g，小心放入镍（或银）坩锅底部，切勿粘在壁上，加入无水乙醇 3～4 滴，润湿样品，在样品上平铺 2 g 氢氧化钠，将坩锅放入高温电炉，升温。当温度升至 400℃左右时，切断电源，暂停 15 min。然后继续升温至 720℃，并保持 15 min，取出冷却，加入约 80℃水 10 mL，用水多次洗坩锅，洗涤液一并移入 25 mL 容量瓶，冷却，定容，用无磷定量滤纸过滤或离心澄清，同时做空白试验。

（3）绘制标准曲线

分别准确吸取 5 mg/L 磷标准溶液 0、2、4、6、8、10 mL 于 50 mL 容量瓶中，用水稀释至总容积约 3/5 处，加入二硝基酚指示剂 2～3 滴，并用 100 g/L 碳酸钠溶液或 50 mL/L 硫酸溶液调节溶液至刚呈微黄色，准确加入钼锑抗显色剂 5 mL，摇匀，加水定容，即得含磷量分别为 0.0、0.2、0.4、0.8、1.0 mg·L⁻¹ 的标准溶液系列。摇匀，于 15℃以上温度放置 30 min 后，在波长 700 mm 处，测定其吸光度。以吸光度为纵坐标、磷浓度（mg/L）为横坐标，绘制标准曲线。

（4）样品溶液中磷的定量

吸取待测样品溶液 2～10 mL（含磷 0.04～1.0 μg）于 50 mL 容量瓶中，以下步骤同标准曲线的配制过程。以空白试验为参比液调节仪器零点。

（5）计算

$$土壤全磷（P）含量（g·kg^{-1}）=\rho \times \frac{V_1}{m} \times \frac{V_2}{V_3} \times 0.001 \times \frac{100}{100-H}$$

式中：ρ—从标准曲线上查得待测样品溶液中磷的质量浓度，mg/L；m—称样质量，g；V_1—样品熔后定容的体积，mL；V_2—显色时溶液定容的体积，mL；V_3—从熔样定容后分取的体积，mL；$\frac{100}{100-H}$—将风干土变换为烘干土的转换因数；H—风干土中水分含量百分数。

实验三　低温环境胁迫对植物组织伤害的测定

一、实验目的

使学生理解生物膜完整性的重要性，以及生物膜的通透性和电导度的关系.

二、实验原理

植物组织受到逆境伤害时，膜的功能受损或结构破坏，透性增大，细胞内各种水溶性物质包括电解质将有不同程度的外渗。将植物组织浸入无离子水中，水的电导将因电解质的外渗而加大，伤害愈重，外渗愈多，电导度的增加也愈大。故可用电导仪测定外液的电导度增加值而得知伤害程度。

三、实验材料与仪器

1. 材料

新鲜植物（如小麦幼苗）叶片、蒸馏水。

2. 仪器

电导仪（DDS-11A 型或 DDS-11 型电导仪）1 台、真空泵（附真空干燥器）1 套、恒温水浴器 1 具、水浴试管架 1 个、20 mL 具塞刻度试管 10 支、打孔器 1 套（或双面刀片 1 片）、10 mL 移液管（或定量加液器）1 个、铝锅 1 个、电炉 1 个、镊子 1 把、（11）剪刀 1 把、搪瓷盘 1 个、去离子水适量、滤纸适量、塑料纱网（约 3 cm² ）6 片。

四、实验步骤

1. 容器的洗涤

电导法对水和容器的洁净度要求严格，水的电导值要求为 1～2 S（西门子）；所用容器必须彻底清洗，再用去离子水冲净，倒置于洗净而垫有洁净滤纸的搪瓷盘中备用。为了检查试管是否洁净，可向试管中加入电导值在 1～2 S 的新制去离子水，用电导仪测定是否仍维持原电导。

2. 试验材料的处理

分别在正常生长和逆境胁迫的植株上取同一叶位的功能叶若干片。若没有逆境胁迫的植株，可取正常生长的植株叶片若干片，分成 2 份，用纱布擦净表面灰尘。将其中一份放在-20℃左右的温度下冷冻 20 min（或置 40℃左右的恒温箱中处理 30 min）进行逆境胁迫处理。另一份裹入潮湿的纱布中放置在室温下作对照。

3. 测定

（1）将处理组叶片与对照组叶片用去离子水冲洗 2 次，再用洁净滤纸吸净表面水分。用 6～8 mm 的打孔器避开主脉打取叶圆片（或切割成大小一致的叶块），每组叶片打取叶圆片 30 片，分装在 3 支洁净的刻度试管中，每管放 10 片。

（2）在装有叶片的各管中加入 10 mL 的去离子水，并将大于试管口径的塑料纱网放入试管距离液面 1 cm 处，以防止叶圆片在抽气时翻出试管。然后将试管放入真空干燥箱中用真空泵抽气 10 min（也可直接将叶圆片放入注射器内，吸取 10 mL 的去离子水，堵住注射器口进行抽气）以抽出细胞间隙的空气，当注射器内缓缓进入空气时，水即渗入细胞间隙，叶片变成半透明状，沉入水下。

（3）将以上试管置室温下保持 1 h，其间要多次摇动试管，或者将试管放在振荡器上振荡 1 h。

（4）1 h 后将各试管充分摇匀，用电导仪测其初电导值（S_1）。

（5）测毕，将各试管盖塞封口，置沸水浴中 10 min，以杀死植物组织。取出试管后用自来水冷却至室温，并在室温下平衡 10 min，摇匀，测其终电导值（S_2）。

五、实验结果与计算

相对电导度（L）=S_1/S_2，相对电导度的大小表示细胞膜受伤害的程度。

由于对照（在室温下）也有少量电解质外渗，故可按上式计算由于低温或高温胁迫而产生的外渗，称为伤害度（或伤害性外渗）。

$$伤害度（\%）=（L_t - L_{ck}）/（1 - L_{ck}）×100$$

式中，L_t——处理叶片的相对电导度；L_{ck}——对照叶片的相对电导度。

在电导度测定中一般应用去离子水，若制备困难可用普通蒸馏水代替，但需要设一空白试管（蒸馏水作空白），测定样品时同时测定空白电导值，按下式计算相对电导度：

$$相对电导度（L）=（S_1-空白电导度）/（S_2-空白电导度）$$

六、注意事项

1. CO_2 在水中的溶解度较高，测定电导时要防止高 CO_2 气源和口中呼出的 CO_2 进入试管，以免影响结果的准确性。

2. 温度对溶液的电导影响很大，故 S_1 和 S_2 必须在相同温度下测定。

思考题

1. 测定电解质外渗量时，为何要对材料进行真空渗入？

2. 测定过程中为何要进行振荡？

实验四　盐胁迫对植物生长发育的影响

一、实验目的

1. 了解盐胁迫对植物（种子萌发）的影响。

2. 掌握种子萌发过程种发芽率、发芽势、发芽指数等各项指标的观察和计算方法。

3. 各项指标在盐胁迫条件下的变化趋势；绘制盐浓度和生长指标相关曲线。

二、实验原理

盐胁迫对植物生长发育的各个阶段如种子萌发、幼苗生长、成株生长等都有着不同程度的影响。不同种类的植物受其影响的程度也各不相同。本实验主要观察不同盐分（Na_2CO_3 和 $NaCl$）对不同盐生植物种子萌发过程的影响。

三、仪器、设备及材料

1. 仪器与设备

培养皿（10 cm×2 cm），滤纸（直径为 10 cm 定量滤纸若干），电热恒温箱，电子天平，400 mL 烧杯，200 mL 容量瓶，10 mL 移液管，毫米刻度尺，玻璃棒，镊子。

2. 材料

（1）种子：根据当地环境状况和实验条件选择适当的盐生植物种子。本实验推荐朝鲜碱茅和草木樨的当年生种子。

（2）试验液：用改良 Hoagland 营养液分别配置 500 mg/L、1000 mg/L、2000 mg/L、3000 mg/L、4000 mg/L 5 个浓度梯度的 Na_2CO_3 和 $NaCl$ 试验液。以 Hoagland 营养液作对照。

四、实验方法与步骤

1. 预处理

（1）种子的预处理：用 10%的次氯酸钠消毒 10 min 再用 30% H_2O_2 消毒后，在饱和 $CaSO_4$ 溶液浸泡 6 h，再冲洗干净。为保证种子的萌发易于观察，将种子的果皮剥除。

（2）器皿准备：取培养皿 22 只，分别按以下处理贴号标签。

草木樨：对照；

Na_2CO_3：500 mg/L、1000 mg/L[1]、2000 mg/L、3000 mg/L、4000 mg/L；

$NaCl$：500 mg/L、1000 mg/L、2000 mg/L、3000 mg/L、4000 mg/L。

朝鲜碱茅：对照；

Na_2CO_3：500 mg/L、1000 mg/L、2000 mg/L、3000 mg/L、4000 mg/L；

$NaCl$：500 mg/L、1000 mg/L、2000 mg/L、3000 mg/L、4000 mg/L。

将每个培养皿底部平铺两张滤纸。将每个培养皿等分成三份，分别标记 1、2、3，作为平行样。

2. 种子的培养

挑选籽粒大小相当的种子播种于铺有滤纸的培养皿（发芽床）内，分别加入不同浓度的培养液 10 mL，每份样品 50 粒，各品种各浓度均设 3 个平行样，然后将培养皿置于恒温箱中，在 25℃无光条件下培养 14 天。培养期间，每天用 Hoagland 溶液处理一次以保证一定湿度，加溶液时最好用滴管滴入或用小喷雾器喷入，防止加入过猛，冲乱种子。如果在发芽床内有5%以上的种子发霉，则应该进行消毒或更换新床。

3. 实验记录

在种子萌发 3 h 后，逐日观察记录正常萌发种子数、不萌发种子数及腐烂种子数。第一次观察后取正常种子测其生理指标，之后每次观察后将正常发芽种子和腐烂种子取出弃掉。观察时间为发芽后 1~2 周。将观察结果填入表中。

五、实验结果与计算

1. 种子发芽情况

表 8-1　朝鲜碱茅（或草木樨）发芽情况记录

碳酸钠或氯化钠浓度/（mg/L）	平行样	时间（天）											
		3	4	5	6	7	8	9	10	11	12	13	14
0	1												
	2												
	3												
500	1												
	2												
	3												
1000	1												
	2												
	3												
2000	1												
	2												
	3												
3000	1												
	2												
	3												
4000	1												
	2												
	3												

发芽率、发芽势和发芽指数的计算：两种种子发芽试验结束后，要根据检查和记录结果计算种子的发芽率和发芽势。发芽率是决定种子品质和种子实际用价的依据。

$$发芽率（\%）＝\frac{7天发芽的种子数}{供试验种子数}×100$$

即：
$$G_r＝\Sigma G_t/T×100\%$$

G_r—发芽率，%；

G_t—在 t 日的发芽数，个；

T—供试验种子总数，个。

$$发芽势（\%）＝\frac{3天发芽种子数}{供试验种子数}×100$$

种子发芽势是判断种子质量优劣、出苗整齐与否的重要指标，也与幼苗强弱和产量有密切的关系。发芽势高的种子，出苗迅速，整齐健壮。

发芽指数　　　　　　　　　$G_i＝\Sigma（G_t/D_t）$

G_i—发芽指数；

G_t—在 t 日的发芽数，个；

D_t——相应的发芽天数，天。

根据表 8-1 的数据，分别计算发芽率。发芽势和发芽指数，将计算结果填入表 8-2。

表 8-2　种子萌发中的发芽率、发芽势及发芽指数计算结果

指标		Na_2CO_3（或 NaCl）浓度（mg/L）					
		0	500	1000	2000	3000	4000
朝鲜碱茅（或草木樨）	发芽率（%）						
	发芽势（%）						
	发芽指数						

2. 生理指标的测定

种子萌发过程中的生理指标主要包括芽长、总长、芽重和总重。发芽 3 天后，用镊子轻轻将其取出，用滤纸吸干后，再用刻度尺分别测量芽长和总长；之后，经分析天平测定全重和芽重。以上数据均取平均值，将结果记入表 8-3。

表 8-3　种子萌发中的生理指标测定结果

指标		Na_2CO_3（或 NaCl）浓度（mg/L）					
		0	500	1000	2000	3000	4000
朝鲜碱茅（或草木樨）	发芽个数						
	芽长（cm）						
	总长（cm）						
	芽重（mg）						
	总重（mg）						

根据观测和测定计算的结果，分子种子萌发过程中各指标在不同盐胁迫条件下的变化，了解盐胁迫对种子萌发的影响。

思考题

1. 做盐胁迫实验时，在预处理种子中为什么种子要去皮？
2. 试分析盐胁迫对种子萌发的影响。

实验五　种群在有限环境中的 Logistic 增长

一、实验目的

1. 通过对紫背浮萍种群增长的观察，了解在有限环境下种群的增长方式，理解环境对种群增长的限制作用。
2. 掌握 Logistic 方程参数估计和曲线拟合的方法。

二、实验原理

自然条件下的种群不可能无限制的增长。当种群增长到一定阶段，随密度上升，空间、资源或其他生活条件的限制使得种内竞争增加，种群出生率下降，死亡率上升，导致种群实际增长率的下降，直至种群不再增长甚至数量下降。种群在有限环境中的增长称为 Logistic 增长，可用 Logistic 增长方程来进行描述：

$$dN/dt = rN\left[(K-N)/K\right]$$

其积分式为：

$$N_t = K/\left(1+e^{a-rt}\right)$$

式中：K 为环境容纳量，即种群数量的最大值；N 为种群的数量；$e=2.718\,28$ 是一个常数，即自然对数的底；r 为种群的瞬时增长率；t 为时间。

本实验通过对 25℃环境中紫背浮萍增长数量的观察，掌握 Logistic 方程参数的估计和曲线的拟合。

三、实验材料和仪器设备

1. 实验材料
紫背浮萍。

2. 仪器设备
光照培养箱、50 mL 锥形瓶、量筒、移液器、电子天平、烧杯等。

四、实验步骤

1. 配制培养液
紫背浮萍的最佳培养液——Datko 培养液配方见表 8-4。

表 8-4　Datko 培养液配方

微量元素	终浓度（μmol/L）	大量元素	终浓度（μmol/L）
H_2BO_3	33	$MgSO_4$	240
K_2H_2-EDTA	20	$Ca(NO_3)_2$	840
$FeNH_4$-EDTA	34	KNO_3	600
$MnCl_2$	8	KH_2PO_4	240
$ZnNa_2$-EDTA	1.6	$Mg(NO_3)_2$	240
$CuNa_2$-EDTA	2		
$CoSO_4$	3		
Na_2-EDTA	11		
$CaCl_2$	150		
KCl	150		
Na_2Mo_4	18.3		

2. 浮萍的培养
浮萍科（Lemnaceae），紫背浮萍属（*Spirodela*）*S. polyrrhiza* 种的短日照多根品系 P143。

紫萍植株培养在光强约为 45 μmol/m²·s 的长日照（16 h 光照和 8 h 黑暗）条件下，以阻止开花。培养温度白天 24～28℃，晚上 20～24℃。每周更换一次培养液。

3. 确定浮萍种群的最初密度

在 50 mL 锥形瓶中加入 25 mL 的培养液，用镊子放入 4 片浮萍的原叶体，使用透气薄膜封好瓶口，放入光照培养箱中进行培养。

4. 定时观察计数

每隔 24 小时观察一次，并记录下浮萍原叶体的数目。此期间不必更换培养液，只需补充水分至原有水平。观察到种群数量不再增加，保持稳定为止。

五、实验结果与计算

Logistic 方程参数的估计（确定环境容纳量 K 值）有三种方法：

1. 目测法。在坐标纸上描点，由此看出种群增长的总趋势。由此目测出环境容纳量 K 值。

2. 平均法。利用到达平衡点开始的一天及以后几天的数据，计算平均值。

3. 三点法。取相同时间间隔的 3 个观察值，应用下列公式计算 K 值：

$$K = \frac{2N_1N_2N_3 - N_2^2(N_1 + N_3)}{N_1N_3 - N_2^2}$$

其中，N_1、N_2、N_3 分别为时间间隔相等的三个种群数量值，要求时间间隔尽可能大一些。求出 K 值后，将 Logistic 方程变形为：

$$(K - N)/N = e^{a-rt}$$

两边取对数，即为：

$$\ln(K - N)/N = a - rt$$

设 $y = \ln(K - N)/N$，$b = -r$，$x = t$。则可将 Logistic 方程写为 $y = a + bx$。利用直线回归的统计方法求得参数 a 和 b，把求得的值 a、r、N 代入 Logistic 方程，则得到理论值。

将理论值与实际值进行显著性检验，确定无显著性差异，则 Logistic 方程拟合成立。

思考题

1. Logistic 方程增长模型能否作为种群增长普遍性模型？

2. 试以另一种植物为实验材料，设计实验拟合种群增长的 Logistic 方程并进行检验。

实验六　植物种群的空间分布格局

一、实验目的

通过本实验，认识并理解不同种群个体在空间分布上表现的不同类型，学习并掌握判断种群空间分布格局的方法。

二、实验原理

种群的空间分布格局，是指组成种群的个体在其生活空间中的位置、状态或布局。植物种群的空间分布格局一般有三种类型：随机分布（random）、均匀分布（uniform）、集群分布（clumped）。

植物种群的空间分布格局主要取决于种群个体间的相互作用和各环境因子的协同。

判断植物种群空间分布格局的方法很多。本实验仅介绍最经典的方差/平均数比率法。

三、实验方法与步骤

1. 选择合适的草地群落，用绳子和铁钉圈起一个 5 m×5 m 的样方，再将其分割为 25 个 1 m×1 m 的小样方。对目标植物种群进行调查计数，并将调查数据填入表 8-5 中：

表 8-5　目标植物种群调查计数

每个样方生物个数（x）	样方数（f）	fx	fx^2
0			
1			
2			
3			
4			
5			
6			
7			
8			
9			
10			
总计	$N = \sum f =$	$\sum fx =$	$\sum fx^2 =$

2. 利用表中数据进行计算

$$\bar{x} = \frac{\sum fx}{\sum f}$$

$$S^2 = \frac{\sum fx^2 - \dfrac{\left(\sum fx\right)^2}{\sum f}}{\sum f - 1}$$

3. 用 t 检验，检验 $S^2 / \bar{x}$ 对 1.0 的偏离显著程度

$$t = \frac{S^2 / \bar{x} - 1}{\sqrt{\dfrac{2}{\sum f - 1}}}$$

由 t 值表查出 $t_{\sum f-1,0.05}$ 的值，确定 $S^2/\bar{x}$ 对 1.0 的偏离显著性程度，从而判断种群属于何种分布格局。

若 $|t| > t_{\sum f-1,0.05}$，则可认为 $S^2/\bar{x}$ 对 1.0 的偏离具显著性。

若 $S^2/\bar{x} \approx 1$，表示种群为随机分布；

若 $S^2/\bar{x} > 1$，表示种群为集群分布；

若 $S^2/\bar{x} < 1$，表示种群为均匀分布。

四、实验结果

根据上述实验和数据整理，写出本实验的结论。

思考题：

1. 你所调查的植物种群的分布格局为哪种类型？试分析其形成原因。
2. 增大或减少样方数会对实验结果产生什么样的影响？

实验七　干旱胁迫和盐胁迫条件下植物游离脯氨酸的积累

一、实验目的

应用测定植物体内游离脯氨酸含量的方法，了解植物受干旱或盐分胁迫的程度。

二、实验原理

生长在干旱和盐碱环境中的植物，体内常积累游离的脯氨酸，而游离脯氨酸积累的量又往往和环境干旱的程度、盐度和植物对干旱与盐度的抵抗力（即抗逆性）有关。因而，测定植物体内游离脯氨酸的含量，在一定程度上可了解植物受环境水分和盐度胁迫的程度，了解植物对水分和盐分胁迫的忍耐和抵抗能力。

植物体内脯氨酸的含量可用酸性茚三酮法测定。脯氨酸和酸性茚三酮试剂反应生成稳定的红色产物，该产物在 515 nm 有一最大吸收峰，其色度和脯氨酸的含量成直线关系，可用分光光度法测定。该反应具有较强的专一性，酸性和中性氨基酸不能与酸性茚三酮试剂形成红色产物，碱性氨基酸对这一反应有轻度干扰，但可加入人造沸石排除这种干扰。

三、实验仪器与药品

1. 仪器

分光光度计（光程 1 cm 比色杯）；水浴锅；振荡混合器；研钵；直径 15 cm 的大培养皿；25 mL 试管及试管架；25 mL 刻度试管；玻璃漏斗；剪刀；吸量管（2 mL、5 mL）；空心玻璃球（自制）。

2. 药品

100 mmol/L 和 200 mmol/L NaCl 溶液；80%乙醇；人造沸石；活性炭；冰醋酸；6 mol/L

磷酸；苯（或甲苯）；20 μg / mL 脯氨酸溶液；酸性茚三酮试剂：2.5 g 重结晶茚三酮，加入 60 mL 冰醋酸，40 mL 6 mol / L 磷酸，于 70℃加热溶解，冷却后置棕色试剂瓶中，4℃保存，两天内稳定。

四、实验方法与步骤

1. 实验材料的准备

将小麦种子在 20℃下浸泡 24 h，播入铺有滤纸的大培养皿中，生长 3～4 天后作如下处理：（1）供给充足的水分；（2）加入 100 mmol/L NaCl 溶液；（3）加入 200 mmol/L NaCl 溶液。三种处理 20℃，90 μmol/m²s 光照下培养，每天用处理液更换培养皿中的溶液，连续处理 5 天；将盆栽两周龄的小麦幼苗分成两组，一组供给充足的水分，另一组控制供水，使其处于中度萎蔫状态，连续处理一周。

2. 脯氨酸标准曲线的制作

（1）取 12 支 25 mL 试管，分成两组，依次编号。吸取 20 μg / mL 脯氨酸标准液 0，0.5，1.0，1.5，2.0，2.5 mL 依次分装于两组试管内；然后补水到 2.5 mL，加入 2.5 mL 冰醋酸和 2.5 mL 酸性茚三酮溶液。用空心玻璃球将试管口盖上，于沸水浴中反应 1 h。将试管移入冷水中冷却后，加入 5 mL 苯（或甲苯），于混合器上振荡 15 s，静置约 10 min，使红色反应产物被萃取到苯层中。

（2）轻轻吸取上层脯氨酸（甲）苯萃取液至比色杯中，以不含脯氨酸的甲苯溶液为空白对照，于 515 nm 波长下测吸光度。以脯氨酸的浓度为横坐标，以平均吸光度为纵坐标绘制标准曲线。

3. 对小麦幼苗内游离脯氨酸积累的影响

（1）称取 1.0 g 用不同浓度 NaCl 处理的小麦幼苗各 3 份，一份用于测定干重，两份用于脯氨酸的测定。将样品剪碎，加入适量 80%乙醇，于研钵中研磨成匀浆。

（2）匀浆液全部转移至 25 mL 刻度试管中，加水至刻度，混匀，80℃水浴中提取 20 min；加入约 0.5 g 人造沸石，0.2 g 活性炭，于振荡混合器上振荡 0.5 min，过滤后备用。

（3）取 2.5 mL 滤液（有时需适当稀释），按制作标准曲线的方法测定各种处理的吸光度值，从标准曲线上检测出每 mL 被测样品液中脯氨酸的含量。

4. 水分胁迫对小麦幼苗中脯氨酸积累的影响

按照上述测定小麦幼苗中游离脯氨酸含量的程序，测定不同处理的小麦幼苗中游离脯氨酸的含量，每种处理称取 3 份，一份用于测定干重，两份用于测定脯氨酸含量。

五、注意事项

1. 从提取出的匀浆过滤液中取滤液时避免取上沉淀；
2. 在通风橱中测定吸光度。

六、实验结果与分析

1. 根据样品吸光度测定的结果、稀释倍数和重量，计算各种处理的小麦幼苗每克鲜重及干重样品中游离脯氨酸的平均含量。

2. 根据你的实验结果，分析盐度与小麦幼苗中游离脯氨酸含量的关系。

3. 根据你的实验结果，分析水分胁迫与植物体内游离脯氨酸积累的关系。

思考题

1. 植物体内游离脯氨酸的测定有何意义？
2. 本实验可用甲苯代替苯萃取脯氨酸与酸性茚三酮试剂反应产生的红色产物，你认为选用哪个试剂萃取更好？为什么？用不同的试剂萃取，产物的最大光吸收有时会有微小的变化，你如何确定选用什么波长进行吸光度测定？

实验八　植物群落的物种多样性分析

一、实验目的

通过对群落中物种的多样性的测定，认识多样性指数的生态学意义及掌握测定物种多样性的方法。

二、实验原理

生物多样性分为三个层次：遗传多样性、物种多样性和生态系统多样性。本实验仅从群落特征角度进行物种多样性的测量和分析。

物种多样性分析有以下几方面的生态学意义：（1）是刻画群落结构特征的一个指标；（2）用来比较两个群落的复杂性，作为环境质量评价和比较资源丰富程度的指标；（3）从演替阶段的多样性比较，可作为演替方向、速度及稳定程度的指标。

三、实验仪器

1 m^2 样方框、铅笔、野外调查记录表格、计算器。

四、实验方法与步骤

1. 实验方法

多样性指数是以数学公式描述群落结构特征的一种方法。在调查了植物群落的种类及其数量之后，选定多样性公式，就可计算反映该群落结构特征的多样性指数。

计算多样性的公式有很多，形式各异，而实质是差不多的。大部分多样性指数中，组成群落的生物种类越多，其多样性的数值越大。

本实验采用 Simpson 多样性指数和 Shannon-Wiener 多样性指数来进行植物群落物种多样性的分析。

Simpson 多样性指数回答了这样的问题：在无限大的群落中，随机取样得到同种的两个样本，它们的概率有多大？如在北方寒带森林中，随机抽取两株树木样本，得到同一种的概率很高；相反，在热带雨林中，这一概率就很低。Simpson 多样性指数公式如下：

$$D = 1 - \sum \left\{ n_i \left(n_i - 1 \right) / \left[N \left(N - 1 \right) \right] \right\}$$

其中：D 为 Simpson 指数；N 为总个体数量；n_i 为第 i 个种的个体数量。

Shannon-Wiener 多样性指数是目前应用较多的物种多样性指数，它计算方便，统计处理手段比较成熟，可以用来估测不同群落之间多样性水平的差异。

$$H = -\sum \left(p_i \ln p_i \right)$$

其中：H 为 Shannon-Wiener 指数；p_i 为第 i 个种在全体物种中的重要性比例，如果以个体数量而言，n_i 为第 i 个种的个体数量，N 为总个体数，则有 $p_i = n_i / N$；

2. 实验步骤

（1）每两个学生为一组，在已经选定的若干群落类型中分别用 1 m² 样方测定其物种数和每个种的个体数。在每种类型的群落里重复随机取样 10 次。

（2）按群落类型整理合并数据，并分别按照上述公式计算 Simpson 和 Shannon-Wiener 多样性指数。

（3）比较不同群落类型的物种多样性指数，并探讨其中的生态学意义。

实验九　陆生植物群落外貌与季相的观察以及生活型的调查与分析

一、实验目的

掌握高等植物生活型分类的依据和方法，学会结合组成群落的植物种类形态对陆生植物群落的外貌及其影响因子进行分析。

二、实验原理

群落外貌是指生物群落的外部形态或表相。它是群落中生物与生物间，生物与环境间相互作用的综合反映。陆地植物群落的外貌主要取决于植被的特征，或者说是由组成群落的植物种类的形态及其生活型（Life form）所决定的。群落外貌常常随时间的推移而发生周期性的变化，这是群落结构的另一重要特征。随着气候季节性交替，群落呈现不同的外貌，这就是季相。

丹麦植物学家郎基耶尔（Raunkiaer）将高等植物按照休眠芽或复苏芽所处的位置高低及保护方式划分为 5 个生活型，即：（1）高位芽植物（phanerophytes）；（2）地上芽植物（chamaephytes）；（3）地面芽植物（hemicryptophytes）；（4）隐芽植物（cryptophytes）；（5）一年生植物（therophytes）。在这 5 个基本的生活型类群之下，再按照植物体的高度、芽有无芽鳞保护、落叶或常绿、茎的特点等特征，进一步细分为若干小的类型。郎基耶尔生活型是进化过程中对气候条件适应的结果，因此某地陆生植物群落生活型的组成和比例可以反映该地区的生物气候和环境的状况。比如高位芽植物占优势的陆生植物群落反映该地区气候温暖、湿润，如热带雨林群落；地面芽植物占优势的群落反映了改地区会经历较长的严寒季节，如温带针叶林、落叶阔叶林群落；地上芽植物占优势则反映该地区气候湿冷，比如东北地区的寒温带针叶林；一年生植物占优势的地区反映该地区气候干旱，比如内蒙古中东部的典型草原、西部的荒漠草原地带。

三、实验仪器

GPS、望远镜、海拔表、测高仪、植物检索表、植物标本夹、100 m 测绳、卷尺、记录本。

四、实验方法与步骤

学生分为 3~4 人的小组，选取代表某一地区的典型样地，用 GPS 测定其经纬度，用海拔表测量海拔。

用测绳在不同的地形条件下（如阳坡、阴坡、坡顶等）分别做 3 条 100 m 的样线，调查样线所截取的植物种类及数量；记录所有的植物种类并标注其生活型类型。

记录表格如表 8-6 所示。

表 8-6　不同条件下所测数据

阳坡			阴坡			坡顶		
名称	数量	生活型	名称	数量	生活型	名称	数量	生活型

五、实验结果

根据上表计算出该地的 5 类生活型的百分比例，即为该地群落植物的生活型谱。

思考题

不同地形条件下的生活型谱有何差别，造成这种差别的原因有哪些方面？

实验十　禾本科草坪植物内生真菌的检测

一、实验目的

1. 了解植物与其内生真菌的共生关系及其生态学意义。
2. 学习掌握检测植物内生真菌的方法。

二、实验原理

植物内生真菌指的是生活在植物体内，而不引起植物明显病害的一类真菌。科学研究证实，与内生真菌的共生，可以提高植物对干旱、高盐、高温等非生物胁迫的耐受能力；同时内生真菌产生的多种类型的生物碱可以帮助植物抵御哺乳动物或昆虫的取食，比如我国甘肃等地区的"醉马草"，就是由于其内生真菌所产生的生物碱导致误食的马匹出现如喝醉酒一样的症状。同时，宿主植物提供给内生真菌水分和养分的供应；内生真菌需要通过植物的种子进行"垂直传播"，或者在植物的花序上形成子座，进行"水平传播"。

三、实验材料与仪器

1. 材料

黑麦草或高羊茅植株。

2. 仪器

显微镜及显微解剖用具、苯胺蓝染液、吸水纸、滤纸。

四、实验方法与步骤

1. 材料准备

提前一个月播种、培养黑麦草或高羊茅的幼苗；或者采集新鲜的草坪草植株（地上部分即可）。剪取植株的地上部分，洗净后摆放在吸水纸上晾干。

2. 撕片

剥取草坪草的叶鞘部分，置于载玻片上，用解剖刀在叶鞘内表面轻刮，待刮起一层薄膜后用眼科镊将薄膜慢慢撕下并置于载玻片上。

3. 染色

滴加苯胺蓝染色液 1～2 滴，5 min 后盖上盖玻片，以滤纸吸取多余染液。

4. 镜检

在低倍镜下找寻合适的视野，在高倍镜下观察。至少检查 50 个样本，只要在镜下观察到植物细胞间的菌丝，该样本即可认定为内生真菌感染（Endophyte Infect，EI）样本，相反，如观察不到菌丝的存在，则认为该样本为非感染（Endophyte Free，EF）样本。

5. 计算

$$内生真菌感染率(\%) = \frac{EI样本数}{样本总数} \times 100$$

五、实验结果

计算所调查的植物物种的内生真菌感染率。

思考题

内生真菌能够与其宿主长期稳定共存的根本原因是什么？

实验十一　植物群落调查和分析的基本方法

一、实验目的

掌握植物群落数量特征调查的方法，并对获得的数据进行整理，达到识别群落的目的。

二、原理与方法

1. 样方法

是面积取样中最常用的形式，也是植被调查中使用最普遍的一种取样技术。样方的大小、形状和数目，主要取决于所研究群落的性质。一般来说，群落越复杂，样方面积越大，取样的数目一般不少于 3 个。取样数目越多，取样误差越小。样方可分为以下几种。

（1）记名样方：主要用来计算一定面积中植物的多度、个体数、茎蘖数。比较一定面积中各种植物的多少，就是精确地测定多度。

（2）面积样方：主要是测定群落所占生境面积的大小，或者各种植物所占整个群落面积的大小。这主要用在比较稀疏的群落里。一般是按照比例把样方中植物分类标记到坐标纸上，然后再用求积仪计算。有时根据需要，分别测定整个样方中全部植物所占的面积（面积样方），以及植物基部所占的面积（基面样方）。这些在认识群落的盖度、显著度中是不可缺少的。

（3）重量样方：主要是测定一定面积样方内群落的生物量。将样方中地上或地下部分进行收获称重，研究其中各类植物的地下或地上生物量。该方法适用于草本植物群落，对于森林群落，多采用体积测定法。

（4）永久样方：为了进行追踪研究，可以将样方外围明显的标记进行固定，从而便于以后再在该样方中进行调查。一般多采用较大的铁片或铁柱在样方的左上方和右下方打进土中深层位置，以防位置移动。

2. 样带法

为了研究环境变化较大的地方，以长方形作为样地面积，而且每个样地面积固定，宽度固定，几个样地按照一定的走向连接起来，就形成了样带。

样带的宽度在不同群落中是不同的，草原地区为 10～20 cm 左右，灌木林为 1～5 m 左右，森林为 10～30 m。

有时，在调查一个环境异质性比较突出、群落也比较复杂多变的群落时，为了提高研究效率，可以沿一个方向、中间间隔一定的距离布设若干平行的样带，再在与此相垂直的方向，同样布设若干平行样带。在样带纵横交叉的地方设立样方，并进行深入地调查分析。

3. 样线法

用一条绳索置于所要调查的群落中，调查绳索一边或两边的植物种类和个体数。样线法获得的数据在计算群落数量特征时，有其特有的计算方法。它往往根据被样线所截的植物个体数目、面积等进行估算。

三、实验用具

测绳、皮卷尺、样方框、钢卷尺、方格纸、记录表格等。

四、实验步骤

每组 4～6 人，在选定的样地上进行调查并填表。注意根据不同的调查目的确定测量项目。如以确定植被性质为目标，就不一定进行耗时过多的重量测定；测定了密度，就不一定记载多度。如进行群落的定量分析，必须取得确切的数据。德氏多度与盖度级估测指标不便于定量计算，但对群落性质的一般了解，这两个指标具有快速、方便的优点。此外，为了评价草场资源而进行地上生物量测定，最好进行专门研究。例如，可普遍进行群落地上总产量测定，再根据各个种的其他相对数值推算各个种或不同类群的重量比例。

样方法对重量、密度两项数量指标是方便可靠的，实测数据比较客观。用来测定频度，受样方大小影响甚大；对盖度的测定，不如其他方法客观（如样线法）。每组填写完毕后，按重量、重要值及优势比分别计算、整理，按作用的大小排列各个种，并进行比较、分析。

五、实验结果与分析

实验结果记入表 8-7～表 8-9。

表 8-7 草原植被野外调查表

样地编号

调查地点

调查日期年月日

调查人

图幅号

经纬度

调查地点

植被类型

群落名称

地形（附简图及样地部位）

海拔、坡向、坡度

地表状况（微起伏、岩石出露否、有无水蚀、龟裂等）

地面覆盖率（%）、裸露砾石、凋落物、草群

土壤类别及名称土壤记载编号

土壤一般特点（基岩、土壤厚度、质地、A 层厚度、颜色、pH 反应）

群落分布范围、边界、组合

利用现状及人类影响程度（未利用、利用适中、利用过度等）

群落外貌、季相、成层现象及镶嵌现象

水分补给状况

畜牧业供水状况

野生动物活动

对本群落类型的野外评价

表 8-8　种类组成描述

样地号：　　　　　记载面积：　　　　　调查日期：　　　　　记载人：

总盖度：

植物名称	营养苗高度（cm）		生殖苗高度（cm）		株（丛）幅		盖度	多度	密度	物候	重量（g）				频度（%）										
	最高	平均	最高	平均	最大	平均					鲜重	%	干重	%	1	2	3	4	5	6	7	8	9	10	平均

表 8-9 样方抽样技术植被分析简表

日期：　　　　　　　　地点：　　　　　　　　群落（编号或类型）：

观测人姓名：　　　　　　样方大小：

数量指标种名	密度	相对密度	优势度	相对优势度	频度	相对频度	重要值

思考题

1. 对所研究的群落而言，取哪些数量指标较为合适？为什么？
2. 试分析重要值与优势度的异同。

实验十二　辣椒根系线虫卵的观察与计数

一、实验目的

1. 了解植物寄生线虫的危害及其生活史。
2. 掌握对植物根系线虫卵的观察和计数的方法。

二、实验原理

植物寄生线虫是一种最具破坏性的病害之一，能给许多农作物造成巨大产量损失。在美国，由植物寄生线虫造成的产量损失每年高达 100 亿美元。其中，根结线虫是破坏性最严重的线虫属，给重要的经济作物和农作物造成严重问题。

南方根结线虫（*Meloidogyne incognita*）的卵是产在卵囊内的，从卵孵化出来的是二龄幼虫（J2），J2 直至侵入根内并在根尖附近占据一个位置之前都保持在二龄阶段。它们永久性定居在根内并发育，蜕皮两次以上变为四龄幼虫。在第四次蜕皮之前，雄虫变为细长形，并在这次蜕皮之后离开根部，进入土壤活动。雌虫仍然留在根内，假如其躯体完全留在根内，它们产出的卵就在根内的卵囊内进行孤雌生殖。但根结线虫的雌虫阴门有时也暴露于根表皮外，这时，可以与雄虫交配，卵囊就形成在根外。有些种类的雄虫成熟后在根内与雌虫混在一起，也可以在根内交配。

该虫初侵染源主要是病土、病肥、病苗及灌溉水。线虫通常借助于土壤、雨水、灌溉水、流水、种苗移栽等途径扩散传播。南方根结线虫生活的最适温度为25～30℃、最适土壤含水量在40% 左右，高于40℃或低于10℃都很少活动，50℃经10 min 致死。近年来由于施肥过多，土壤板结、透气性差，造成根结线虫在土壤中的分布集中上移。主要分布在离地面20 cm 的土层以内，以3～10 cm 最为集中，这正好是大多数根系集中的区域。根结线虫一旦发生，很难清除，连作时间愈长则发病愈重。

三、实验材料与仪器

南方根结线虫二龄幼虫、辣椒幼苗、花盆、栽培土、鼓风干燥箱、剪刀、1% 次氯酸钠溶液、组织匀浆机、50 mL 离心管、离心机、倒置显微镜、200 目与500 目的过滤筛等。

四、实验方法与步骤

1. 盆栽试验

花盆、栽试验所用的土均在电热鼓风干燥箱中80℃下烘8 h，以彻底杀死土壤中的线虫，挑选生长一致的辣椒移栽到花盆中，至少3 次重复。每天按需给植物浇水，使其生长良好。

2. 人工接种线虫

接种南方根结线虫二龄幼虫。在距离植物根部2 cm 处，挖4 个1.5 cm 深的小洞，将含有500 条南方根结线虫二龄幼虫的悬液接种到土壤中，接种后立即给植物浇适量水。

3. 收获植物、收集线虫卵

培养两个月后收获植物，将花盆倒置，连根带土一块放在1 个大盆中，用流水慢慢将泥土冲下以得到植物的全根。

根部卵的获得方法：将收获的根用剪刀剪成1～2 cm 的小段后放在浓度为1% 的次氯酸钠溶液中，用组织捣碎匀浆机搅拌12 min 以使卵块中的卵释放出来，然后过筛 （上边的筛为200 目，下边的筛为500 目），用流水冲洗，卵会留在500 目筛上。将卵收集在50 mL 的离心管中，最后定容到40 mL，然后用倒置显微镜给卵计数，并计算出繁殖率 R_f 值（$R_f=P_f/P_i$），P_f 代表收获时卵和线虫的总数量，P_i 代表开始时接种的线虫数，即500。$R_f>10$ 的作物是易感寄主；$1<R_f<10$ 的作物是寄主；$0.1<R_f<1$ 的作物是弱寄主，对线虫具有一定的抗性；$0\leqslant R_f<0.1$ 的作物是非寄主。

五、实验结果

1. 拍摄显微镜镜下南方根结线虫卵的形态。
2. 计算辣椒的线虫繁殖率 R_f 值。

思考题

南方根结线虫对植物的寄生是农作物和经济作物生产的痼疾，试分析其传播途径和生活史，从中找出控制其危害的有效途径。

实验十三 有花植物和传粉动物的互利共生

一、实验目的

1. 了解有花植物和传粉动物的共生关系及其生态学意义。
2. 学习掌握观测传粉动物的方法。

二、实验原理

依赖动物传粉的植物提供花蜜或花粉以吸引传粉动物。参加传粉的动物不仅仅有昆虫，还有蜂鸟、蝙蝠，甚至小型鼠类和有袋类。依赖昆虫传粉的花，有的是泛化型（generalists），对各种类型的昆虫都能接受，其花蜜含量很丰富，例如黑莓。另一种类型是特化型（specialists），其花的构造很特别，只有少数具有特殊口器的昆虫才能采食其中的花蜜，如耧斗菜。特化型花在进化中的好处是：相对应的传粉昆虫认识这种花，同种植物不同植株间的采蜜行为增加了种内远系繁殖的机会；减少浪费于无关系植物上的花粉损失；通过学习和进化，昆虫对特化型花的采蜜更有效，成功传粉的概率更高。

三、实验仪器与药品

望远镜、长焦距相机、捕虫网、捕虫瓶、氯仿。

四、实验步骤

1. 在校园中选择广泛分布的具有泛化型花和特化型花的植物各一种；
2. 分别在其盛花期进行定点观测，观测时应距离被观测的植物比较远的距离，以免影响对传粉动物的吸引；
3. 对停留在花上的传粉动物进行观察和拍照，在传粉动物离开花以后，可用捕虫网进行捕捉，并置入含有氯仿的捕虫瓶中杀死和保存；
4. 利用照片和已捕捉到的昆虫标本进行鉴定。

五、实验结果

表 8-10　传粉动物观测记录表

泛化型花		特化型花	
植物种属		植物种属	
传粉动物名称和类别		传粉动物名称和类别	
观测地点		观测地点	
观测时间		观测时间	

思考题

你所观察的特化型花有哪些特化的结构，是否只有某些访花动物能为其传粉？

实验十四　果蝇低温半致死温度（LT_{50}）的测定

一、实验目的

1. 了解低温温度极限对动物的影响；
2. 掌握果蝇低温半致死温度（LT_{50}）的测定方法。

二、实验原理

温度对生物的影响有直接和间接两个方面：温度直接影响有机体的体温，体温的高低又决定了其新陈代谢过程的强度、生长和发育速度、繁殖、行为、数量和分布；间接影响如气流、降水，从而影响动植物的生存。

动物在超过低温下限条件下致死的原因主要有：冰晶使原生质破裂，损害了细胞内和细胞间的细微结构；当细胞质内水结冰时，电解质浓度改变，引起细胞渗透压的改变，造成蛋白质变性；脱水使蛋白质沉淀；代谢失调，直至停止。

三、实验材料与仪器

红眼黑腹果蝇（*Drosophila melanogaster*）纯系同代种群、可调温冰箱、温度计等。

四、实验方法与步骤

处理的因素共有两个：处理温度与处理时间。处理温度分为 5 个梯度：15℃、10℃、5℃、0℃、−5℃；处理时间有 3 个梯度：0.5 h、1 h、2 h。一共 15 个处理，所以将果蝇种群分为 15 组，每组 40 只，雌雄各半。

按照上述分组进行处理温度和处理时间处理后的果蝇取出后计数其存活百分率。

同一处理时间下，以处理温度为横坐标、存活百分率为纵坐标作图，得到存活百分率随温度下降变化的曲线。以曲线上对应存活百分率为 50% 的点向下引一条虚线，其所对应的温度值即为该处理时间下果蝇低温半致死温度（LT_{50}）。

五、实验结果

表 8-11　不同处理温度和处理时间下的果蝇存活百分率

处理温度		15℃	10℃	5℃	0℃	−5℃
处理时间	0.5 h					
	1 h					
	2 h					

思考题

为什么要测定低温半致死温度，而不直接测定致死温度？

实验十五　校园植物群落叶型的分析

一、实验目的

了解叶型的定义及其生态学意义；掌握进行叶型分析的方法。

二、实验原理

叶的大小即叶型是群落的重要外貌特征之一，与群落的生产率有关；叶子的形态与气候有密切的关系，一个扩展着的叶片所能达到的最大程度，受温度和湿度有效性的影响；大的叶片经常地出现于热带温暖而潮湿的气候中，而小的叶片则是十分干燥和寒冷地区植物的特征。

按照 Raunkiaer 的分类等级，把植物的叶片按叶面积大小分为 6 个等级，同时复叶植物和无叶植物作为两种类型，这样就把所有的植物按叶面积和叶片状况分为 8 种类型。

表 8-12　Raunkiaer 的叶型分类等级

级别（Classes）	名称（Name）	叶面积（Leaf area）（mm^2）
1	微型叶（Leptophyll）	0～25
2	细型叶（Nanophyll）	25～225
3	小型叶（Microphyll）	225～2025
4	中型叶（Mesophyll）	2025～18222
5	大型叶（Macrophyll）	18222～164025
6	巨型叶（Megaphyll）	>164025

三、材料与用品

直尺、实验记录纸、计算器。

四、实验方法与步骤

调查校园中所有的维管植物，将校园植物划分为乔木、灌木、藤本和草本四种类型；

叶面积的测定使用直尺直接测量法，用直尺测定每枚叶片的叶长和叶宽，以叶长的 2/3 乘以叶宽求得叶片面积，每种植物选择 3 个样株，在每个样株上选择成熟的叶片 3 枚，取其平均值作为该植物的叶面积，将数据记入表格，并按照 Raunkiaer 的叶型分类等级统计校园各种类型的植物的叶型谱。

五、实验结果

表8-13　校园植物群落中维管植物的叶型谱（物种数目/所占比例）

类型	植物叶型谱							
	微叶	细叶	小叶	中叶	大叶	巨叶	复叶	无叶
乔木	/	/	/	/	/	/	/	/
灌木	/	/	/	/	/	/	/	/
藤本	/	/	/	/	/	/	/	/
草本	/	/	/	/	/	/	/	/
总计	/	/	/	/	/	/	/	/

思考题

对比你所查阅的资料中各气候带典型的植物群落的叶型谱，分析你所处的校园植物群落的气候带类型。

实验十六　Holling 圆盘实验

一、实验目的

1. 理解 Holling 圆盘实验的基本原理以及被捕食者种群密度对捕食者捕食效率的影响。
2. 学习掌握无脊椎动物捕食者功能反应测定方法。

二、实验原理

Holling 把捕食者对被食者密度变化影响的功能反应划分为 3 种类型（如图 8-2）。

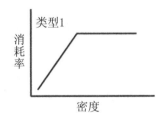 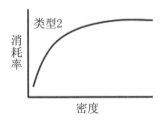 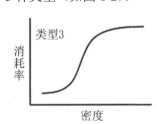

图 8-2　捕食者对被食者密度变化的影响

第一种类型比较少见，捕食者常为滤食性，而被食者均匀分布；

第二种类型为无脊椎动物型，捕食者随机搜寻被食者，且搜寻时间是与处理猎物时间成反比；

第三种类型为脊椎动物型，捕食者除了受其食量的限制，还取决于低密度被食者种群条件下捕食者对猎物的敏感程度。

Holling 在实验室里以砂纸圆片为"被食者"，人蒙眼模拟"捕食者"，捕食关系表示为：

$$y = aT_s x$$

其中，y 为移去的圆盘数；x 为圆盘密度；T_s 为可供寻觅的时间；a 为瞬时发现率，是一个常数。

$$T_s = T - T_h y$$

其中，T 为实验总时间；T_h 为处理时间，取走一个圆盘所花费的时间。

$$y = \frac{aTx}{1 + aT_h x}$$

$$\frac{1}{y} = \frac{1 + aT_h x}{aTx} = \frac{1}{aT} \times \frac{1}{x} + \frac{T_h}{T}$$

令

$$A = \frac{T_h}{T}, B = \frac{1}{aT}, Y = \frac{1}{y}, X = \frac{1}{x}$$

则

$$Y = BX + A$$

$$B = \frac{\sum XY - \dfrac{\sum X \sum Y}{n}}{\sum X^2 - \dfrac{\left(\sum X\right)^2}{n}}$$

$$A = \bar{Y} - B\bar{X} = \frac{\sum Y}{n} - \frac{B \sum X}{n}$$

三、实验用品

$1\ m^2$ 的桌面、坐标纸、直径为 $4\ cm$ 的砂纸圆盘若干。

四、实验步骤

每 2 人为一组，1 人蒙眼充当"捕食者"，另 1 人负责观察记录时间及砂纸圆盘的摆放；圆盘密度设置为每平方米 4，9，16，25，36，49，64，81，100；

"捕食者"蒙住眼睛，等在实验台边；由观察者将不同密度的砂纸圆盘随机撒布在桌上（密度由观察者任选，不能让"捕食者"看到圆盘的分布）；

"捕食者"用一个手指在桌子上点触，碰到圆盘时就将圆盘移去，放入另一只手中，接着继续搜索。观察者记时，每个密度 1 分钟，记录捕食数量；

每组实验重复 3 次以上，求其平均数，进行整理分析，绘制"捕食"数目与圆盘密度间的关系图。

五、实验结果

根据实验数据填写表 8-14，并据此作出"捕食"数目与圆盘密度关系图

表 8-14 实验数据

圆盘密度	4	9	16	25	36	49	64	81	100
捕食数 1									
捕食数 2									
捕食数 3									
平均捕食数									

思考题

不同的同学充当"捕食者"，实验结果会有何差异，试分析产生这种差异的原因？

实验十七　动物种群的数量统计——标志重捕法

一、实验目的

1. 了解标志重捕法的基本原理。
2. 掌握标志重捕法对动物种群进行数量统计。

二、实验原理

在调查地段中，捕获一部分个体进行标志，放回这部分个体，经过一定时间后进行重捕。根据重捕中标志个体的比例，估计该地段中种群个体的总数。若将该地段种群个体总数记为 N，其中标志数（即第一次捕捉到并放回的个体数）为 M，重捕个体数为 n，重捕中标志个体数为 m，假定总数中标志个体的比例与重捕取样中标志个体的比例相同，则：

$$N : M = n : m$$

$$N = \frac{M \cdot n}{m}$$

种群总数的 95% 置信区间为：

$$N \pm 2SE$$

其中，SE 为标准误，其计算公式为：

$$SE = N\sqrt{\frac{(N-M)(N-n)}{M \cdot n(N-1)}}$$

该方法称为林可指数法（Lincoln index），限于分布较为均匀的种群，且该种群在调查期间没有迁入和迁出、出生和死亡。

三、实验材料与用品

赤拟谷盗（*Tribolium castaneum* Herbst）、面粉、快干漆、大塑料桶、筛子。

四、实验步骤

在大塑料桶中加入其容量约 2/3 的面粉，加入约 250 头赤拟谷盗进行培养，经过一段时间，使赤拟谷盗在面粉中均匀分布；

随机取出约 1/4 的面粉，用筛子将赤拟谷盗筛出；

用快干漆对赤拟谷盗个体进行标志，同时计数标志个体数（M）；

待快干漆干燥后，将所捕获的赤拟谷盗个体与面粉一同放回塑料桶中；

经过约 1 h，进行重捕，计数重捕个数（n）以及其中的标志个体数（m）；

根据林可指数法，计算塑料桶中赤拟谷盗种群的个体总数（N）及种群总数 95% 置信区间。

五、注意事项

1. 快干漆不要涂抹过多。

2. 两次捕获间隔时间不宜过短，否则标志个体无法均匀分布，影响实验结果。

六、结果

（由学生完成）

第五篇

生物化学实验技术

第九章　生物化学实验的基本知识

一、生物化学实验守则

为了保证生物化学实验的顺利进行，培养学生掌握良好、规范的生物化学基本实验技能，特制定实验守则，要求学生严格遵守以下要求：

1. 实验前应提前预习实验指导书并复习相关知识。

2. 严格按照生物化学实验分组，分批进入实验室，不得迟到。非本实验组的学生不准进入实验室。

3. 进入实验室必须穿实验服。保持安静，不得大声喧哗或无故离开实验台随便走动。绝对禁止用实验仪器或药物嬉耍。

4. 实验中随时应保持实验台的整洁，废液倒入废液桶，用过的滤纸放入垃圾桶，禁止直接倒入水槽或随地乱丢。

5. 实验中要注意节约药品与试剂，爱护仪器，使用前应了解使用方法，使用时要严格遵守操作规程，不得擅自移动实验仪器。

6. 使用水、火、电时，要严格有人看管，人走关水、断电、熄火。

7. 做完实验要清洗仪器、器皿，并放回原位，擦净桌面。

8. 实验后，要及时完成实验报告。

二、生物化学实验的要求

通过生物化学实验课程，使学生们巩固生物化学的基本知识、基本理论，掌握基本的实验技能。为进一步探讨环境中污染物的生物化学反应，打下技术操作基础。本实验课程内容涉及分光光度计的使用、离心技术、电泳、层析等的原理和操作技能；蛋白质、酶、核酸、糖等重要物质的分离、纯化和测定技术的原理及方法。培养学生分析和解决生物化学问题的能力，形成严谨细致的科学作风，勇于创新的科学素养。使学生学会严密地组织实验，合理地安排实验，巧妙的设计实验；学会熟练地使用各种生物化学实验仪器，准确翔实地记录实验现象和数据，认真细致地书写实验报告。为今后参加实际技术工作和科学研究打下坚实的基础。

三、实验记录和实验报告的要求

实验是在理论指导下的科学实践，目的在于经过实践掌握科学观察的基本方法和技能，培养学生科学思维、分析判断和解决实际问题的能力。也是培养探求真知、尊重科学事实和真理的学风，培养科学态度的重要环节。

1. 实验记录

记录实验中观察到的现象、结果和数据，及时地记录在记录本上。原始数据必须准确、详尽、清楚。记录时不能夹杂主观因素，在定量实验中观测的数据，如称量物的重量、滴定管的读数、光密度值等，都应设计一定的表格，依据仪器的精确度记录有效数字。

完整的实验记录包括实验日期、实验题目、目的、操作、结果。

2. 实验报告

实验结束后，应及时整理和总结实验结果及记录，按照下列顺序写出实验报告：

（1）实验名称（The title of experiment）；

（2）目的（Objective）；

（3）原理（Principle）：最好使用简式；

（4）操作步骤（Operational procedure）；

（5）实验记录；

（6）计算与结果（Calculation and Results）；

（7）讨论（Discussion）：对实验方法，实验结果和异常现象进行探讨和评论，以及对于实验设计的认识、体会和建议。

（8）操作者姓名，实验日期。

四、生物化学实验常用仪器设备简介

1. 离心机

离心机是一种结构复杂的高速旋转机械，它是利用离心力及不同物质在离心场中沉淀速度的差异，对混合溶液进行快速分离的专门设备，是一种将装有样品溶液的离心管、瓶或袋韵转头置于离心轴上，利用转头绕轴高速旋转所产生的强大离心力，使样品中不同性质颗粒相互分离的特殊装置。，可以实现样品的分析、分离。

离心机自问世以来，历经低速、调整、超速的变迁，其进展主要体现在离心机设计和离心技术两方面，二者相辅相成。由于台式离心机结构简单，造价低，体积小，很快成为实验室的常规仪器，国内外着名离心机厂商几乎都生产台式离心机。

从转速看，台式离心机基本属于低速、高速离心机的范畴，因此，具有低速、高速离心机的特点。与落地式离心机相比，只不过只是尺寸和容量小一些。

离心机的式样和型号很多，按用途可分为分析式离心机和制备式离心机；

按转速可划分为：

普通（低速）离心机　　<8000 r/min；

高速离心机　　　　　　8000～30000 r/min；

超速离心机　　　　　　30000～80000 r/min；

超高速离心机　　　　　>80000 r/min。

可以根据实验目的和实验需要，选择不同容量、不同转速、不同温度控制的离心机。

2. 聚合酶链式反应仪

聚合酶链式反应仪，英文简称PCR仪，PCR是利用DNA聚合酶对特定基因做体外或试管内的大量合成，进行专一性的连锁复制，基本原理类似于DNA的天然复制过程，其特异性依赖于与靶序列两端互补的寡核苷酸引物。PCR由变性——褪火——延伸三个基本反应步骤构成。利用该项技术制成的仪器就是PCR仪，一般它可以将一段基因复制为原来的一百亿至一千亿倍。根据 DNA 扩增的目的和检测的标准，可以将 PCR 仪分为普通 PCR 仪，梯度 PCR 仪，原位 PCR 仪，实时荧光定量 PCR 仪四类。

（1）普通基础 PCR 仪由主机，加热模块，PCR 管样品基座，热盖，控制软件组成。

（2）梯度 PCR 仪除具有普通 PCR 仪的结构外，还具有特殊的梯度模块，可实现对梯度温度和梯度时间等参数的调整。因此可以在一次实验中对不同样品设置不同的退火温度和退火时间，从而可在短时间内对 PCR 实验条件进行优化，提高 PCR 科研效率。

（3）实时荧光定量 PCR 仪在普通 PCR 仪的基础上增加一个荧光信号采集系统和计算机分析处理系统。荧光检测系统主要包括激发光源和检测器。激发光源有卤钨灯光源、氩离子激光器、发光二极管 LED 光源，前者可配多色滤光镜实现不同激发波长，而单色发光二极管 LED 价格低、能耗少、寿命长，不过因为是单色，需要不同的 LED 才能更好地实现不同激发波长。监测系统有超低温 CCD 成像系统和 PMT 光电倍增管，前者可以一次对多点成像，后者灵敏度高但一次只能扫描一个样品，需要通过逐个扫描实现多样品检测，对于大量样品来说需要较长的时间。

（4）原位 PCR 仪与普通 PCR 仪相比，用玻片代替了 PCR 管，其反应过程是在载玻片的平面上进行的。

3. 电泳仪

电泳技术是生物化学、分子生物学研究不可缺少的重要分析手段。电泳一般分为自由界面电泳和区带电泳两大类，自由界面电泳不需支持物，如等电聚焦电泳、等速电泳、密度梯度电泳及显微电泳等，这类电泳目前已很少使用。而区带电泳则需用各种类型的物质作为支持物，常用的支持物有滤纸、醋酸纤维薄膜、非凝胶性支持物、凝胶性支持物及硅胶—G 薄层等，分子生物学领域中最常用的是琼脂糖凝胶电泳。所谓电泳，是指带电粒子在电场中的运动，不同物质由于所带电荷及分子量的不同，因此在电场中运动速度不同，根据这一特征，应用电泳法便可以对不同物质进行定性或定量分析，或将一定混合物进行组份分析或单个组份提取制备，这在临床检验或实验研究中具有极其重要的意义。电泳仪正是基于上述原理设计制造的。使用时，首先用导线将电泳槽的两个电极与电泳仪的直流输出端联接，注意极性不要接反。然后，将电泳仪电源开关调至关的位置，电压旋钮转到最小，根据工作需要选择稳压稳流方式及电压电流范围。接通电源，缓缓旋转电压调节钮直到达到的所需电压为止，设定电泳终止时间，此时电泳即开始进行。工作完毕后，应将各旋钮、开关旋至零位或关闭状态，并拔出电泳插头。

第十章　生物化学实验内容与操作

实验一　还原糖和总糖的测定——3，5—二硝基水杨酸比色法

一、实验目的

掌握还原糖和总糖测定的基本原理，学习比色法测定还原糖的操作方法和分光光度计的使用。

二、实验原理

还原糖的测定是糖定量测定的基本方法。还原糖是指含有自由醛基或酮基的糖类，单糖都是还原糖，双糖和多糖不一定是还原糖，如乳糖和麦芽糖是还原糖，蔗糖和淀粉是非还原糖。利用糖的溶解度不同，可将植物样品中的单糖、双糖和多糖分别提取出来，对没有还原性的双糖和多糖，可用酸水解法使其降解成有还原性的单糖进行测定，再分别求出样品中还原糖和总糖的含量（还原糖以葡萄糖含量计）。

还原糖在碱性条件下加热被氧化成糖酸及其他产物，3，5—二硝基水杨酸则被还原为棕红色的3—氨基—5—硝基水杨酸。在一定范围内，还原糖的量与棕红色物质颜色的深浅成正比关系，利用分光光度计，在 540 nm 波长下测定光密度值，查对标准曲线并计算，便可求出样品中还原糖和总糖的含量。由于多糖水解为单糖时，每断裂一个糖苷键需加入一分子水，所以在计算多糖含量时应乘以 0.9。

三、实验材料、仪器和试剂

1. 材料

小麦面粉（1000 g）

2. 仪器

具塞玻璃刻度试管：20 mL×11；滤纸；烧杯：100 mL×2；三角瓶：100 mL×1；容量瓶：100 mL×3；刻度吸管：1 mL×1，2 mL×2，10 mL×1；恒温水浴锅；煤气炉；漏斗；天平；分光光度计。

3. 试剂

（1）1 mg/mL 葡萄糖标准液：准确称取 80℃ 烘至恒重的分析纯葡萄糖 100 mg，置于小烧杯中，加少量蒸馏水溶解后，转移到 100 mL 容量瓶中，用蒸馏水定容至 100 mL，混匀，4℃

冰箱中保存备用。

（2）3，5—二硝基水杨酸（DNS）试剂：称取 6.5 g DNS 溶于少量热蒸馏水中，溶解后移入 1000 mL 容量瓶中，加入 2 mol/L 氢氧化钠溶液 325 mL，再加入 45 g 丙三醇，摇匀，冷却后定容至 1000 mL。

（3）碘—碘化钾溶液：称取 5 g 碘和 10 g 碘化钾，溶于 100 mL 蒸馏水中。

（4）酚酞指示剂：称取 0.1 g 酚酞，溶于 250 mL 70% 乙醇中。

（5）6 M HCl 和 6 M NaOH 各 100 mL。（分别取 59.19 mL 37% 浓盐酸和 24 g NaOH 定容至 100 mL。）

四、操作步骤

1. 制作葡萄糖标准曲线

取 7 支 20 mL 具塞刻度试管编号，按表 10-1 所示分别加入浓度为 1 mg/mL 的葡萄糖标准液、蒸馏水和 3，5—二硝基水杨酸（DNS）试剂，配成不同葡萄糖含量的反应液。

表 10-1 葡萄糖标准曲线制作

管号	1 mg/mL 葡萄糖标准液（mL）	蒸馏水（mL）	DNS（mL）	葡萄糖含量（mg）	光密度值（OD$_{540nm}$）
0	0	2	1.5	0	
1	0.2	1.8	1.5	0.2	
2	0.4	1.6	1.5	0.4	
3	0.6	1.4	1.5	0.6	
4	0.8	1.2	1.5	0.8	
5	1.0	1.0	1.5	1.0	
6	1.2	0.8	1.5	1.2	

将各管摇匀，在沸水浴中准确加热 5 min，取出，用冷水迅速冷却至室温，用蒸馏水定容至 20 mL，加塞后颠倒混匀。调分光光度计波长至 540 nm，用 0 号管调零点，待后面 7～10 号管准备好后，测出 1～6 号管的光密度值。以葡萄糖含量（mg）为横坐标，以光密度值为纵坐标，在坐标纸上绘出标准曲线。

2. 样品中还原糖和总糖的测定

（1）还原糖的提取

准确称取 3.00 g 食用面粉，放入 100 mL 烧杯中，先用少量蒸馏水调成糊状，然后加入 50 mL 蒸馏水，搅匀，置于 50 ℃ 恒温水浴中保温 20 min，不时搅拌，使还原糖浸出。过滤，将滤液全部收集在 100 mL 的容量瓶中，用蒸馏水定容至刻度，即为还原糖提取液。

（2）总糖的水解和提取

准确称取 1.00 g 食用面粉，放入 100 mL 三角瓶中，加 15 mL 蒸馏水及 10 mL 6 M HCl，置沸水浴中加热水解 30 min，取出 1～2 滴置于白瓷板上，加 1 滴 I-KI 溶液检查水解是否完全。如已水解完全，则不呈现蓝色。水解后。冷却至室温后加入 1 滴酚酞指示剂，以 6 mol/L NaOH 溶液中和至溶液呈微红色，并定容到 100 mL，过滤取滤液 10 mL 于 100 mL 容量瓶中，定容至刻度，混匀，即为稀释 1000 倍的总糖水解液，用于总糖测定。

（3）显色和比色

取 4 支 20 mL 具塞刻度试管，编号，按表 10-2 所示分别加入待测液和显色剂，将各管摇匀，在沸水浴中准确加热 5 min，取出，冷水迅速冷却至室温，用蒸馏水定容至 20 mL，加塞后颠倒混匀，在分光光度计上进行比色。调波长 540 nm，用 0 号管调零点，测出 7～10 号管的光密度值。

表 10-2　样品还原糖测定

管号	还原糖待测液（mL）	总糖待测液（mL）	蒸馏水（mL）	DNS（mL）	光密度值（OD_{540nm}）	查曲线葡萄糖量（mg）	平均值
7	0.5		1.5	1.5			
8	0.5		1.5	1.5			
9		1	1	1.5			
10		1	1	1.5			

五、注意事项

1. 标准曲线制作与样品测定应同时进行显色，并使用同一空白调零点和比色。

2. 面粉中还原糖含量较少，计算总糖时可将其合并入多糖一起考虑。

六、实验结果与计算

计算出 7、8 号管光密度值的平均值和 9、10 管光密度值的平均值，在标准曲线上分别查出相应的葡萄糖毫克数，按下式计算出样品中还原糖和总糖的百分含量（以葡萄糖计）。

$$还原糖（\%）=\frac{查曲线所得葡萄糖毫克\times\dfrac{提取液总体积}{测定时取用体积}}{样品毫克数}\times100$$

$$总糖（\%）=\frac{查曲线所得水解后葡萄糖毫克数\times稀释数}{样品毫克数}\times0.9\times100$$

思考题

1. 在样品的总糖提取时，为什么要用浓 HCl 处理？而在其测定前，又为何要用 NaOH 中和？

2. 标准葡萄糖浓度梯度和样品含糖量的测定为什么应该同步进行？比色时设 0 号管有什么意义？

3. 绘制标准曲线的目的是什么？

实验二　考马氏亮蓝G-250染色法测定蛋白质含量

一、实验目的

1. 学习蛋白定量的测定方法.
2. 掌握分光光度计的使用。

二、实验原理

此方法是1976年Bradford建立。考马氏亮蓝G-250在酸性溶液中为棕红色，当它与蛋白质通过疏水作用后，变成蓝色，最大吸收波长从465 nm转移到595 nm处，在一定的范围内，蛋白质含量与595 nm的吸光度成正比。

三、实验仪器与试剂

1. 仪器

中试管、刻度吸管0.1 mL 3支，5 mL 1支、722型分光光度计。

2. 试剂

（1）考马氏亮蓝G-250染色液：称取100 mg考马氏亮蓝G-250溶解于50 mL 90%的乙醇中，加入100 mL 85%的磷酸，加水稀释到1 L

（2）蛋白标准（1 mg/mL）：准确称取100 mg牛血清白蛋白，在100 mL容量瓶中加生理盐水至刻度，溶后分装，-20℃冰箱保存。

四、实验步骤

1. 标准曲线的制备：

按表10-3操作，在试管中分别加入0、20、40、80、100 μL蛋白标准溶液，用水补足到100 μL，加入3 mL的染色液，混匀后室温放置15 min。

表10-3　标准曲线的制作

编号	1	2	3	4	5	6
蛋白标准（mL）	0	0.02	0.04	0.06	0.08	0.10
蒸馏水（mL）	0.10	0.08	0.06	0.04	0.02	0
染色液（mL）	3	3	3	3	3	3

在595 nm波长比色，读出吸光度，以各管的标准蛋白浓度为横坐标，以吸光度为纵坐标绘出标准曲线。

2. 血清蛋白质测定

稀释血清（或其他蛋白样品溶液），准确吸取0.1 mL血清，置于50 mL容量瓶中，用生理盐水稀释至刻度（此为稀释500倍，其他蛋白样品酌情而定）。再取三只试管，分别标以1、2、3号，按表10-4操作。混匀后室温放置15 min，在595 nm波长比色，计算蛋白质浓度。

表 10-4　血清蛋白质测定

试剂（mL）	1（空白管）	2（标准管）	3（样品管）
蒸馏水	0.1	—	—
蛋白质标准	—	0.1	—
稀释血清	—	—	0.1
染色液	3	3	3

五、注意事项

1. 高浓度的 Tris、EDTA、尿素、甘油、蔗糖、丙酮等对测定有干扰。

2. 显色结果受时间与温度影响较大，须注意保证样品与标准的测定控制在同一条件下进行。

3. 考马氏亮蓝 G-250 染色能力很强，特别要注意比色杯的清洗。

六、实验结果与计算

每 100 mL 血浆中蛋白质的含量（μg）=通过标准曲线测定的蛋白含量×吸收倍数×1000

思考题

除考马斯亮蓝外，其他染料是否可以作为染色剂。

实验三　油脂酸价的测定

一、实验目的

初步掌握测定油脂酸价的原理和方法；了解测定油脂酸价的意义。

二、实验原理

油脂在空气中暴露过久，部分油脂会被水解产生游离脂肪酸和醛等物质，并且这些物质具有刺激性气味，使油脂产生酸价。酸败的程度是以水解产生的游离脂肪酸的多少为指标，常以酸价或者是酸值来表示。同一油脂若酸价高，则说明水解产生的游离脂肪酸就多。

酸价是指中和 1 g 油脂中游离脂肪酸所需的氢氧化钾的毫克数。酸价越高，油脂的质量也越差。

三、实验仪器与药品

1. 仪器

锥形瓶（250 mL）3 个；量筒（50 mL）1 支；碱式滴定管 1 支。

2. 药品

花生油、菜油、芝麻油等，乙醇—乙醚混合液（1:1，V/V），0.2% KOH（2 g KOH 溶于 1000 mL 纯水中）。

四、操作步骤

1. 准确称取 1~2 g 油脂于 250 mL 锥形瓶中。

2. 在瓶内加入乙醇—乙醚混合液 50 mL，充分振荡，使油脂样品完全溶解成透明溶液。待油样完全溶解后，加入 1%酚酞指示剂 3~5 滴，立即用 0.2% KOH 标准溶液滴定至溶液成微红色（放置 30 s 内不褪色）为终点，记录用去的 KOH 的体积，按下式进行计算：

$$酸价 = 2 (V_2 - V_1) / w$$

其中，V_2 为滴定油样时耗用氢氧化钾溶液的毫升数，V_1 为滴定空白对照耗用氢氧化钾溶液的毫升数；w 为油样重（g）

五、注意事项

滴定过程中如出现混浊或分层，表明由碱液带进水过多，乙醇量不足以使乙醚与碱溶液互溶。一旦出现此现象，可补加乙醇，促使均一相体系的形成。

六、实验结果

表 10-5　油脂酸价测定记录表

油脂名称	起始刻度	终点刻度	体积（mL）	酸价	备注
空白对照					

思考题

请对你的实验结果进行分析。

实验四　分光光度法测定蔗糖酶的米氏常数

一、实验目的

1. 用分光光度法测定蔗糖酶的米氏常数 K_M 和最大反应速率 v_{max}；

2. 了解底物浓度与酶反应速率之间的关系。

3. 掌握分光光度计的使用方法。

二、实验原理

酶是由生物体内产生的具有催化活性的蛋白质。它表现出特异的催化功能，因此也叫生物催化剂。酶具有高效性和高度选择性，酶催化反应一般在常温、常压下进行。

在酶催化反应中，底物浓度远远超过酶的浓度，在指定实验条件时，酶的浓度一定时，总的反应速率随底物浓度的增加而增大，直至底物过剩时底物的浓度不再影响反应速率，反应速率最大。

Michaelis 应用酶反应过程中形成中间络合物的学说，导出了米氏方程，给出了酶反应速率和底物浓度的关系：

$$v = \frac{v_{max} \cdot c_s}{K_M + c_s}$$

米氏常数 K_M 是反应速率达到最大值一半时的底物浓度。测定不同底物浓度时的酶反应速率，为了准确求得 K_M，用双倒数作图法，可由直线方程求得：

$$\frac{1}{v} = \frac{K_M}{v_{max}} \cdot \frac{1}{c_s} + \frac{1}{v_{max}}$$

以 $\frac{1}{v}$ 为纵坐标，$\frac{1}{c_s}$ 为横坐标，作图，所得直线的截距是 $\frac{1}{v_{max}}$，斜率是 $\frac{K_M}{v_{max}}$，直线与横坐标的交点为 $-\frac{1}{K_M}$。

本实验用的蔗糖酶是一种水解酶，它能使蔗糖水解成葡萄糖和果糖。该反应的速率可以用单位时间内葡萄糖浓度的增加来表示，葡萄糖与 3,5—二硝基水杨酸共热后被还原成棕红色的氨基化合物，在一定浓度范围内，葡萄糖的量和棕红色物质颜色深浅程度成一定比例关系，因此可以用分光光度计来测定反应在单位时间内生成葡萄糖的量，从而计算出反应速率。所以测量不同底物（蔗糖）浓度 c_s 的相应反应速率 v，就可用作图法计算出米氏常数 K_M 值。

三、仪器与试剂

1. 仪器

高速离心机一台；分光光度计一台；恒温水浴一套；比色管（25 mL）9 支；移液管（1 mL）10 支；移液管（2 mL）4 支；试管（10 mL）10 支。

2. 试剂

3,5—二硝基水杨酸试剂（即 DNS）；0.1 mol/dm³ 醋酸缓冲溶液；蔗糖酶溶液；蔗糖（分析纯）；葡萄糖（分析纯）。

四、实验步骤

1. 蔗糖酶的制取

在 50 mL 的锥形瓶中加入鲜酵母 10 g，加入 0.8 g 醋酸钠，搅拌 15～20 min 后使块团溶化，加入 1.5 mL 甲苯，用软木塞将瓶口塞住，摇动 10 min，放入 37℃的恒温箱中保温 60 h。取出后加入 1.6 mL 的 4 mol/L 的醋酸和 5 mL 水，使 pH 为 4.5 左右。混合物以每分钟 3000转的离心机离心半小时，混合物形成三层，将中层移出，注入试管中，为粗制酶液。

2. 溶液的配制

（1）0.1% 葡萄糖标准液（1 mg/mL）：先在 90℃下将葡萄糖烘 1 h，然后准确称取 1 g 于 100 mL 烧杯中，用少量蒸馏水溶解后，定量移至 1000 mL 容量瓶中。

（2）3,5—二硝基水杨酸试剂（即 DNS）：6.3 gDNS 和 262 mL 的 2 mol/LNaOH 加到酒石酸钾钠的热溶液中（182 g 酒石酸钾钠溶于 500 mL 水中），再加 5 g 重蒸酚和 5 g 亚硫酸钠，微热搅拌溶解，冷却后加蒸馏水定容到 1000 mL，贮于棕色瓶中备用。

（3）0.1 mol/L 的蔗糖液：准确称取 34.2 g 蔗糖溶解后定容至 1000 mL 容量瓶中。

3. 葡萄糖标准曲线的制作

在 9 个 50 mL 的容量瓶中，加入不同量 0.1% 葡萄糖标准液及蒸馏水，得到一系列不同浓度的葡萄糖溶液。分别吸取不同浓度的葡萄糖溶液 1.0 mL 注入 9 支试管内，另取一支试管加入 1.0 mL 蒸馏水，然后在每支试管中加入 1.5 mL DNS 试剂，混合均匀，在沸水浴中加热 5 min 后，取出以冷水冷却，每支内注入蒸馏水 2.5 mL，摇匀。在分光光度计上用 540nm 波长测定其吸光度。由测定结果作出标准曲线。

4. 蔗糖酶米氏常数 K_M 的测定

在 9 支试管中分别加入 0.1 mol/L 蔗糖液、醋酸缓冲溶液，总体积达 2 mL，于 35℃水浴中预热，另取预先制备的酶液在 35℃水浴中保温 10 min，依次向试管中加入稀释过的酶液各 2.0 mL，准确作用 5 min 后，按次序加入 0.5 mL 2 mol/L 的 NaOH 溶液，摇匀，令酶反应中停止，测定时，从每支试管中吸取 0.5 mL 酶反应液加入装有 1.5 mL DNS 试剂的 25 mL 比色管中，加入蒸馏水 5 mL，在沸水中加热 5 min 后冷却，用蒸馏水稀至刻度，摇匀，540 nm 波长测定其吸光度。

五、实验结果与计算

由各反应液测得的吸光度值，在葡萄糖标准曲线上查出对应的葡萄糖浓度，结合反应时间计算其反应速率 v，并将对应的底物（蔗糖）浓度 c_s，一并用表格形式列出，将 $\dfrac{1}{v}$ 对 $\dfrac{1}{c_s}$ 作图，以直线斜率和截距求出 K_M 和 v_{max}。

思考题

1. 为什么测定酶的米氏常数要采用初始速度法？为什么会产生过冷现象？
2. 试讨论本实验对米氏常数的测定结果与底物浓度、反应温度和酸度的关系。

实验五　维生素 C 的定量测定

一、实验目的

1. 掌握维生素 C 定量测定的方法。
2. 学习维生素 C 的简单提取方法。

二、实验原理

维生素 C 具有很强的还原性。在碱性溶液中加热并有氧化剂存在时，维生素 C 易被氧化而破坏。在中性和微酸性环境中，维生素 C 能将染料 2,6—二氯酚靛酚还原成无色的还原型 2,6—二氯酚靛酚，同时维生素 C 氧化成脱氢维生素 C。

氧化型的 2,6—二氯酚靛酚在中性或碱性溶液中呈蓝色，在酸性溶液中呈红色，被还原后即失去红色。根据滴定时 2,6—二氧酚靛酚溶液的消耗量，可以计算出被测物质中维生素 C 的含量。

三、实验试剂

1. 1% 草酸溶液。

2. 2% 草酸溶液。

3. 白陶土。

4. 0.001 N 2,6—二氯酚靛酚溶液：称取氧化型 2,6—二氯酚靛酚 25 mg，溶于 100 mL 含 26 mg $NaHCO_3$ 的水中，充分摇振，放置过夜。用前过滤，用蒸馏水稀释至 125 mL。用标准 Vc 标定其浓度。

标准维生素 C 溶液（1.0 mL=0.5 mg）：精确称取纯 Vc 25 mg，溶于 4% 盐酸 25 mL，移入 50 mL 容量瓶，用蒸馏水稀释至刻度。

吸取标准维生素 C 溶液 1.0 mL，置于蒸发皿中，加 2% 盐酸 1 mL，用配制的 2,6—二氯酚靛酚滴定。然后将 2,6—二氯酚靛酚稀释至每 ml Vc 0.088 mg，贮于棕色瓶中，置冰箱中可保存一周。

1 mL 2,6—二氯酚靛酚相当维生素 C 毫克数=维生素 C 浓度（mg/mL）×维生素 C 毫升数÷滴定消耗 2,6—二氯酚靛酚毫升数

5. 维生素 C 溶液：纯维生素 C 粉末 20mg，以 10% 草酸溶液溶解，并定容到 100 mL，冷藏保存。

标定：吸取维生素 C 液 2 mL 于锥形瓶中，加入 6% KI 溶液 0.5 mL，1% 淀粉液 2 滴，再经标准的 $1.7×10^{-4}$ mol/L KIO_3 溶液滴定至终点，呈淡蓝色。

维生素 C 浓度（mg/mL）=消耗 $1.7×10^{-4}$ mol/L KIO_3 的毫升数×0.088÷所取维生素 C 液毫升数

6. 0.017 mol/L KIO_3 溶液：精确称取干燥的 KIO_3 0.3567 g 用蒸馏水溶解后，再加水至 100 mL 刻度。

7. $1.7×10^{-4}$ mol/L KIO_3 溶液：0.017 mol/L KIO_3 液 1 mL 用水稀释到 100 mL 刻度。此液 1 mL 相当于维生素 C 0.088 mg。

8. 1% 淀粉液：可溶性淀粉 0.5 g，加水 1 滴搅拌成糊状后倒入 50 mL 沸水中，混匀，冷藏待用。

9. 6% KI 溶液：称取 KI 6 g 溶于 100 mL 水中临用现配。

10. 4% HCl：取 38% 含量的 HCl 21 mL 加水至 200 mL。

四、实验步骤

1. 称量样品 2 g，加 2% 草酸液 5 mL 于研钵中，研成匀浆倾入 50 mL 量筒中。

2. 以 1% 草酸液将样品稀释至 20 mL 摇匀。

3. 如果样品有颜色，再加入适量的白陶土，振摇数次，使其充分脱色。

4. 取上层液过滤，收取滤液 5 mL，以标定过的 2,6—二氯酚靛酚溶液滴定至溶液呈现淡红色，在 15 s 内不退为止，记录滴定用量为 V_1。

5. 取 1% 草酸 5 mL，用 2,6—二氯酚靛酚溶液滴定至溶液呈现淡红色，记录滴定用量为 V_2。为空白滴定。

6. 计算

五、注意事项

1. 操作过程中要迅速，因还原型维生素 C 易被氧化。
2. 食物中含有较多的还原物质，亦能与 2，6—二氯酚靛酚作用，故误差可达 10% 左右。

六、实验结果与计算

$$维生素C（mg / 100g）= \frac{(V_1 - V_2) \times T \times 100}{w}$$

其中，w—滴定时所用样品稀释液中含样品的克数；T—1 mL 2，6 —二氯酚靛酚能氧化维生素 C 的毫克数（0.088 mg/mL）。

思考题

1. 维生素最重要的理化性质是什么?为何用草酸提取维生素 C?
2. 维生素 C 的生理功能有哪些?
3. 食品中维生素 C 的含量受哪些因素的影响?试举出三种含维生素 C 最高的食物。

实验六　蛋白质的提取及其浓度测定（紫外吸收法）

一、实验目的

1. 掌握蛋白质的提取方法。
2. 学习紫外分光光度法测定蛋白质含量的原理。
3. 熟练掌握紫外分光光度计的使用方法。

二、实验原理

大部分蛋白质都可溶于水、稀盐、稀酸或碱溶液，少数与脂类结合的蛋白质则溶于乙醇、丙酮、丁醇等有机溶剂中，因此，可采用不同溶剂提取分离和纯化蛋白质及酶。

由于蛋白质中存在着含有共轭双键的酪氨酸和色氨酸等，因此蛋白质具有吸收紫外光的性质，最大吸收峰约在 280 nm 波长处。在此波长范围内，蛋白质溶液的光密度 OD_{280nm} 与其浓度呈正比关系，可作定量测定。

三、实验材料、仪器和试剂

1. 材料
萌发 3 天的小麦种子。
2. 仪器
紫外分光光度计，离心机，试管与试管架，刻度吸量管，研钵，100 mL 容量瓶
3. 试剂
标准牛血清蛋白溶液：准确称取经凯氏定氮法校正的结晶牛血清蛋白，配制成浓度为 1

mg/ mL（0.5 g 标准牛血清蛋白纯水定容至 500 mL）的溶液。

四、操作步骤

1. 蛋白质（淀粉酶）的提取

称取 1 g 萌发 3 天的小麦种子（芽长约 1 cm），置于研钵中，加入少量石英砂和 2 mL 蒸馏水，研磨匀浆。将匀浆倒入离心管中，用 6 mL 蒸馏水分次将残渣洗入离心管。提取液在室温下放置提取 15～20 min，每隔数分钟搅动 1 次，使其充分提取。然后在 3000 r/min 转速下离心 10 min，将上清液倒入 100 mL 容量瓶中，加蒸馏水定容至刻度，摇匀，即为蛋白质原液，用于蛋白质浓度的测定。

2. 标准曲线制作

按表 10-6 分别向每支试管内加入各种试剂，混匀。以光程为 1 cm 的石英比色杯，在 280 nm 波长处测定各管溶液的光密度值 OD_{280nm}。以蛋白质浓度为横坐标，光密度值为纵坐标，绘出标准曲线。

表 10-6　蛋白质标准曲线制作

管号	标准蛋白质溶液（mL）	蒸馏水（mL）	蛋白质浓度（mg/mL）	OD_{280nm}
1	0	4	0	
2	0.5	3.5	0.125	
3	1.0	3.0	0.25	
4	1.5	2.5	0.375	
5	2.0	2.0	0.50	
6	2.5	1.5	0.625	
7	3.0	1.0	0.75	
8	4.0	0	1.0	

3. 样品测定

取提取的蛋白质溶液，按上述方法测定 280 nm 的光密度，并从标准工作曲线上查出提取蛋白质溶液的浓度。若提取蛋白质溶液的浓度大于 2.0，超出测量范围，则稀释后再测，计算蛋白质浓度时乘以稀释倍数。

五、实验结果与计算

从标准曲线上查出蛋白浓度值乘以稀释倍数，计算出蛋白试剂浓度。

思考题

1. 为何要在 280 nm 波长下测定蛋白质浓度？在其他波长下测定可以吗？
2. 如果考虑核酸的存在，蛋白质浓度的实际的值比测量值是大还是小？为什么？

实验七　血清脂蛋白琼脂糖电泳

一、实验目的

1. 学习琼脂糖凝胶电泳的使用。
2. 利用电泳技术分离血清脂蛋白。

二、实验原理

血清脂蛋白经苏丹黑 B 染色后，以琼脂糖为载体，在 pH8.6 巴比妥缓冲液中进行电泳，可将脂蛋白分成不同的区带。按电泳移动的速度不同，正常人血清脂蛋白可出现三条区带，从阴极到阳极依次为 β－脂蛋白（最深）、前 β－脂蛋白（最浅）、α－脂蛋白（比前 β－脂蛋白略深些）。在原点处应无乳糜微粒，也见不到中间脂蛋白的条带，有时前 β－脂蛋白也显示不出来。

前 β－脂蛋白比 α－脂蛋白深染，且血清甘油三酯明显升高，胆固醇正常或略高，可以确定为Ⅳ型高血脂症。

β－脂蛋白区带比正常明显深染，血清总胆固醇明显增高而甘油三酯正常者为Ⅱ$_a$型高血脂症；血清总胆固醇增高而甘油三酯略高和前 β 深染者则为Ⅱ$_b$型高血脂症。

β 和前 β－脂蛋白两条区带连在一起彼此难以区分称为"宽 β 区带"，同时血清甘油三酯和胆固醇均有增高，可定为Ⅲ型高血脂症。

原点出现乳糜微粒，β 和前 β 均正常或降低，同时血清甘油三酯明显增高，可定为Ⅰ型高血脂症。

三、实验材料、仪器与药品

1. 材料与药品

血清；苏丹黑 B 染色液：苏丹黑 B 的饱和无水乙醇溶液，用前过滤；巴比妥缓冲液（pH8.6，离子强度 0.075）为电极缓冲液。巴比妥钠 25.4 g，巴比妥 2.76 g，EDTA 酸 0.292 g，加水溶解后用水稀释至 1000 mL；Tris 缓冲液（pH8.6）为凝胶缓冲液。Tris1.212 g，EDTA 酸 0.292 g NaCl 5.85 g，加水溶解后再加水至 1000 mL；琼脂糖凝胶：琼脂糖 0.45 g，Tris 缓冲液 50 mL，加水 50 mL，边搅拌边加热至沸腾，待琼脂糖溶解后立即停止加热。

2. 仪器

水平电泳设备；37℃水浴；离心机；载玻片；切口刀：刀口长 15 mm 的刀片两片，中央夹一有机玻璃或木片，用螺丝固定，使两片刀片相距 1.5 mm，用相应的打槽器更好；挖槽小匙　用直径 1.5 mm 的铜丝约 6 cm 长，一端锤成扁平，用细砂纸磨光（用剪好的 X 光片亦可）；血色素管或微量加样器。

四、实验步骤

1. 预染血清：血清 0.2 mL 加苏丹黑 B 染色液 0.02 mL 于小试管中，混合后置 37℃水浴染色 30 min。然后 2000 r/min 离心 5 min。

2. 制备琼脂糖凝胶板：将已经配置的 0.45% 琼脂糖凝胶置于沸水浴中加热融化。用吸管吸取凝胶溶液浇注载玻片，每片约 2.5 mL，静置约半小时后凝固（天热时需延长，或放冰箱数分钟加速凝固）。

3. 点加血清：在已经凝固的琼脂糖凝胶板距离一端约 2 cm 处，用切口刀片（打槽器）垂直切入凝胶后立即取出，然后用铜丝小匙将长方小条凝胶取出。以小片滤纸吸干小槽内水分，用血色素吸管吸取经过预染的血清约 15μL，注入凝胶板上的小槽内。

4. 电泳：将加过血清的凝胶板平行放于电泳槽中，样品放于阴极一端。两块三层纱布于巴比妥缓冲液中浸湿，然后轻轻紧贴在凝胶板两端，纱布的另一端浸于电泳槽内的巴比妥缓冲液中（注意：此电极缓冲液不能用三羟甲基氨基甲烷缓冲液代替）。接通电源，电压为 120～130 V，每片电流为 3～4 mA。约经 45～55 min，即可见到分离的色带。

五、注意事项

1. 电泳样品应为新鲜的空腹血清。

2. 加热溶化琼脂时，须防止水分蒸发过多。琼脂凝胶最好随用随制，以免凝胶表面干燥，影响分离结果。

3. 在 α－脂蛋白前若出现较浅区带，可列为 α－前脂蛋白。

4. 如果要保存电泳图形，可将凝胶板（连同玻片），置于清水中浸泡 2 h 时脱盐，而后放入干燥箱（80℃左右）烘干即可。

5. 制作凝胶板是琼脂糖浓度一般选用 0.5% 左右为宜，高于 1% 以上 α－脂蛋白部分较紧密，β－和前 β－脂蛋白部分不够清晰，低于 0.45% 则凝胶凝固性较差，图谱不清。

6. 样品槽要大小适宜，边缘整齐、光滑，否则会影响电泳图形。

六、实验结果

对电泳结果拍照，记录得到的电泳条带数量，即蛋白种类数。

思考题

为什么有的电泳结果无法将不同的蛋白完全分离开？

实验八 氨基酸的分离鉴定——纸层析法

一、实验目的

通过氨基酸的分离，学习纸层析法的基本原理及操作方法。

二、实验原理

纸层析法是用滤纸作为惰性支持物的分配层析法。

层析溶剂由有机溶剂和水组成。

物质被分离后在纸层析图谱上的位置是用 R_f 值（比移）来表示：

R_f＝ 原点到层析中心的距离 / 原点到溶剂前沿的距离

在一定的条件下某种物质的 R_f 值是常数。R_f 值的大小与物质的结构、性质、溶剂系统、层析滤纸的质量和层析温度等因素有关。本实验利用纸层析法分离氨基酸。

三、实验仪器与试剂

1. 仪器

层析缸、毛细管、喷雾器、培养皿、小烧杯、长颈漏斗、层析滤纸（新华一号）、电吹风

2. 试剂

（1）扩展剂：正丁醇：88% 甲酸：水＝15:2.5:2.5（体积比），平衡溶剂与扩展剂相同。每组配制 40 mL。

（2）氨基酸溶液：0.5%的赖氨酸、脯氨酸、缬氨酸、亮氨酸溶液及它们的混合液（各组份浓度均为 0.5%）。

（3）显色剂：50～100 mL 0.1%水合茚三酮正丁醇溶液。

四、实验步骤

1. 将盛有扩展剂 10 mL 的小烧杯和培养皿置于密闭的层析缸中。

2. 戴手套取层析滤纸（长 22 cm、宽 14 cm）一张。在纸的一端距边缘 2～3 cm 处用铅笔划一条直线，在此直线上每间隔 2.5 cm 作一记号。

3. 点样：用毛细管将各氨基酸样品分别点在 5 个位置上，干后重复点一次，直径最大不超过 3 mm。缝成筒状，两边不能接触。点样面朝外，点样端朝下，放入层析缸，盖上层析缸盖，平衡约 10～30 min。

4. 展层：用长颈漏斗，加入扩展剂，扩展剂的液面需低于点样线 1 cm。溶剂扩展至滤纸上沿约 5 厘米时，取出滤纸，用铅笔标出溶剂前沿界线，干燥。

5. 显色：用 0.1% 茚三酮丙酮溶液均匀浸透，用热风吹干。脯氨酸、羟脯氨酸产生黄色物质外，所有 α—氨基酸及一切蛋白质都能和茚三酮产生蓝紫色物质。

6. 计算各种氨基酸的 R_f 值。

五、实验结果（图 10-1 和表 10-7）

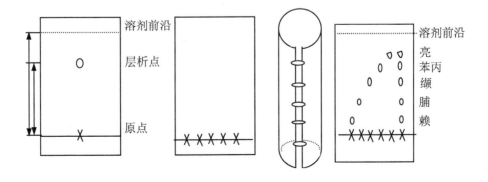

图 10-1　氨基酸纸层析制备图

表 10-7　各种氨基酸的 R_f 值

氨基酸	赖氨酸	脯氨酸	缬氨酸	亮氨酸
R_f 值				

思考题

1. 实验过程中切勿用手直接接触滤纸和显色剂，为什么？
2. 点样过程中必须在第一滴样品干后再点第二滴，为什么？

实验九　血清蛋白质乙酸纤维素薄膜电泳

一、实验目的

1. 学习乙酸纤维素薄膜电泳的使用。
2. 利用乙酸纤维素薄膜电泳分离血清蛋白。

二、实验原理

乙酸纤维素膜电泳，可将血清蛋白质分离为清蛋白及 α_1-、α_2-、$\beta-$、$\gamma-$ 球蛋白等 5 条区带。将薄膜置于染色液中蛋白质固定并染色后，不仅可看到清晰的色带，并可将色带染料分别溶于碱溶液中进行定量测定，从而可计算出血清中各种蛋白质的百分含量。

正常人血清蛋白质中各组分的蛋白质含量百分比为：

清蛋白 57%～72%　　　　　β－球蛋白 6.2%～12%　　　　　α_1－球蛋白 2%～5%

γ－球蛋白 12%～20%　　　　　α_2－球蛋白 4%～9%

三、实验试剂

1. 巴比妥缓冲液（PH8.6 离子强度 0.06）：巴比妥钠 12.76 g、巴比妥 1.66 g，置于盛有 200 mL 蒸馏水的烧杯中稍加热溶解后，移至 1000 mL 容量瓶中，加蒸馏水稀释至刻度。
2. 染色液：丽春红 S 0.9 g，三氯醋酸 13.4 g，磺柳酸 13.4 g，蒸馏水加至 1000 mL。
3. 漂洗液：7% 冰醋酸。
4. 洗脱液：0.4 mol/L NaOH。
5. 透明液：冰醋酸 25 mL，加 95% 乙醇 75 mL 混匀。
6. 新鲜血清：（无溶血）。

四、实验步骤

1. 将薄膜剪切成 1.5～2 cm 宽、8 cm 长的条带，或整张薄膜每隔 1.5 cm 编号，预先在加样位置用铅笔作一记号。然后将光泽面向下漂于缓冲液上浸泡 5～10 min（也可预先浸泡随时取用）；待膜完全浸透后，取出轻轻夹于滤纸中，吸去多余的液体。然后在无光泽面上距一端约 1.5～2 cm 处用较细而尖端光滑的微量吸管或载玻片蘸血清约 2～3 μL 点样。待血清吸入膜后以无光泽面向下两端紧贴在四层的滤纸桥上（加血清的一端在电泳槽阴极侧）。加盖，平衡 10 min，然后通电。

2. 通电：通电前先检查薄膜上血清样品是否处在阴极一侧，通电后调节电压至 110～130 V，电流为 0.4～0.5 mA/cm 宽，通电 45～60 min。

3. 染色：电泳结束后，关闭电源。将薄膜从电泳槽中取出，直接浸入到丽春红染色液中，染色 5～10 min。从染色液中取出薄膜，浸入漂洗液中漂洗 3～4 次直至薄膜的底色洗净为止，用滤纸吸干薄膜表面水分。

4. 定量：取试管 6 支，编号，将电泳薄膜按蛋白质区剪开，分别置于试管中。另于空白部位剪一平均大小的薄膜条放入空白管中。向管中加入 0.4 N NaOH 5 mL，需反复振摇使其充分洗脱。用分光光计进行比色，波长 490 nm，以空白管调零点，读取清蛋白及 α_1、α_2、β、γ 球蛋白各管的光密度。

5. 透明保存：在玻片上滴加透明液 3～4 滴，将漂洗后晾干的薄膜平铺在上面并迅速展开，放置过夜晾干。然后在约 40℃温水浸泡 3～5 min，即可将此透明的染有蓝色区带的薄膜揭起，夹在滤纸中。

五、注意事项

1. 点样时一定按操作步骤进行，否则常因血清滴加不匀或滴加过多，导致电泳图谱不齐或分离不良。

2. 乙酸纤维素薄膜一定要充分浸透后才能点样。点样后电泳槽一定密闭；电流不易过大，防止薄膜干燥，电泳图谱出现条痕。

3. 缓冲液的离子强度一般不应小于 0.05，或大于 0.075，因为过小可使区带拖尾，而过大则使区带过于紧密。

4. 透明液中乙酸含量适宜，含量不足，膜即发白，含量过高膜可被溶。

5. 在剪开蛋白质各区带时，力求准确，以尽量清除人为的误差。

6. 切勿用手接触薄膜表面，以免油腻或污物沾上，影响电泳结果。

7. 电泳槽内的缓冲液要保持清洁（数天要过滤一次），两极溶液要交替使用。最好将联结正极，负极的电流调换使用。

8. 电泳槽内两边有缓冲液应保持液面相平。

9. 通电完毕，要先断开电源，再取薄膜，以免触电。

六、实验结果与计算

$$吸光度总和（A）=A_A+A_{\alpha1}+A_{\alpha2}+A_\beta+A_\gamma$$
$$清蛋白\%=A_A/A\times100\%$$
$$\alpha_1-球蛋白\%=A_{\alpha1}/A\times100\%$$
$$\alpha_2-球蛋白\%=A_{\alpha2}/A\times100\%$$
$$\beta-球蛋白\%=A_\beta/A\times100\%$$
$$\gamma-球蛋白\%=A_\gamma/A\times100\%$$

思考题

1. 在电泳的影响蛋白质泳动度的因素有哪些?哪 种起决定性作用?

2. 如果血清样品溶血，在电泳时会出现怎样的结果?

3. 肝、肾病变时，乙醋纤维素薄膜分离的蛋白质电泳谱可能会发生什么样的变化？

实验十　氨基转移作用

一、实验目的

1. 了解氨基酸的转氨基作用。
2. 掌握测定转氨基作用的方法。

二、实验原理

转氨基作用是氨基酸代谢中的一个重要反应。在转氨酶作用下，将氨基酸的氨基转移到 α-酮酸上。每种转氨基反应均由专一的转氨酶催化，转氨酶广泛分布于机体各器官、组织。

本实验用纸层析法来观察 α-酮戊二酸与丙氨酸在肝脏谷丙转氨酶（GPT）催化下的转氨基作用。

$$
\begin{array}{ccccccc}
\text{COOH} & & \text{CH}_3 & & \text{COOH} & & \text{CH}_3 \\
\text{CH}_2 & & & \text{GPT} & \text{CH}_2 & & \\
\text{CH}_2 & + & \text{HCNH}_2 & \Longleftrightarrow & \text{CH}_2 & + & \text{C=O} \\
\text{C=O} & & \text{COOH} & & \text{HCNH} & & \text{COOH} \\
\text{COOH} & & & & \text{COOH} & & \\
\alpha\text{ 酮戊二酸} & & \text{丙氨酸} & & \text{谷氨酸} & & \text{丙酮酸}
\end{array}
$$

三、实验与试剂

1. 0.01 M pH7.4 磷酸缓冲液：0.2 M Na_2HPO_4 溶液 81 mL 与 0.2 M NaH_2PO_4 溶液 19 mL 混匀以蒸馏水稀释 20 倍。

（1）0.2MNa$_2$HP$_4$：取 $Na_2HPO_4 \cdot 12H_2O$ 7.162 g 加水到 100 mL

（2）0.2M Na$_2$HP$_4$：取 $NaH_2PO_4 \cdot 2H_2O$ 3.12 g 加水至 100 mL

2. 0.1 M 丙氨酸溶液：称取丙氨酸 0.891 g 先溶于少量 0.01 M pH7.4 磷酸缓冲液中，以 1 N NaOH 仔细调节到 pH7.4 后，用磷酸缓冲液加至 100 mL。

3. 0.1 M α—酮戊酸溶液：称取 α—酮戊二酸 1.46 g 先溶于少量 0.01 M pH7.4 磷酸缓冲液 以 1 N NaOH 仔细调节至 pH7.4 后，用磷酸缓冲液加至 100 mL。

4. 0.1 M 谷氨酸溶液：称取谷氨酸 0.735 g 先溶于少量 0.01 M pH7.4 磷酸缓冲液中，以 1 N NaOH 仔细调节至 pH7.4 后，用磷酸缓冲液加至 50 mL。

5. 0.5% 茚三酮溶液：称取茚三酮 0.5 g 溶于 100 mL 丙酮中。

6. 层析溶剂：80% 苯酚，称取 80 g 苯酚加 20 mL 水即可。注意加水过多出现混浊。

四、实验步骤

1. 肝匀浆制备

取新鲜的动物肝脏 1 g 在研钵中用剪刀剪碎,加入 9 mL 冰冷的 0.01 M pH7.4 磷酸缓冲液,迅速研成匀浆。

2. 保温:

取离心管 2 支,标明测定管与对照管,各加入肝匀浆 0.5 mL,测定管放入 37℃ 水浴保温 10 min,对照管放入沸水浴中煮 10 min,冷却后,于两管中各加 0.1 M 丙氨酸 0.5 mL,0.1 M α-酮戊二酸 0.5 mL,0.01 M pH7.4 磷酸缓冲液 1.5 mL,摇匀,放进 37℃ 水浴保温 1 小时,保温完毕立即将测定管放入沸水浴中 10 min 以中止反应,取出冷却后,将两管离心,上清液备用。

3. 层析

取直径 10 cm 圆形滤纸一张,用圆规作半径 1 cm 的同心圆,通过圆心作两条相互垂直的线,垂线与圆的四个交点分别标注 1、2、3、4。在 1.3 两处分别点测定管和对照管上清液各 1 滴。在 2、4 两处分别点 0.1 M 丙氨酸和 0.1 M 谷氨酸各 1 滴。方法是用毛细血管在滤纸上点样,注意斑点不可太大(一般为直径 0.5 cm)。用吹风机吹干。在滤纸圆心处打一小孔(如铅笔芯大小)另取同类滤纸约 1.5 cm,下一半剪成须状,卷成圆筒如灯蕊,插入小孔(勿突出滤纸面)。将层析溶剂放入扩散皿的内室,将滤纸平放在扩散皿上,灯蕊浸入溶剂中,将另一同样大小扩散皿反盖上。可见溶剂沿灯蕊上升到滤纸,再向四周扩散,当溶剂前缘距滤纸边缘约 1 cm 时即可取出,用吹风机吹干或在 60℃ 烘箱中烤干。

4. 显色

将上述滤纸放平,用喷雾器喷上 0.5% 茚三酮溶液,再吹干或烤干,此时可见紫色的同心弧色斑的位置及色泽深浅。

五、实验结果与计算

计算各自 R_f 值。

$$R_f(比移值) = \frac{斑点中心到原点的距离}{溶剂前缘到原点的距离}$$

思考题

1. 各种层析技术在应用上有什么特点?

2. 上述三种层析实验分别属于哪一类层析?

3. 氨基酸的脱氨基作用有几种方式?哪种最重要?

4. 体内的转氨酶主要有哪两种,测定它们的临床意义是什么?

实验十一　基因组 DNA 的快速提取——碘化钾法

一、实验目的

了解碘化钾法提取动物组织基因组 DNA 的原理；掌握 DNA 提取的相关操作技术。

二、实验原理

快速、经济地从血液、组织或培养细胞中得到高产量、高纯度的 DNA 对于基因研究非常重要。

目前国内外基因组 DNA 的提取方法有传统的蛋白酶 K 消化法、尿素法、氯化锌法、辛酸法等，这些方法存在操作步骤繁杂或者使用蛋白酶，且国内许多实验室不易得到方法中使用的试剂。高浓度碘化钾可直接将细胞膜、核膜破坏、使 DNA 释放出来，然后用异丙醇沉淀 DNA。实验表明，KI 的浓度对 DNA 的提取效率有影响，5 mol/L 的 KI 提取 DNA 效果较好。

KI 法操作简便，不用价格较高的蛋白酶 K。DNA 丢失少。该方法提取的 DNA 与经典的蛋白酶 K 法提取的 DNA 比较电泳结果基本一致。

三、实验材料、试剂与仪器

1. 材料

新鲜动物肝脏。

2. 试剂

氯仿/异戊醇（24:1）：异戊醇 21 mL 加入到 500 mL 的氯仿试剂瓶中，混匀；5 mol/L 碘化钾：（41.5 g 碘化钾溶于 50 mL 纯水中）；0.9% NaCl：4.5 g NaCl 溶于 500 mL 纯水中；无水乙醇。

3. 仪器

台式高速（冷冻）离心机、移液器（10μL、100μL、1000 μL），旋涡混合器、Eppendorf 管等。

四、实验步骤

1. 取黄豆粒大小冷冻肝组织于 EP 管中（EP 管上写上自己学号的最后两位数），用眼科剪剪碎；

2. 加 50 μL 5 mol/L KI，旋涡振荡 30 s，静置 3 min；

3. 加 0.9% NaCl 375 μL，氯仿/异戊醇（24:1）600 μL，充分振荡 10 min，10 000 r/min 离心 5 min；

4. 吸取水相层（上清液）于另一 Ependorf 管中，加-20℃预冷乙醇 1000 μL，轻轻混匀（此时应能看到 DNA 的絮状沉淀），12000 r/min 离心 5 min 弃上清液；

5. 加冷无水乙醇 1000 μL，12000 r/min 离心 3 min 弃净乙醇，待干（可在 37℃烘干约

10 min)。

五、实验结果与计算

仔细观察离心后的 DNA，以 50 μL 无菌双蒸水溶解 DNA，备用。

思考题

1. 在 DNA 提取过程中乙醇的作用是什么？为什么用-20℃预冷的乙醇效果更好？
2. 实验所用的 EP 管和枪头等需要高温灭菌吗，为什么？

实验十二　琼脂糖凝胶电泳技术——DNA 样品检测

一、实验目的

学习与掌握琼脂糖凝胶电泳的技术方法，利用琼脂糖凝胶电泳检测 DNA 含量以及分子量，分离不同大小 DNA 片段。

二、实验原理

琼脂糖凝胶电泳，是以琼脂糖凝胶为支撑物的区带电泳。不同大小、不同形状和不同构象的 DNA 分子在相同的电泳条件下（如凝胶浓度、电流、电压、缓冲液等），有不同的迁移率，所以可通过电泳使其分离。凝胶中的 DNA 可与荧光染料溴化乙锭（EB）结合，在紫外灯下可看到荧光条带，籍此可分析实验结果。

三、实验试剂

1. 5×TBE：Tris 54 g；硼酸 27.5 g；0.5 M EDTA（pH 8.0）20 mL；加双蒸水至 1 L。用时 5 倍稀释。

2. EB：用水配制成 10 mg/mL 的贮存液，分装，避光，4 ℃保存（1 g 溴乙锭于 100 mL 水中）。

3. 6×加样 Buffer：0.25 % 溴酚蓝；40%（w/V）蔗糖；溶于水中，贮存于 4 ℃。

四、实验操作

1. 胶模：水平放置胶模。

2. 制胶：量取 100 mL 1×TBE 缓冲液倒入三角烧瓶中，称取 0.8 g 琼脂糖加入，在微波炉上加热至全熔（清澈透明）。凝胶加热时间不宜过长，以免蒸干。

3. 倒胶：用琼脂糖封好胶模，待凝胶冷至 50℃左右时（手感容器能耐受），缓缓倒入制胶模中，迅速放好梳子。凝胶的厚度在 3～5 mm 之间。避免产生气泡，尤其梳子周围不能有气泡，若有气泡，可用吸管小心吸去。

4. 凝胶条件：凝胶通常需要在室温中放置 20～30 min。

5. 电泳缓冲液：凝胶完全凝固后，将凝胶放入电泳槽中（点样孔在负极），加入 1×TBE

电泳缓冲液，液面应高出凝胶表面 1 mm。

6. 拔梳子：小心移去梳子和隔离板，保持点样孔完整。

7. 点样：用移液器取 1～2 μL 配制好的加样 Buffer，分别与需要电泳的样品或 Marker 混合（5～10 μL），点样，记录点样次序。注意：每次电泳每块胶需留一孔点 DNA marker。加样时 Tip 头不必插入孔中，可对准加样孔，在孔的上方加样，样品会沉入孔内。

8. 电泳：开启电泳仪电源开关，观察正负两极是否有气泡出现，如负极气泡比正极多，则表示电泳槽已经接通电源。电泳起始时需采用低压（80～100 V），待电泳几分钟后溴酚蓝指示剂迁移至凝胶中，可调整电压至 200 V 恒压电泳，当溴芬兰接近胶的先端，停止电泳。

9. 观测：将胶在溴化乙锭（EB）溶液中浸泡约 10 分钟后（如果在胶中已加入了 EB，则不需要浸泡），在用凝胶成像仪积分成像后观察并拍照。

五、实验结果

DNA 样品琼脂糖凝胶电泳检测图（在自己的点样孔上做上记号）。

思考题

1. 如果实验成功了，请总结经验；如果实验失败了，请分析原因。
2. 谈谈对生物化学实验的看法和改进意见。

参考文献

1. 叶创兴. 植物学实验指导. 北京：清华大学出版社，2006
2. 周仪. 植物形态解剖实验. 北京：北京师范大学出版社，2008
3. 赛道建. 普通动物学实验教程. 北京：科学出版社，2010
4. 程红. 动物学实验指导. 北京：清华大学出版社，2005
5. 王英典，刘宁主编. 植物生理学实验指导. 北京：高等教育出版社，2001
6. 国家环境保护总局编著. 水和废水监测方法. 第四版. 北京：中国环境科学出版社，2002
7. 张志杰编著. 环境保护生物学. 北京：冶金工业出版社，1982
8. 中国科学院南京土壤研究所微生物室编著. 土壤微生物研究法. 北京：科学出版社，1985
9. 南京大学环境生物学教研室编. 环境生物学实验技术与方法. 南京：南京大学出版社，1989
10. 孔繁翔主编. 环境生物学. 北京：高等教育出版社，2000
11. 周启星，孔繁翔，朱琳. 生态毒理学. 北京：科学出版社，2004
12. 陈建勋，王晓峰. 植物生理学试验指导. 广州：华南理工出版社，2002
13. 张清敏主编. 环境生物学实验技术. 北京：化学工业出版社，2005
14. 鲁如坤主编. 土壤农业化学分析方法. 北京：中国农业科技出版社，2000
15. 孙福生主编，王崇臣、曹鹏副主编. 环境分析化学实验教程. 北京：化学工业出版社，2011
16. 常青，郑宇铎，高娜娜，等. 邻苯二甲酸二乙基己酯对蚕豆根尖微核及幼苗超氧化物歧化酶的影响. 生态毒理学报，2008，3（6）：596-600
17. 谢佳燕，王健，刘莎等. 武汉地表水对蚕豆根尖细胞微核的影响. 生态环境学报，2009，18（1）：93-96
18. 邵志慧，林匡飞，徐小清. 硒对小麦和水稻种子萌发的生态毒理效应的比较研究. 生态学杂志，2005，24（12）：1440-1443
19. 马剑敏，李金，张改娜，等. Hg^{2+} 与 POD 复合处理对小麦萌发及幼苗生长的影响. 植物学通报，2004，21（5）：531-538
20. 吴建慧，杨玲，孙国荣. 低温胁迫下玉米幼苗叶片活性氧的产生及保护酶活性的变化. 植物研究，2004，24（10）：456-459
21. 曲瓷瓷，徐韵，陈海刚，等. 三种兽药添加剂对土壤赤子爱胜蚓的毒理学研究. 应用生态学报，2005，16（6）：1105-1111
22. Organization for Economic Cooperation and Development (OECD). Guideline for testing of chemicals No.207. Earthworm, acute toxicity tests. Paris: Organisation for Economic Cooperation and Development, 1994

23. International Organization for Standardization (ISO). 11268-1: 1993. Soil quality effects of Pollutant on earthworms (Eisenia fetida) (Ⅰ): Determination of acute toxicity using artificialsoil substrate.

24. 陈春，周启星. 蚯蚓金属硫蛋白定量 PCR 检测方法及其分子诊断. 中国环境科学，2011，31（8）：1377-1382

25. 颜增光，何巧力，李发生，等. 蚯蚓生态毒理实验在土壤污染风险评价中的应用. 环境科学研究. 2007，20（1）：134-141

26. 李银生，曾振灵，陈杖榴，等. 三种兽药对蚯蚓的急性毒性实验. 农业环境科学学报，2004，23（6）：1065-1069

27. 罗艳蕊，李效宇，运迷霞，等. [C8mimBr]对蚯蚓抗氧化系统的亚慢性毒性效应. 农业环境科学学报，2009，28（2）：343-347

28. Ellman G L. A new and rapid colorimetric determination of acetylcholinesterase activity. Biochem. Pharmaco., 1961 (7): 88-95

29. 李少南，谢显传，谭亚军，等. 三唑磷对麦穗鱼脑组织中乙酰胆碱酯酶的诱导. 农药学学报，2005，7（1）：59-62

30. 尤启冬. 药物化学. 北京：化学工业出版社，2004

31. 丁焕中，曾振灵. 作用于中枢神经系统的药物. 养禽与禽病防治，2004，（9）：31

32. 中国牧业通讯. 欧盟禁用的兽药及其他化合物清单. 中国牧业通讯，2003，5，B版

33. 谢显传，张少华，王冬生，等. 阿维菌素对蔬菜地土壤微生物及土壤酶的生态毒理效应. 土壤学报，2007，44（4）：740-743

34. 刘莉莉，林匡飞，苏爱华，等. 四溴双酚 A 对土壤酶活性的影响. 环境污染与防治，2008，30（6）：13-16

35. 和文祥，谭向平，王旭东，等. 土壤总体酶活性指标的初步研究. 土壤学报，2010，47（6）：1232-1236

36. Kalam A., Tah J., Mukherjeea K. Pesticide effects onmicrobial population and soil enzyme activities during vermicomposting of agricultural waste. Journal of Environmental Biology, 2004, 25 (2): 201-208

37. Bradford M M. A rapid and sensitive method for the quantization of microgram quantities of protein utilizing the principle of protein-dye binding . Anal. Biochem., 1976, 72: 248-254

38. Bougenec V. Oligochaetes (Tubificidae and Enchytracidae) as food in fish rearing: a review and preliminary tests. Aquaculture, 1992, 102: 201-217

39. 刘思风. 松花江流域水污染防治项目全面启动. 中国水利，2006，22: 71

40. Redeker E S, Blust R. Accumulation and Toxicity of Cadmium in the Aquatic Oligochaete Tubifex tubifex: A Kinetic Modeling Approach. Environmental Science & Technology, 2004, 38: 537-543

41. 李仁熙. 正颤蚓的生长发育及繁殖生物学的研究. 水生生物学报，2001，25（1）：14-20

42. 李亚宁，周启星，胡献刚，罗义. 四溴双酚—A 污染对颤蚓的氧化胁迫及毒性. 环境科学，2008，29：2012-2017

43. Van der Oost R, Beyer J, Vermeulen N P E. Fish bioaccumulation and biomarkers in environmental risk assessment: A review. Environmental Toxicology & Pharmacology, 2003,

13: 57-149

44. Oruc EO, Sevgiler Y, Uner N. Tissue-specific oxidative stress responses in fish exposed to 2, 4-D and azinphosmethyl. Comparative Biochemistry & Physiology C, 2004, 137: 43-51

45. Zhang JF, Shen H, Wang XR, et al. Effects of chronic exposure of 2, 4-dichlorophenol on the antioxidant system in liver of freshwater fish Carasius auratus. Chemosphere, 2004, 55: 167-174

46. 李亚宁, 周启星, 曾文炉. 四溴双酚—A 对小麦种子发芽及根伸长的影响. 农业环境科学学报. 2008, 27: 1907-1912

47. 宋玉芳, 许华夏, 任丽萍, 等. 重金属对土壤中萝卜种子发芽与根伸长抑制的生态毒性. 生态学杂志, 2001, 20 (3): 4-8

48. Greene L C. Protocols for short term toxicity screening of hazardous waste sites. US Environmental Protection Agency (EPA), 1998/600/3-88/029.

49. International Organization for Standardization (ISO). Soil quality determination of the effects of pollutants on soil flora. Part 1: method for the measurement of inhibition of root growth. ISO, 11269-11993

50. International Organization for Standardization (ISO). Soil quality determination of the effects of pollutants on soil flora. Part 2: Effects of chemicals on the emergence and growth of higher plants. ISO, 11269-21993

51. Organization for Economic Cooperation and Development (OECD). OECD guidelines for testing of chemicals. Paris, France: European committee, 1984, 208-209

52. Wu XY, von Tiedemann A. Impact of fungicides on active oxygen species and antioxidant enzymes in spring barley (Hordeum vulgare L.) exposed to ozone. Environmental Pollution, 2002, 116: 37-47

53. Horváth G, Droppa M, Oravecz A, et al. Formation of the photosynthetic apparatus during greening of cadmium-poisoned barley leaves. Planta, 1996, 199: 238-243

54. Song NH, Yin XL, Chen GF, et al. Biological responses of wheat (Triticum aestivum) plants to the herbicide chlorotoluron in soils. Chemosphere, 2007, 68: 1779-1787

55. Pang X, Wang DH, Peng A. Effect of lead stress on the activity of antioxidant enzymes in wheat seedling. Environmental Sience, 2001, 22: 108-111

56. Jin P, Ma JM, Yang KJ. Effect of soaking of Hg^{2+} on wheat during its germination and seedling growth. Journal of Henan Normal University (Natural Sci.), 2002, 30: 81-84

57. Yaning Li, Qixing Zhou, Fengxiang Li, Xiaoling Liu, Yi Luo. Effects of tetrabromobisphenol A as an emerging pollutant on wheat (Triticum aestivum) at biochemical levels. Chemosphere, 2008, 74: 119-124

58. 刘庆余, 成毅萍. 氯苯类化合物对草履虫的毒性研究. 环境化学, 1995, 14 (1): 58-61

59. 刘庆余, 周浩江, 刘春龙, 等. 乙氰菊酯对草履虫的毒性. 农村生态环境 (学报), 1994, 10 (3): 83-84

60. 潘志崇, 童丽娟. 草履虫培养液的选择及浓度和 pH 值的影响. 实验室研究与探索, 2001, 20 (5): 55-56

61. 潘志崇, 刘云, 孙平跃. 铜、锌离子对尾草履虫的急性毒性试验. 水产科学, 2005, 24 (10):

19-21

62. 娄维义，倪兵，於韬，顾福康．乙酰甲胺磷对尾草履虫和绿草履虫的急性毒性作用．复旦学报（自然科学版）．2008，47（3）：370-373

63. 胡好远，郝家胜，靳璐．Cd^{2+}对草履虫种群的毒性作用．生物学杂志，2006，23（1）：19-21

64. 姜礼潘，王鸿太．鱼类对水污染回避反应的机制及实验装置．环境污染与防治，1980，2：38-41

65. 章敏，金洪钧，张国宝．鲤鱼对银、钒、镍、钴和铬的回避反应．农业环境科学学报．1986，2：28-30

66. 席金玉，卢永嵩，蔡德全，等．氯硝柳胺控释剂对鱼类的毒性及回避试验的进一步研究．四川动物，2000，19（2）：66-67

67. 梅冰，周永灿，徐先栋，等．斜带石斑鱼烂尾病病原菌的分离与鉴定．热带海洋学报．2010，29（6）：118-124

68. 樊景凤，宋立超，王斌，等．1 株引起凡纳滨对虾红体病的病原菌——副溶血弧菌的初步研究．海洋科学，2006，30（4）：40-44

69. 章宗涉，黄祥飞．淡水浮游生物研究方法．北京：科学出版社，1991

70. Chen LQ, Li CS, Cha lonerWG, et al. 2001. The stoma tal frequency of extant and fossil ginkgo leaves as biosensors of atmospheric CO_2 levels. American Journal of Bo tany, 88 (7): 1309-1315

71. 阎希柱．初级生产力的不同测定方法．水产学杂志，2000：13（1）：81-86

72. 江静蓉，徐亦钢，石磊，等．城市植物叶片含硫量与大气 SO_2 污染关系及其在污染状况评价中的应用．环境科学，1992，13（1）：71-76

73. Yaning Li, Qixing Zhou, Yingying Wang, Xiujie Xie. Fate of tetrabromobisphenol A and hexabromocyclododecane brominated flame retardants in soil and uptake by plants. 2011, Chemosphere, 82: 204-209

74. Waters Corporation. Waters Quattro Premier 液质联用仪的使用与维护保养标准操作规程 (SOP). 2004

75. 实验室生物安全手册，第三版，世界卫生组织．

76. 2004 年《中华人民共和国传染病防治法》（修订版）

77. 2004 年国务院《病原微生物实验室生物安全管理条例》

78. 2004 年卫生部《实验室—生物安全通用要求》（第一版）

79. 2006 年卫生部《医院感染管理办法》

80. 肖琳，杨柳燕，尹大强，张敏跃．环境微生物实验技术．北京：中国环境科学出版社，2004

81. 沈萍，范秀容，李广武．微生物学实验．第 3 版．北京：高等教学出版社，1999

82. 黄祥飞．湖泊生态调查观测与分析．北京：中国标准出版社，2000

83. 沈萍主编．微生物学．北京：高等教育出版社，2000.

84. 周德庆．微生物学教程．第二版．北京：高等教育出版社，2002

85. 无锡轻工业学院，天津轻工业学院．食品微生物学．北京：轻工业出版社，2006

86. 林稚兰，黄秀梨主编．现代微生物学与实验技术．北京：科学出版社，2000

87. 杨文博主编. 微生物学实验指导. 北京：科学出版社，2004

88. 黄文芳，张松编著. 微生物学实验指导. 广州：暨南大学出版社，2003

89. 王镜岩，朱圣庚，徐长法编. 生物化学（上、下册）. 高等教育出版社，2002

90. 黄熙泰，于自然，李翠凤编. 现代生物化学. 第二版. 北京：化学工业出版社，2005

91. 袁道强，陈世锋，黄建华编. 生物化学实验. 北京：化学工业出版社，2009

92. 张彩莹，肖连冬编. 生物化学实验. 北京：化学工业出版社，2009